模拟电子技术基础

张爱华　李凤营　主　编

于恩祥　李　媛　丁　硕　副主编

科学出版社

北　京

内 容 简 介

本书主要内容包括半导体二极管、晶体管与场效应晶体管、基本放大电路、集成运算放大电路的构成、放大电路中的负反馈、运算电路与信号处理、波形发生与信号转换、直流稳压电源。全书各章以课例引入为切入点，以实际应用案例为结束点，引导读者构建学习体系。

本书可作为高等院校电子类、自动化类等相关专业的教材，也可供工程技术人员参考。

图书在版编目（CIP）数据

模拟电子技术基础 / 张爱华，李凤营主编. —北京：科学出版社，2020.10
ISBN 978-7-03-066331-3

Ⅰ. ①模⋯　Ⅱ. ①张⋯　②李⋯　Ⅲ. ①模拟电路－电子技术－高等学校－教材　Ⅳ. ①TN710

中国版本图书馆 CIP 数据核字（2020）第 197464 号

责任编辑：宋　丽　杨　昕 / 责任校对：赵丽杰
责任印制：吕春珉 / 封面设计：东方人华平面设计部

科学出版社 出版
北京东黄城根北街 16 号
邮政编码：100717
http://www.sciencep.com

铭浩彩色印装有限公司 印刷

科学出版社发行　　各地新华书店经销
*

2020 年 10 月第 一 版　　开本：787×1092　1/16
2020 年 10 月第一次印刷　　印张：15 1/4
字数：362 000
定价：44.00 元
（如有印装质量问题，我社负责调换〈铭浩〉）
销售部电话 010-62136230　编辑部电话 010-62135397-2032

编 委 会

主　　编：张爱华　李凤营

副主编：于恩祥　李　媛　丁　硕

编写人员：王春杰　秦玉平　曹　丽　张志强

　　　　　方　辉　魏洪峰　周　鑫　杨　洋

前　　言

电子技术早已融入人类的生活，电子技术的存在与发展使人们的生活鲜活多彩。模拟电子技术是信息电子技术中的重要组成部分，是电类各专业重要的专业基础课程。模拟电子技术的知识点多，概念性强，本书以本门课程中最基础、最经典的部分作为基本内容，强调基础，突出课程的工程性。

本书为辽宁省精品资源共享课程"模拟电子技术"建设教材。全书各章以课例引入为切入点，以实际应用案例为结束点，并以知识模块导读图的形式对章节知识进行归纳总结，帮助读者构建模块化的知识架构。

本书以笔者所在教学团队主导的"1-3-7"教学模式为撰写主线，涉猎课程维、实践维、创新能力维等多角度层层递进的多维教学目标。为实现多维教学目标，在课程教学中设定创新启蒙篇及创新实践篇。

创新启蒙篇，即改革传统教学模式，针对多维教学目标，运用基础理论教学模块、能力培养模块、创新能力提升模块实现对学生创新教育的启蒙。教学模块中，创设创新教育与专业教育一体化深度融合的教学体系。课堂教学中以"教学目标为引领→设定以学生发展为中心的教学行为→开展系列理论与工程实践相结合的交流研讨等学习活动，关注学生工程实践案例接受难度阶次的挑战度，工程实践案例解决的创新性、高阶性达标等情况，强调以过程性评价来考量学生目标的达成度→最终回归教学目标"，形成以教学目标为起止点的闭环教学主线。

创新实践篇，实为课程延展创新能力提升，即运用大学生创新项目模块、专业竞赛模块、创业项目探索，推进学生创新与创业实践的有效进展。

无论是创新启蒙还是创新实践，均与王阳明所著《传习录》中的"知者行之始，行者知之成"是同一个道理，即"学到的东西，不能停留在书本上，不能只装在脑袋里，而应该落实到行动上，做到知行合一、以知促行、以行求知"。这也正是习近平总书记于 2018 年 5 月在北京大学师生座谈会上寄予青年学子的期望——"要力行，知行合一，做实干家"。

本书第 1 章、第 2 章由李媛编写，第 3 章、第 4 章由于恩祥、李凤营编写，第 5 章、第 6 章由张爱华编写，第 7 章、第 8 章由丁硕编写，各章习题由张爱华、李凤营、王春杰、张志强、曹丽等编写。全书由辽宁工业大学关维国主审。

本书受辽宁省"兴辽英才计划"教学名师资助项目（项目编号：XLYC1906015）、辽宁省普通高等教育本科教学改革研究项目立项优质教学资源建设与共享项目（项目编号：UPRP20180190）、辽宁省普通高等教育本科教学改革研究项目（项目编号：UPRP20180520）资助。

本书虽经反复校对与修改，但限于撰写团队水平，难免会有不足之处，请读者批评指正，以便再版时改正。

张爱华

2020 年 4 月 15 日

目　　录

第1章　半导体二极管···1

1.1　课例引入——LED 照明灯···1
1.2　半导体···1
1.3　半导体二极管···8
　　1.3.1　半导体二极管的分类及其结构···8
　　1.3.2　二极管的伏安特性···8
1.4　二极管的实际应用···12
习题···13

第2章　晶体管与场效应晶体管···16

2.1　课例引入——音响放大器···16
2.2　晶体管的类型与结构···16
2.3　晶体管的电流放大···17
　　2.3.1　晶体管的工作原理···17
　　2.3.2　晶体管的电流放大···18
　　2.3.3　晶体管的共射特性曲线···19
　　2.3.4　晶体管三个工作区总结···20
2.4　晶体管的主要参数···21
　　2.4.1　直流参数···21
　　2.4.2　交流参数···21
　　2.4.3　极限参数···22
2.5　场效应晶体管···23
　　2.5.1　结型场效应晶体管···23
　　2.5.2　绝缘栅型场效应晶体管···27
　　2.5.3　场效应晶体管的主要参数···31
2.6　晶体管的开关应用···32
习题···33

第3章　基本放大电路···36

3.1　课例引入——防撞提醒器的超声测距···36
3.2　放大电路的性能指标···36
3.3　晶体管的三种基本电路···38
　　3.3.1　共射放大电路···39

　　　　3.3.2　共集放大电路 ··· 51

　　　　3.3.3　共基放大电路 ··· 54

　　　　3.3.4　三种基本放大电路的比较 ····································· 56

　　　　3.3.5　达林顿功率管 ··· 56

　　3.4　FET 放大电路 ··· 57

　　3.5　放大电路的应用实例 ··· 62

　　习题 ··· 63

第 4 章　集成运算放大电路的构成 ··· 67

　　4.1　课例引入——光谱仪系统设计 ··· 67

　　4.2　集成运放的组成 ··· 67

　　4.3　集成运放组成部分的电路选择 ··· 69

　　　　4.3.1　输入级 ··· 69

　　　　4.3.2　中间级 ··· 76

　　　　4.3.3　输出级 ··· 78

　　　　4.3.4　偏置电路 ·· 87

　　4.4　理想集成运放特点 ··· 94

　　　　4.4.1　理想运放的工作区 ··· 94

　　　　4.4.2　理想运放的性能指标 ·· 94

　　　　4.4.3　理想运放在线性工作区的特点 ······························· 94

　　4.5　集成运放的应用实例 ··· 95

　　　　4.5.1　μA741 技术参数 ··· 95

　　　　4.5.2　μA741 构成 ··· 96

　　习题 ··· 97

第 5 章　放大电路中的负反馈 ·· 106

　　5.1　课例引入——胰岛素泵机械控制系统与反馈 ···················· 106

　　5.2　负反馈的定义 ·· 106

　　　　5.2.1　负反馈的定义与反馈放大电路 ······························· 106

　　　　5.2.2　集成运放工作在线性区的电路特征 ························· 107

　　5.3　负反馈放大电路的四种组态 ··· 108

　　　　5.3.1　电压串联负反馈电路 ··· 108

　　　　5.3.2　电压并联负反馈电路 ··· 109

　　　　5.3.3　电流串联负反馈电路 ··· 109

　　　　5.3.4　电流并联负反馈电路 ··· 110

　　5.4　负反馈放大电路的放大倍数 ··· 111

　　　　5.4.1　放大倍数通用表达式 ··· 111

　　　　5.4.2　基于反馈系数的放大倍数分析 ······························· 112

5.5　负反馈对放大电路性能的影响 ···119

5.6　放大电路中引入负反馈的一般原则 ···120

习题 ···121

第 6 章　运算电路与信号处理 ···130

6.1　课例引入——人体心电信号的测量 ···130

6.2　运算电路 ···131

6.2.1　比例运算电路 ···131

6.2.2　加法、减法运算电路 ···134

6.2.3　积分、微分运算电路 ···138

6.2.4　对数运算电路与指数运算电路 ··143

6.2.5　乘法运算电路与除法运算电路 ··144

6.3　信号处理电路 ···145

6.3.1　基本频率响应 ···145

6.3.2　无源滤波电路 ···146

6.3.3　有源滤波电路 ···150

6.4　运算放大器与滤波器的应用实例 ···157

习题 ···158

第 7 章　波形发生与信号转换 ···167

7.1　课例引入——温度检测电路的应用 ···167

7.2　电压比较器 ···167

7.2.1　单限电压比较器 ···168

7.2.2　滞回电压比较器 ···171

7.2.3　窗口电压比较器 ···173

7.3　正弦波发生电路 ···174

7.3.1　产生正弦波振荡的条件 ···174

7.3.2　RC 正弦波振荡电路 ···176

7.4　非正弦波发生电路 ··178

7.4.1　矩形波发生电路 ···178

7.4.2　锯齿波发生电路 ···181

7.5　信号转换电路 ···185

7.5.1　恒流源电路 ··185

7.5.2　电流-电压转换电路 ···185

7.5.3　电压-电流转换电路 ···186

7.6　波形发生与变化电路的应用实例 ···186

习题 ···187

第8章　直流稳压电源 ··200

　8.1　课例引入——生活中的电源 ···200

　8.2　直流稳压电源的主要指标 ···200

　8.3　整流电路 ··202

　　8.3.1　单相半波整流电路 ··202

　　8.3.2　单相全波整流电路 ··203

　　8.3.3　改进型全波整流电路 ···205

　8.4　滤波电路 ··207

　　8.4.1　电容滤波电路 ···207

　　8.4.2　电感滤波电路 ···211

　　8.4.3　复式滤波电路 ···212

　　8.4.4　三类滤波电路的比较 ···213

　8.5　稳压电路 ··213

　　8.5.1　稳压管稳压电路 ··213

　　8.5.2　串联型稳压电路 ··216

　　8.5.3　并联型稳压电路 ··217

　　8.5.4　开关稳压电路 ···219

　　8.5.5　集成稳压电路 ···223

　8.6　直流电源的应用实例 ··228

　习题 ··229

参考文献 ··233

第 1 章　半导体二极管

导读

1.1　课例引入——LED 照明灯

发光二极管（light-emitting diode，LED）具有耗电低、使用寿命长等特点，受到越来越多灯具生产厂商的关注，已经推广应用在许多领域。在现实生活中，随处可见如图 1-1 所示的 LED 应用实例。LED 不但具有普通二极管的特性，而且在外围电路的有效配合下，可以实现发光性能。本章首先从半导体二极管的构成来探秘发光二极管。

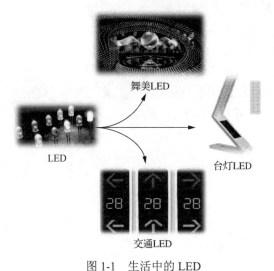

图 1-1　生活中的 LED

1.2　半　导　体

导电能力介于导体和绝缘体之间的物质称为半导体。二极管实际上是由半导体构成的。为了便于分析半导体的导电性原理，先来回顾一下原子核外电子排布规律，具体包括：①能量最低原则。②每层最多排 $2n^2$ 个电子，其中 n 表示电子层数。③最外层最多排 8 个电子（K 层为最外层时最多排 2 个电子）。④次外层最多排 18 个电子。⑤倒数第三层最多排 32 个电子。因此可以确定半导体的电子层结构模型图，如图 1-2 所示。

自然界中很多物质属于半导体，如用来制造半导体器件的基板材料硅（Si）和锗（Ge）等，其中单晶硅是目前最常用的半导体材料。单晶是指晶格排列完全一致的晶体。晶体是指由原子、离子或分子按照一定的空间次序排列形成的具有规则外形的固体。例如，硅和锗等半导体材料都是晶体。因此，半导体管也常称为晶体管。

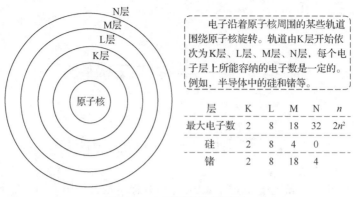

图 1-2 电子层结构模型图

1. 本征半导体

纯净的半导体通过某种工艺制成的单晶体，称为本征半导体。纯净的硅和锗都是四价元素，其原子的最外层轨道上有 4 个电子（价电子），可用如图 1-3 所示的简化模型表示其原子结构。图中，"+4"代表四价元素原子核和内层电子所具有的净电荷，外圈上的 4 个黑点表示 4 个价电子，标有"+4"的圆圈表示除价电子外的正离子。

半导体一般由硅（Si）原子和锗（Ge）原子构成。从电子结构上看，硅原子或锗原子的最外层有 4 个价电子，因此其导电性介于导体与绝缘体之间。本征半导体晶体结构示意图如图 1-4 所示。

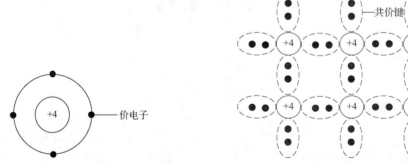

图 1-3 半导体（Si/Ge）原子结构简化模型   图 1-4 本征半导体晶体结构示意图

事实上，相邻原子间的距离很小，这就决定了相邻原子的最外层电子不但各自围绕自身所属的原子核运动，同时也出现在相邻原子所属的轨道上，成为共用的价电子。这种电子结构称为共价键结构。在室温下，晶体中的共价键相对较为稳定，只有极少数价电子会在热激发下挣脱共价键而成为自由电子，同时在其原来的共价键中留下一个空位置，称为空穴，如图 1-5 所示。自由电子带负电，空穴带正电。在本征半导体中，自由电子与空穴是成对产生的，即自由电子数目与空穴数目相等。

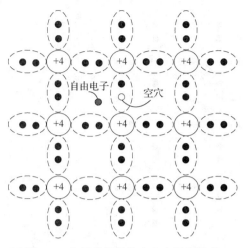

图 1-5　本征半导体的自由电子和空穴

　　若在本征半导体两端外加电场，由于自由电子和空穴所带电荷极性不同，自由电子与空穴的运动方向相反，分别形成电子电流与空穴电流。因此，本征半导体在外加电场的作用下，其内部所产生的电流为电子电流与空穴电流之和。

　　需要说明的是，运载电荷的粒子称为载流子。导体导电只有一种载流子，即自由电子的定向移动形成了电流。而本征半导体具有两种载流子，自由电子为多数载流子（简称多子），空穴为少数载流子（简称少子），即本征半导体中的自由电子和空穴的定向移动形成了电流，这是半导体导电的特殊性质。但应当明确的是，本征半导体的导电性能弱且易受到所处环境温度的影响，利用这种"缺点"可以制作热敏器件和光敏器件。

　　2. 杂质半导体

　　为了实现半导体导电性能的可控性，采用扩散工艺，在本征半导体中掺入特定的杂质元素，便可得到杂质半导体。例如，掺入五价元素（磷）或者三价元素（硼），相应地形成 N 型半导体或 P 型半导体。通过控制掺入杂质元素的浓度，就可控制半导体的导电能力。为了便于理解 N 型半导体与 P 型半导体，本节用图例对比的方式进行分析讲解（图 1-6 与图 1-7）。

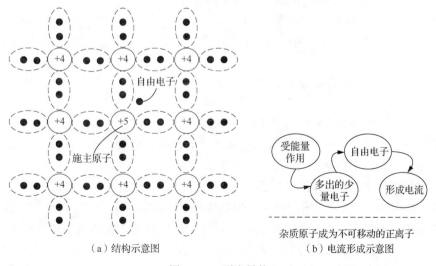

（a）结构示意图　　　　　　　（b）电流形成示意图

图 1-6　N 型半导体

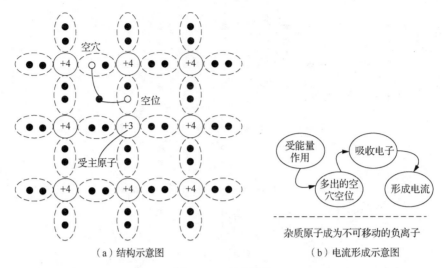

（a）结构示意图　　　　　　　　　　　（b）电流形成示意图

图1-7　P型半导体

图1-6所示为N型半导体。在本征半导体中掺入磷原子，其为正五价元素。从图1-6（a）可知，它能为半导体提供多余的电子，因而得名施主原子。如图1-6（b）所描述，在小能量作用下，这些多余的电子即成为自由电子，其定向移动形成电流，而提供电子的原子成为不可移动的正离子。

图1-7所示为P型半导体。在本征半导体中掺入硼原子，其为正三价元素。从图1-7（a）可知，正三价元素可使半导体某个原子的最外层价电子变成缺电子状态，即增加了"空位"，这就是半导体中的空穴载流子。如图1-7（b）所描述，在小能量作用下，价电子很容易移动到空穴的位置，形成感观上的空穴定向移动，即形成空穴电流，而提供空穴的原子成为不可移动的负离子。这种原子不仅提供了空穴，还为价电子的移动提供了可能，因此得名受主原子。

3. PN结

为了实现对P型半导体、N型半导体导电性的有效控制，常将这两类半导体结合使用，即将P型半导体和N型半导体制作在同一块硅片上，在它们的连接处形成PN结。由于P型半导体和N型半导体内部两类载流子的数量不均衡，决定了PN结具有单向导电的特性。

为了便于理解PN结的形成原理及PN结的单向导电性，本节仍采用图例对比的方式进行分析讲解。

（1）通过图例来理解PN结的形成原理。

在无外电场作用下，参与扩散运动的载流子数目和参与漂移运动的载流子数目相等，从而达到动态平衡，形成PN结，如图1-8所示。

（2）通过图例来理解PN结的单向导电性原理，分别如图1-9与图1-10所示。

由图1-9可知，PN结正偏时导通。但要注意PN结中存在的空间电荷区，这使得PN结正偏导通时需要克服其内电场（结压降）的作用，即只有PN结内电场逐渐变小，趋近于零，才能实现真正意义上的导通。但由于PN结导通时的结压降只有零点几伏，因而在电路设计中应当特别注意对其进行限流保护。例如，在PN结所在的回路中串联一个电阻

R，限制回路电流，防止 PN 结因正向电流过大而损坏。

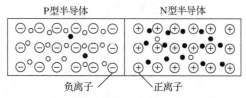

（a）同一块硅片上的P型半导体与N型半导体

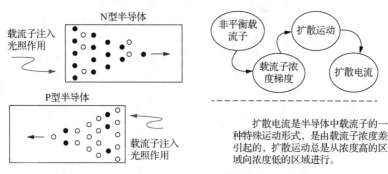

扩散电流是半导体中载流子的一种特殊运动形式，是由载流子浓度差引起的，扩散运动总是从浓度高的区域向浓度低的区域进行。

（b）PN结的形成原理

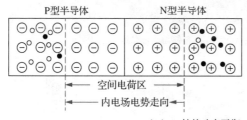

由于扩散运动使P区与N区的交界面缺少多数载流子（空间电荷区），形成内电场，从而阻止扩散运动的进行。内电场使空穴从N区向P区运动，使自由电子从P区向N区运动，即少数载流子进行漂移运动，形成了漂移电流。

（c）PN结的动态平衡

图 1-8　PN 结的形成原理解析图

由图 1-10 可知，PN 结反偏时截止。但应注意此时外电场使空间电荷区变宽，加强了内电场，阻止扩散运动的进行，加剧漂移运动的进行，由此形成的反向电流也称漂移电流。因为少子的数目极少，即使所有少子都参与漂移运动，反向电流也非常小，所以在近似分析中常将它忽略不计，而认为 PN 结外加反向电压时处于截止状态。

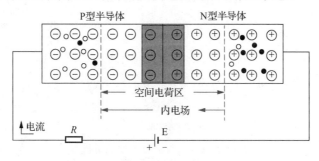

（a）PN结外加正向电压

图 1-9　PN 结正偏导通原理解析图

注：PN 结外加正向电压又称 PN 结正偏电压，简称 PN 结正偏。

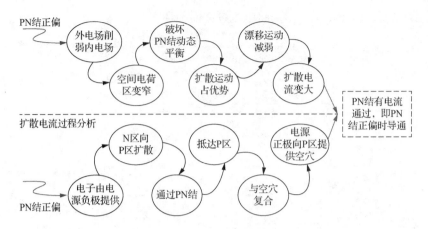

（b）PN结外加正向电压

图 1-9（续）

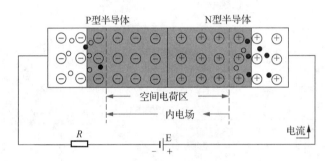

（a）PN结外加反向电压

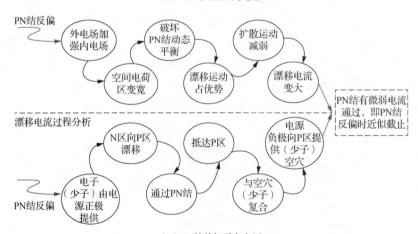

（b）PN结外加反向电压

图 1-10　PN 结反偏截止原理解析图

注：PN 结外加反向电压又称 PN 结反偏电压，简称 PN 结反偏。

（3）PN 结的电流方程。基于上述 PN 结正偏时导通原理，给出 PN 结所加端电压 u 与其导通电流 i 之间的关系为

$$i = I_{\text{S}}\left(\text{e}^{\left(\frac{qu}{kT}\right)} - 1 \right) \qquad\qquad (1\text{-}1)$$

式中，I_{S} 为反向饱和电流；q 为电子的电量；k 为波尔兹曼常数；T 为热力学温度。

将式中的 kT/q 用 U_{T} 取代，则有

$$i = I_{\text{S}}\left(\text{e}^{\frac{u}{U_{\text{T}}}} - 1 \right) \qquad\qquad (1\text{-}2)$$

常温下，即 $T=300\text{K}$ 时，$U_{\text{T}} \approx 26\text{mV}$，称 U_{T} 为温度的电压当量。由式（1-2）可得如图 1-11 所示的 PN 结伏安特性曲线，进一步确定了 PN 结的正偏特性及反偏特性。

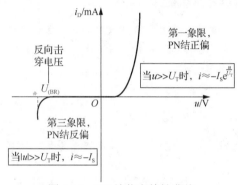

图 1-11　PN 结伏安特性曲线

需要说明的是，图 1-11 中 PN 结反偏区中有一个反向击穿电压 $U_{\text{(BR)}}$，当 PN 结反偏电压超过 $U_{\text{(BR)}}$ 后，PN 结即被反向击穿。若不对反向击穿电流加以限制，则会导致 PN 结永久性的损坏。

事实上，击穿按照机理可分为齐纳击穿与雪崩击穿。这两种击穿分别是半导体在高掺杂浓度（高掺杂）与低掺杂浓度（低掺杂）两种情况下所产生的反向击穿。为便于理解，本书给出图 1-12 说明两种击穿产生的机理。

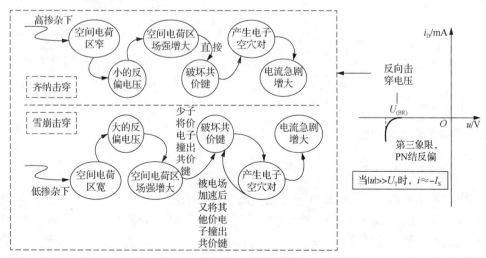

图 1-12　反向击穿产生机理图解

从图 1-12 可知，齐纳击穿是在高掺杂的情况下产生的。因为空间电荷区较窄（耗尽层宽度较窄），所以小的反偏电压就可使空间电荷区的场强增大，直接破坏共价键，促使价电子脱离共价键的束缚，产生电子-空穴对，最终使得电流急剧增大。相对于齐纳击穿的产生情况，雪崩击穿是在低掺杂的情况下产生的。因为空间电荷区较宽（耗尽层宽度较宽），只有在大的反偏电压作用下，才可使空间电荷区的少子加速漂移，并与共价键中的价电子相撞，使价电子离开共价键，从而形成电子-空穴对。新产生的电子与空穴被电场加速后又撞出其他价电子，使载流子发生雪崩式倍增，最终亦使得电流急剧增大。

1.3　半导体二极管

1.3.1　半导体二极管的分类及其结构

半导体二极管的外形（色彩、大小等）多种多样，其分类方式也是多种多样的。常见的二极管种类如图 1-13 所示。三种常见的二极管电路符号如图 1-14 所示。

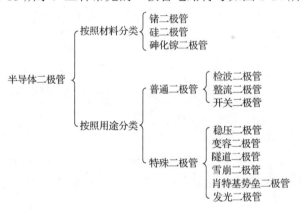

图 1-13　常见的二极管种类

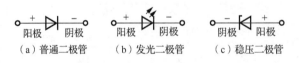

（a）普通二极管　　　（b）发光二极管　　　（c）稳压二极管

图 1-14　二极管电路符号

二极管按照其内部结构一般可分为点接触型（适用于高频电路和小功率整流）、面接触型（适用于整流管）、平面型（结面积较大的可用于大功率整流，结面积较小的可作为脉冲数字电路中的开关管）三种类型。

1.3.2　二极管的伏安特性

1. 二极管的电流方程

二极管同 PN 结一样具有单向导电性。由于制作工艺等原因，二极管存在半导体体电阻和引线电阻，因此当二极管外加正偏电压时，在电流相同的情况下，二极管的端电压大于 PN 结上的压降；或者说，在外加正偏电压相同时，二极管的正向导通电流小于 PN 结的电流。这种情况在大电流作用下表现尤其明显。另外，由于二极管表面存在漏电流，使得外加反向电压时的反向电流增大。

在没有特别说明的情况下，二极管的电流方程可用 PN 结的电流方程［式（1-1）和式（1-2）］来表示。

表 1-1 中给出了硅与锗两种材料小功率二极管开启电压 U_{on}、正向导通电压 U，反向饱和电流 I_S 的数量级。

表 1-1　两种材料二极管对应参数比较

材料	U_{on}/V	U/V	I_S / μA
硅（Si）	≈0.5	0.6~0.8	<0.1
锗（Ge）	≈0.1	0.1~0.3	几十

2. 二极管的伏安特性

由二极管的电流方程式（1-2）可知，二极管的伏安特性与 PN 结的伏安特性相同。由于 PN 结是温度的敏感器件，因此温度对二极管的伏安特性也有一定影响。

在环境温度升高时，二极管的正向特性曲线将左移，反向特性曲线将下移，如图 1-15 虚线所示。在室温附近，温度每升高 1℃，正向压降减小 2~2.5mV；温度每升高 10℃，反向电流 I_S 约增大一倍。可见，二极管的伏安特性对温度很敏感。

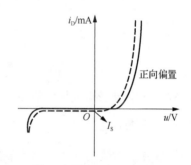

图 1-15　环境温度影响下的二极管伏安特性曲线

需要说明的是，普通二极管、发光二极管、整流二极管等均需要考虑其正向偏置特性，即其工作在二极管伏安特性曲线的正向工作区，而稳压二极管工作在二极管伏安特性曲线的反向工作区。

3. 发光二极管

对二极管加正偏电压，实际上是利用了其内部 P 型半导体中的多子空穴和 N 型半导体中的多子电子相遇复合产生能量的原理。在 PN 结的设计中，利用发光二极管中感光面单面感光的特性替代电子，这样就使其具有存储能量的作用。将电能转换为光能，即可实现二极管发光。发光二极管可以产生多种颜色光，其电路符号与普通二极管的区别在于增加了表示光的箭头，如图 1-14（b）所示。发光二极管可以用作光耦合器的发光源，光耦合器利用光作为媒介来完成电信号的传递，即先将电信号转化为光信号，再由光电器件实现光到电的转换，从而实现电信号在不同电路之间的传输。

常见的霍尔器件的工作原理也可据此分析获得，即通过测量 PN 结两端所产生的电位差来确定磁场强度。因此，可以利用霍尔器件非接触测量的特性，将其广泛应用于发动机的状态检测、故障诊断等领域。

4. 稳压二极管

当二极管所加反向电压的数值足够大时，反向饱和电流为 I_S。反向电压太大将击穿二极管，此电压称为反向击穿电压（U_{BR}），伏安特性曲线的反向击穿特性曲线如图 1-16 所示。不同型号二极管的击穿电压差别很大，从几十伏到几千伏不等。

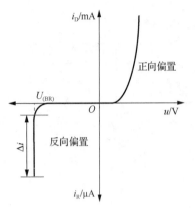

图 1-16　伏安特性曲线的反向击穿特性曲线

稳压二极管就是利用二极管的反向击穿特性研制而成的。稳压管工作在反向击穿区时，在一定的电流范围内，或者在一定的功率损耗范围内，端电压（U_Z）即为图 1-16 中的 U_{BR}，其值几乎不变，表现出稳压特性。因此，稳压管广泛用于稳压电源与限幅电路中。

稳压二极管的伏安特性与普通二极管的伏安特性相同，其正向偏置时等同于一个普通二极管。稳压管反向偏置且反偏电压临近反向电压临界值时，使其进入反向击穿区，其稳压特性得以实现。只要控制反向电流不超过其极限参数值，管子就不会烧毁。

5. 二极管极限参数

电子器件的参数是其特性的定量描述，也是实际工作中根据要求选用器件的主要依据。为了描述普通二极管的性能，常引用以下四个主要参数。

（1）最大正向电流 I_F。I_F 是指二极管长期运行时允许通过管子的最大正向平均电流。I_F 的数值由二极管允许的温升限定，使用时通过管子的平均电流不得超过此值，否则可能使二极管过热而损坏。

（2）最大反向电流 I_R。I_R 是指室温条件下，在二极管两端加上规定的反向电压时，流过管子的反向电流。通常希望 I_R 值愈小愈好。反向电流愈小，说明二极管的单向导电性愈好。此外，由于反向电流是由少数载流子形成的，因此 I_R 受温度的影响很大。

（3）最高反向工作电压 U_R。U_R 是指二极管工作时允许外加的最大反向电压。工作时，加在二极管两端的反向电压不得超过此值，否则二极管可能被击穿。为了留有余地，通常将击穿电压 $U_{(BR)}$ 的一半定义为 U_R。

（4）最高工作频率 f_M。f_M 是指二极管工作的上限截止频率。f_M 值主要决定于 PN 结的结电容大小。结电容愈大，二极管允许的最高工作频率愈低。

应当指出，由于受制造工艺所限，半导体器件的参数具有分散性，即使是同一型号的管子，它们的参数值也有相当大的差异，因而手册上往往给出参数的上限值、下限值或范围。此外，使用时应当特别注意手册上每个参数的测试条件，当使用条件与测试条件不同时，参数也会发生变化。为便于理解和掌握二极管相应参数的查寻方法，本节给出二极管 IN4148 参数手册的部分技术参数，详见表 1-2。

表 1-2　IN4148 技术参数（T_j=25℃）

参数符号	参数	条件	最小值	最大值	单位
U_F	正向电压	$I_F = 10\text{mA}$	—	1	V
I_R	反向电流	$U_R = 20\text{V}$	—	25	nA
		$U_R = 20\text{V},T_j = 150℃$		50	μA
C_D	二极管容抗	$f = 1\text{MHz}$，$U_R = 0\text{V}$		4	pA
t_{rr}	反向恢复时间	$I_R = 60\text{mA},R_L = 100\Omega$ 或 $I_R = 1\text{mA}$		4	ns
U_{tr}	正向恢复电压	$I_R = 50\text{mA},t_r = 20\text{ns}$	—	2.5	V

为了描述稳压二极管的性能，常引用以下五个主要参数。

（1）稳定电压 U_Z。U_Z 是稳压管在规定电流下的反向击穿电压。由于半导体器件参数的分散性，同一型号的稳压管的 U_Z 存在一定差异。例如，2CW11 型稳压管的稳定电压为 3.2～4.5V。但就某一只管子而言，U_Z 应为确定值。

（2）稳定电流 I_Z。I_Z 是稳压管工作在稳压状态时的参考电流。由于通过稳压管的电流低于此值时，稳压效果变坏，甚至根本不稳压，因而也常将 I_Z 记作 I_{Zmin}。

（3）额定功耗 P_{ZM}。P_{ZM} 等于稳压管的稳定电压 U_Z 与最大稳定电流 I_{ZM}（I_{Zmax}）的乘积。当稳压管的功耗超过此值时，稳压管会因温度升高而损坏。对于一只具体的稳压管而言，可以通过其 P_{ZM} 的值，求出 I_{ZM} 的值。只要不超过稳压管的额定功率，电流愈大，稳压效果愈好。

（4）动态电阻 r_Z。r_Z 是稳压管工作在稳压区时，它的端电压变化量与其对应的电流变化量之比，即 $r_Z = \Delta U_Z / \Delta I_Z$。$r_Z$ 愈小，电流变化时 U_Z 的变化愈小，即稳压管的稳压特性愈好。对于不同型号的管子而言，r_Z 的值不同，从几欧到几十欧不等。对于同一只管子而言，工作电流愈大，r_Z 愈小。

（5）温度系数 α。α 表示温度每变化 1℃稳压值的变化量，即 $\alpha = \Delta U_Z / \Delta T$。稳定电压小于 4V 的管子具有负温度系数（属于齐纳击穿），即温度升高时稳定电压值下降；稳定电压大于 7V 的管子具有正温度系数（属于雪崩击穿），即温度升高时稳定电压值上升；稳定电压在 4～7V 之间的管子，其温度系数非常小，近似为零（齐纳击穿和雪崩击穿均有）。

本节给出几种典型的稳压二极管的主要参数，详见表 1-3。

表 1-3　几种典型的稳压二极管的主要参数（T_j=25℃）

参数	2CW52	2CW107	2DW232*
稳定电压 U_Z/V	3.2～4.5	8.5～9.5	6.0～6.5
稳定电流 I_Z/mA	10	5	10
最大稳定电流 I_{ZM}/mA	55	100	30
额定功耗 P_{ZM}/W	0.25	1	0.20
动态电阻 r_Z /Ω	<70		≤10
温度系数α/（10^{-4}/℃）	≥-8	8	±0.05

* 2DW232 为具有温度补偿作用的稳压管。

　　需要说明的是，稳压管的反向电流小于 I_{Zmin} 时，稳压不存在。而当反向电流大于 I_{Zmax} 时，则会超过稳压管的额定功耗而损坏，因此在所设计的稳压管电路中必须串联一个限流电阻，保证稳压管安全、正常地工作。

　　例 1.1　在图 1-17 所示稳压管稳压电路中，已知稳压管的稳定电压 U_Z =10V，最小稳定电流 I_{Zmin}=5mA，最大稳定电流 I_{Zmax}=25mA，负载电阻 R_L=600Ω。求解限流电阻 R 的取值范围。

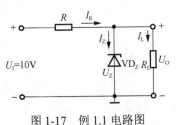

图 1-17　例 1.1 电路图

　　解：从图中可知，R 上的电流 I_R 等于稳压管中电流 I_Z 和负载电流 I_L 之和，即 $I_R=I_Z+I_L$。其中，I_Z=(5～25)mA，$I_L=U_Z/R_L$=(6/600)A=0.01A=10mA，则 I_R=(15～35)mA。

　　R 上的电压 $U_R=U_I-U_Z$=(10-6)V=4V，则

$$R_{max} = \frac{U_R}{I_{Rmin}} = \frac{4V}{15 \times 10^{-3}A} \approx 266.67\Omega$$

$$R_{min} = \frac{U_R}{I_{Rmax}} = \frac{4V}{35 \times 10^{-3}A} \approx 114.29\Omega$$

　　由此解得限流电阻 R 的取值范围为 114.29～266.67Ω。

1.4　二极管的实际应用

　　课例应用 1：可控光强度的 LED 灯电路设计。

　　利用二极管正向偏置时的导通特性，可以设计一个简单的可控光强度的 LED 灯电路。请读者分析如图 1-18 所示的可控光强度的 LED 灯电路工作原理，并探讨改进方案。

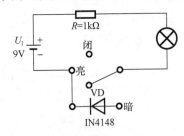

图 1-18　可控光强度的 LED 灯电路图

　　课例应用 2：二极管在电源保护电路中的应用。

　　利用二极管的正向偏置及反向偏置特性，可以设计不同的电源保护电路。

　　请读者分析如图 1-19 所示的基于二极管的电源保护电路，分析两种电路连接方式的电源保护电路工作原理，并探讨二极管型号的选择方法。

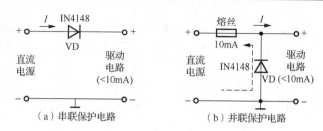

图 1-19　基于二极管的电源保护电路图

习　　题

1.1　判断题。

（1）若在 N 型半导体中掺入足够量的三价元素，则可将其改为 P 型半导体。　（　）

（2）因为 N 型半导体的多子是自由电子，所以它带负电。　（　）

（3）PN 结在无光照、无外加电压时，结电流为零。　（　）

1.2　选择题。

（1）PN 结加正向电压时，空间电荷区将（　）。

　　A. 变窄

　　B. 基本不变

　　C. 变宽

（2）设二极管的端电压为 U，则二极管的电流方程是（　）。

　　A. $I_\text{S}\text{e}^{U}$

　　B. $I_\text{S}\text{e}^{U_\text{T}/U}$

　　C. $I_\text{S}(\text{e}^{U/U_\text{T}}-1)$

（3）稳压管的稳压区是其工作在（　）。

　　A. 正向导通区

　　B. 反向截止区

　　C. 反向击穿区

（4）在本征半导体中加入（　）元素可形成 N 型半导体，加入（　）元素可形成 P 型半导体。

　　A. 五价　　　　　　　　　B. 四价　　　　　　　　　C. 三价

（5）当温度升高时，二极管的反向饱和电流将（　）。

　　A. 增大　　　　　　　　　B. 不变　　　　　　　　　C. 减小

1.3　填空题。

（1）二极管最主要的特性是＿＿＿＿＿＿＿＿＿。

（2）当 PN 结的 P 区接电源的负极，而 N 区接电源的正极，PN 结将＿＿＿＿＿＿。

（3）空穴为多数载流子的半导体为＿＿＿＿＿＿＿＿。

1.4　写出图 1-20 所示各电路的输出电压值，设二极管导通电压 U_D=0.7V。

1.5　已知稳压管的稳定电压 U_Z=6V，稳定电流的最小值 I_Zmin=5mA。求解图 1-21 所示电路中 U_O1 和 U_O2 各为多少伏？

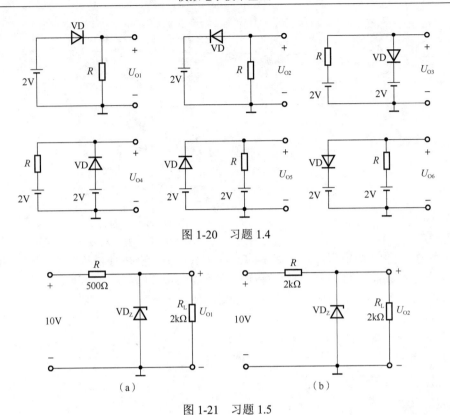

图 1-20　习题 1.4

图 1-21　习题 1.5

1.6　电路如图 1-22 所示，已知 $u_i = 5\sin\omega t$（V），二极管导通电压 $U_D = 0.7V$。试画出 u_i 与 u_o 的波形，并标出幅值。

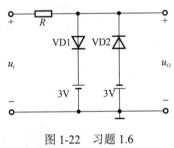

图 1-22　习题 1.6

1.7　电路如图 1-23 所示。已知二极管导通电压 $U_D = 0.7V$，常温下 $U_T \approx 26mV$，电容 C 对交流信号可视为短路；u_i 为正弦波，其有效值为 10mV。试求二极管中流过的交流电流有效值。

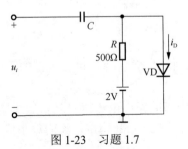

图 1-23　习题 1.7

　　1.8　现有两只稳压管，它们的稳定电压分别为 6V 和 8V，正向导通电压为 0.7V。试求：

　　（1）若将它们串联，则可得到几种稳压值？各为多少？

　　（2）若将它们并联，则可得到几种稳压值？各为多少？

　　1.9　电路如图 1-24 所示。已知稳压管的稳定电压 U_Z=6V，最小稳定电流 I_{Zmin}=5mA，最大功耗 P_{ZM}=150mW。试求电路中电阻 R 的取值范围。

　　1.10　已知图 1-25 所示电路中稳压管的稳定电压 U_Z=6V，最小稳定电流 I_{Zmin}=5mA，最大稳定电流 I_{Zmax}=25mA。

　　（1）分别计算 U_I 为 10V、15V、35V 三种情况下的输出电压 U_O。

　　（2）若 U_I=35V 时负载开路，则会出现什么现象？为什么？

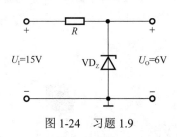

图 1-24　习题 1.9

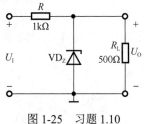

图 1-25　习题 1.10

　　1.11　在图 1-26 所示电路中，发光二极管导通电压 U_D=1.5V，正向电流为 5～15mA 时才能正常工作。试求：

　　（1）开关 S 在什么位置时发光二极管才能发光？

　　（2）R 的取值范围是多少？

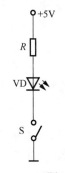

图 1-26　习题 1.11

第 2 章 晶体管与场效应晶体管

导读

2.1 课例引入——音响放大器

晶体管是电子电路中最基础的半导体器件之一，学习晶体管是整体学习模拟电子技术的关键。为便于理解，本节给出如图 2-1 所示的音响放大器设计框图。从图中可知，音响放大器的核心元件为晶体管，晶体管是一个有三个引脚的器件。本章围绕小小的晶体管阐述以其为核心构成的各种放大器的工作原理。

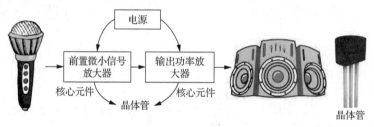

图 2-1 音响放大器设计框图

提示：放大是最基本的模拟信号处理功能。在此音响放大器的设计中，从声音传感器获得的代表声音的电信号很微弱，只有经过放大后才能做进一步处理，或者使之具有足够的能量来推动执行机构。在整个电路设计中，晶体管是放大电路的核心元件，它能够控制能量的转换，将输入的任何微小变化不失真地放大输出，最终通过扬声器还原声音。

2.2 晶体管的类型与结构

晶体管型号多达几千种，但按其极性或者结构可分为 NPN 型晶体管和 PNP 型晶体管两类。晶体管的类型是由其结构设计所决定的。晶体管的结构设计包括三个掺杂半导体区域：基区（B）、发射区（E）和集电区（C），三个掺杂区域之间用 P 型半导体或 N 型半导体隔断。

1）NPN 型晶体管

NPN 型晶体管的结构设计中采用一个薄 P 型半导体区域分隔两个 N 型半导体区域，其符号与结构分别如图 2-2（a）与（b）所示。

2）PNP 型晶体管

PNP 型晶体管的结构设计中采用一个薄 N 型半导体区域分隔两个 P 型半导体区域，其符号与结构分别如图 2-3（a）与（b）所示。

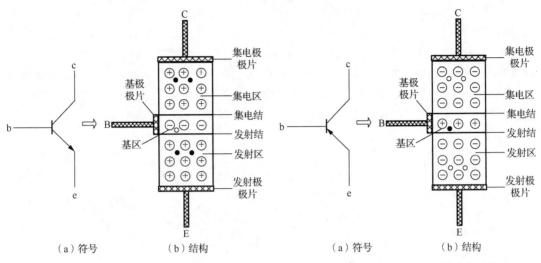

（a）符号　　　　（b）结构　　　　　　　　　（a）符号　　　　（b）结构

图 2-2　NPN 型晶体管的符号与结构　　　　图 2-3　PNP 型晶体管的符号与结构

从图 2-2 和图 2-3 中可知，连接基区与发射区的 PN 结称为发射结，连接基区与集电区的 PN 结称为集电结。晶体管的制造工艺要保证其实际应用，因而在设计中增加了外接电极，在每个区域均增加了极片并引出电极，分别标注为 B、E、C 或 b、e、c。需要说明的是，在晶体管设计所设定的基区、发射区、集电区三个区域中，两种多子浓度是不同的。其中，基区最薄，多子浓度最低；发射区多子浓度最高；集电区面积最大，多子浓度居中。

提示：可以根据 NPN 型晶体管、PNP 型晶体管符号箭头指向确定其类型：NPN 型发射极端子箭头向外，PNP 型发射极端子箭头向内，箭头指向均代表所产生电流的走向。

2.3　晶体管的电流放大

2.3.1　晶体管的工作原理

为保证晶体管能够在放大状态正常工作，必须配以适当的外围电路（图 2-4），保证晶体管的发射结正偏、集电结反偏。图中，R_b 称为基极电阻，承担限制晶体管基极电流（I_B）、保护晶体管 VT 的作用；R_c 称为集电极电阻，能够将集电极电流（I_C）的变化转换成电压的变化，输出电压信号。

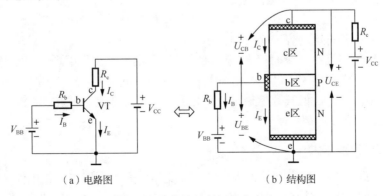

（a）电路图　　　　　　　　（b）结构图

图 2-4　晶体管共射极放大电路

在图 2-4 所示电路中，晶体管发射结外加正向电压 U_{BE} 正偏由基极电源 V_{BB} 决定，集电结外加反向电压 U_{CB} 反偏由集电极电源 V_{CC} 与 V_{BB} 共同作用以保证 $U_{CB}=U_{CE}-U_{BE}>0$，其中 U_{CE} 为集射极电压。事实上，晶体管的放大作用表现为基极产生小的基极电流 I_B 可以控制集电极产生大的集电极电流 I_C。因此，本节从晶体管内部载流子的运动与外部电流的关系上来做进一步的分析。为便于理解晶体管内部载流子的运动原理，即电流流动的原理，给出如图 2-5（a）所示的正常工作状态下晶体管内部载流子运动示意图。

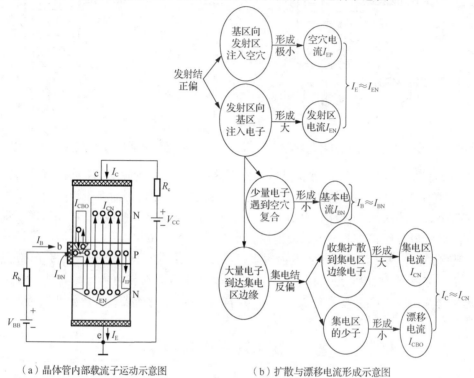

（a）晶体管内部载流子运动示意图　　　（b）扩散与漂移电流形成示意图

图 2-5　放大电路正常工作状态

图 2-5（b）阐述了扩散与漂移电流的形成原理。发射结正偏时，因为发射区的多子-自由电子浓度高，所以大量自由电子因扩散运动越过发射结到达基区。与此同时，发射区的少子-空穴也从基区向发射区扩散。但由于基区的多子-空穴浓度低，空穴形成的电流 I_{EP} 非常小，近似分析时可以忽略不计。因此，发射结正偏促进了扩散运动，从而形成了发射极电流 I_E。

由于基区很薄，多子-空穴浓度低，同时集电结受反向电压作用，因此扩散到基区的电子只有极少部分与空穴复合，其余部分均到达集电结边缘区域。由此可知，扩散到基区的自由电子与空穴的复合运动形成基极电流 I_B。

由于集电结反偏且集电区面积大，基区的少子-自由电子在外电场作用下越过集电结到达集电区，形成集电区电流 I_{CN}。与此同时，集电区与基区的少子-自由电子也参与漂移运动，形成漂移电流 I_{CBO}，但其数值极小，可以忽略不计。因此，集电结反偏情况下，漂移运动形成集电极电流 I_C。

2.3.2　晶体管的电流放大

由图 2-4（a）可知，在合理的外围电路中，晶体管可以利用其基极电流 I_B 的微小变化引起发射极电流 I_E 和集电极电流 I_C 的较大变化。因此，掌握晶体管的电流放大特性尤其重要。晶体管三个极电流之间的关系满足下式：

$$I_E = I_C + I_B \qquad\qquad (2-1)$$

式中，在一般情况下 I_B 为微安级；I_E 与 I_C 为毫安级。晶体管满足放大特性时，其集电极电流与基极电流之间满足正比例关系，即

$$\bar{\beta} \approx I_C / I_B \qquad\qquad (2-2)$$

集电极电流与发射极电流之间满足正比例关系，即

$$\bar{\alpha} = I_C / I_E \qquad\qquad (2-3)$$

式中，$\bar{\beta}$ 称为共射直流电流放大系数；$\bar{\alpha}$ 称为共基直流电流放大系数。

根据式（2-1）和式（2-2）可得

$$I_E \approx \bar{\beta} I_B + I_B \qquad\qquad (2-4)$$

一般情况下，$\bar{\beta} \gg 1$，$\bar{\alpha} \approx 1$，则有

$$I_C \approx I_E \qquad\qquad (2-5)$$

提示：在分析交流与直流的过程中，若认定共射直流电流放大系数和交流电流放大系数相等，则均由 β 表示；若认定共基直流电流放大系数和交流电流放大系数相等，则均由 α 表示。

2.3.3　晶体管的共射特性曲线

本节分析晶体管特性曲线仍以图 2-4 所示晶体管共射极放大电路为例。通过对晶体管特性曲线的分析，可以描述放大电路中晶体管各极之间电压、电流的关系，并以此估算放大电路的静态参数（放大电路中只有直流电源供给情况下）、动态电压放大倍数（放大电路中只有交流信号源供给情况下，输出信号与输入信号的比值）。

1）输入特性曲线

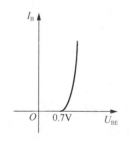

图 2-6　晶体管共射输入特性曲线

图 2-4 所示晶体管共射极放大电路的输入特性曲线也称为基极-发射极特性曲线，晶体管共射输入特性曲线如图 2-6 所示，相当于描述一个 PN 结正偏的伏安特性曲线。

由图可知，检测所设计的共射极放大电路是否满足发射结正偏的外部条件，可以通过检测 U_{BE} 的压降是否为 0.7V 来确定。当 $U_{BE} = 0.7V$ 时，说明发射结处于正偏状态；当 $U_{BE} = 0V$ 时，说明发射结处于截止状态。

事实上，I_B 描述 U_{BE} 变化曲线的前提是以 U_{CE} 为常量，一般情况下，$U_{CE} > 0.5V$。

2）输出特性曲线

由 $\bar{\beta} \approx I_C / I_B$ 可知，若 $I_B = 0$，则 $I_C = 0$。由此可知，讨论一条输出特性曲线必须给定 I_B，并始终保证其为一定值。图 2-7 给出了一条晶体管的共射输出特性曲线。

由图可知，输出特性曲线是在给定 $I_B (I_B = I_{B1})$ 的情况下，I_C 关于 U_{CE} 变化的一条曲线。由图 2-4 所示电路可知，若设 V_{BB} 为某一定值，且使其保证晶体管产生基极电流 I_{B1}，同时设定 $V_{CC} = 0$，则有 $I_C = 0$，$U_{CE} = 0$。若逐渐增大 V_{CC}，则 U_{CE} 和 I_C 也随之逐渐增大。当 I_C 增大至 I_{C1}，U_{CE} 在 0～0.7V 之间变化时，晶体管处于饱和区（图 2-7 中 A 点与 B 点区间曲线），此时 $I_C < \bar{\beta} I_B$，且饱和区中的 $\bar{\beta}'$ 值小于放大区中的 $\bar{\beta}$ 值。

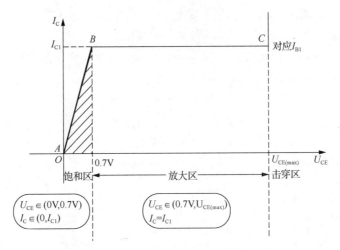

图 2-7　一条晶体管的共射输出特性曲线

当 $U_{CE} = 0.7\text{V}$ 时，晶体管集电结进入反偏状态，此时满足 $I_C = \overline{\beta}I_B$。若 U_{CE} 继续增大，则晶体管进入放大区，$I_C = \overline{\beta}I_B$ 为恒定值。此时，只有 I_B 发生变化，I_C 才会随之变化。由于 I_C 与 I_B 满足 $\overline{\beta}$ 倍的线性放大关系，因此晶体管的输出特性曲线的放大区又称为线性放大工作区。图 2-8 给出了一簇晶体管的输出特性曲线。

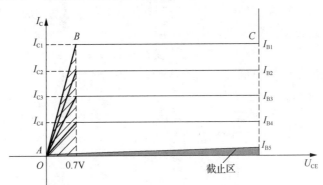

图 2-8　一簇晶体管的输出特性曲线

从图可知，当 $I_{B5} \approx 0$ 时，晶体管进入输出特性曲线的截止区，处于截止状态。此时，只存在微小的 I_{CEO}（基极开路时 c-e 间的穿透电流），由此可以认定 $I_C \approx 0$。

提示：在分析晶体管处于饱和区时，$U_{CE} \approx 0.1\text{V}$；晶体管处于截止区时，$U_{CE} \approx V_{CC}$。

2.3.4　晶体管三个工作区总结

若对晶体管配以合理的外围电路，则可使晶体管分别处于放大区、饱和区或截止区。为便于读者记忆，本节对晶体管在这三个工作区中的工作特征归纳如下。

（1）放大区：其特征是发射结正向偏置（u_{BE} 大于发射结开启电压 U_{on}）且集电结反向偏置。对于共射电路，$u_{BE} > U_{on}$ 且 $u_{CE} \geqslant u_{BE}$。此时，i_C 几乎仅决定于 i_B，而与 u_{CE} 无关，表现出 i_B 对 i_C 的控制作用，$I_C = \overline{\beta}I_B$，$\Delta i_C = \beta \Delta i_B$。在理想情况下，当 I_B 按照等差变化时，输出特性是一簇横轴的等距离平行线。

（2）饱和区：其特征是发射结与集电结均处于正向偏置。对于共射电路，$u_{BE} > U_{on}$ 且

$u_{CE} < u_{BE}$。此时，i_C 不仅与 i_B 有关，而且随 u_{CE} 增大而明显增大，i_C 小于 $\bar{\beta}\Delta i_B$。在实际电路中，若晶体管的 u_{BE} 增大，i_B 随之增大，但 i_C 增大不多或基本不变，则说明晶体管进入饱和区。对于小功率管，可以认为当 $u_{CE} = u_{BE}$ 时，即 u_{CB} =0V 时，晶体管处于临界状态，即临界饱和状态或临界放大状态。

（3）截止区：其特征是发射结电压小于开启电压且集电结反向偏置。对于共射电路，$u_{BE} \leqslant U_{on}$ 且 $u_{CE} > u_{BE}$。此时，$I_B = 0$ 而 $i_C \leqslant I_{CEO}$。小功率硅管的 I_{CEO} 在 1μA 以下，锗管的 I_{CEO} 小于几十微安。因此，在近似分析中可以认为晶体管截止时的 $i_C \approx 0$。

提示：根据模拟电子技术关于技术参数符号标识的规定，若讨论的电路中信号为直流信号，则参量、下标均大写，如 I_B；若讨论的电路中信号为交流信号，则参量、下标均小写，如 i_b；若讨论的电路中信号为交直流信号，即全流信号，则参量小写、下标大写，如 i_B。

2.4　晶体管的主要参数

同二极管一样，描述晶体管的性能，常引用相应的技术参数。本节分别介绍交流和直流两种状态下晶体管的主要参数。

2.4.1　直流参数

1）共射直流电流放大系数 $\bar{\beta}$

$$\bar{\beta} = \frac{I_C - I_{CEO}}{I_B}$$

当 $I_C \gg I_{CEO}$ 时，$\bar{\beta} \approx I_C / I_B$。

2）共基直流电流放大系数 $\bar{\alpha}$

当 I_{CBO} 可以忽略不计时，$\bar{\alpha} \approx I_C / I_E$。

3）极间反向电流

I_{CBO} 是发射极开路时集电结的反向饱和电流。I_{CEO} 是基极开路时集电极与发射极间的穿透电流，且 $I_{CEO} = (1 + \bar{\beta})I_{CBO}$。同一型号的管子反向电流愈小，性能愈稳定。

选用管子时，I_{CBO} 与 I_{CEO} 应当尽量小。硅管比锗管的极间反向电流小 2～3 个数量级，因此其温度稳定性也比锗管好。

2.4.2　交流参数

交流参数是描述晶体管对动态信号的性能指标。

1）共射交流电流放大系数 β

$$\beta = \frac{\Delta i_c}{\Delta i_b}\bigg|_{\Delta U_{CE}=常量}$$

在选用管子时，β 取值应该适中，太小则放大能力不强，太大则温度稳定性差。

2）共基交流电流放大系数 α

$$\alpha = \frac{\Delta i_c}{\Delta i_e}\bigg|_{\Delta U_{CB}=常量}$$

在近似分析中可以认为 $\beta \approx \bar{\beta}$ ，$\alpha \approx \bar{\alpha} \approx 1$ 。

3）特征频率 f_{T}

由于晶体管中 PN 结结电容的存在，晶体管的交流电流放大系数是所加信号频率的函数。当信号频率高到一定程度时，集电极电流与基极电流的比值不但下降，而且产生相移。使共射电流放大系数的数值下降到 1 的信号频率称为特征频率 f_{T} 。

2.4.3 极限参数

极限参数是指为使晶体管能够安全工作而对它的电压、电流和功率损耗作出限制的参数。

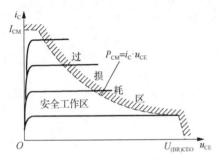

图 2-9   晶体管的极限参数

1）最大集电极耗散功率 P_{CM}

P_{CM} 决定于晶体管的温升。当硅管的温度大于 150℃、锗管的温度大于 70℃时，管子特性明显变坏，甚至烧坏。对于确定型号的晶体管，P_{CM} 是一个确定值，即 $P_{\mathrm{CM}} = i_C u_{\mathrm{CE}} = $ 常数，在输出特性坐标平面中为双曲线中的一条，如图 2-9 所示。曲线右上方为过损耗区。

对于大功率管的 P_{CM}，应当特别注意测试条件，如对散热片规格的要求。当散热条件不满足要求时，允许的最大功耗将小于 P_{CM} 。

2）最大集电极电流 I_{CM}

当 i_C 的取值范围相当大时，β 值基本不变。但当 i_C 的数值大到一定程度时，β 值将减小，而使 β 值明显减小的 i_C 即为 I_{CM} 。对于合金型小功率管，定义当 $u_{\mathrm{CE}} = 1\mathrm{V}$ 时，由 $P_{\mathrm{CM}} = i_C u_{\mathrm{CE}}$ 得出的 i_C 即为 I_{CM} 。实际上，当 i_C 大于 I_{CM} 时，晶体管不一定损坏，但 β 值明显下降。

3）极间反向击穿电压

晶体管的某一电极开路时，另外两个电极间所允许加的最高反向电压称为极间反向击穿电压，超过此值时管子会发生击穿现象。下面是各种击穿电压的定义：

$U_{\mathrm{(BR)\,CBO}}$ 是发射极开路时集电极-基极间的反向击穿电压，这是集电结所允许加的最高反向电压。

$U_{\mathrm{(BR)\,CEO}}$ 是基极开路时集电极-发射极间的反向击穿电压，此时集电结承受反向电压。

$U_{\mathrm{(BR)\,EBO}}$ 是集电极开路时发射极-基极间的反向击穿电压，这是发射结所允许加的最高反向电压。

对于不同型号的管子，$U_{\mathrm{(BR)\,CBO}}$ 为几十伏到上千伏，$U_{\mathrm{(BR)\,EBO}}$ 小于 $U_{\mathrm{(BR)\,CBO}}$，而 $U_{\mathrm{(BR)\,EBO}}$ 一般只有几伏。此外，集电极-发射极间的击穿电压还有：b-e 间接电阻时的 $U_{\mathrm{(BR)\,CER}}$，短路时的 $U_{\mathrm{(BR)\,CES}}$，接反向电压时的 $U_{\mathrm{(BR)\,CES}}$ 等。

在组成晶体管电路时，应当根据需求选择管子的型号。例如，若用于组成音频放大电路，则应选低频管；若用于组成宽频带放大电路，则应选高频管或超高频管；若用于组成数字电路，则应选开关管；若管子温升较高或要求反向电流小，则应选用硅管；若要求 b-e 间导通电压低，则应选用锗管。而且，为防止晶体管在使用中损坏，必须使其工作在如

图 2-9 所示的安全区，同时 b-e 间的反向电压要小于 $U_{(BR)EBO}$；对于功率管，还必须满足散热条件。

2.5 场效应晶体管

场效应晶体管（field effect transistor，FET）与晶体管在工作原理上完全不同。晶体管是一种电流控制器件，而场效应晶体管是一种电压控制器件。在场效应晶体管中，源极 S 与漏极 D 之间通过一个窄导电沟道相连，这条沟道由 P 型或 N 型半导体材料制作而成。沟道能否导通取决于施加在栅极 G 上的电压。场效应晶体管一般分为两类：结型场效应晶体管（JFET）和绝缘栅型场效应晶体管（MOSFET）。在结型场效应晶体管中，沟道与栅极之间形成一个 PN 结；在绝缘栅型场效应晶体管中，由绝缘栅极来控制沟道导通。图 2-10 通过图例的方式介绍场效应晶体管的分类。

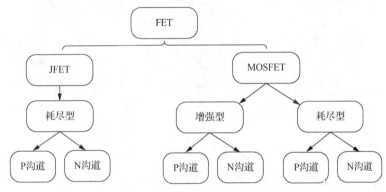

图 2-10 场效应晶体管的分类

2.5.1 结型场效应晶体管

由图 2-10 可知，JFET 有 N 沟道和 P 沟道两种类型。图 2-11（a）和（b）给出了 N 沟道 JFET 的实际结构图及结构示意图，图 2-11（c）为 N 沟道和 P 沟道的符号。由图 2-11（b）可知，JFET 是在同一块 N 型半导体上制作两个高掺杂的 P 区，并将它们连接在一起，所引出的电极称为栅极 G，N 型半导体的两端分别引出两个电极，其中一个称为漏极 D，另一个称为源极 S。P 区与 N 区交界面形成耗尽层，漏极与源极之间的非耗尽层区域称为导电沟道。

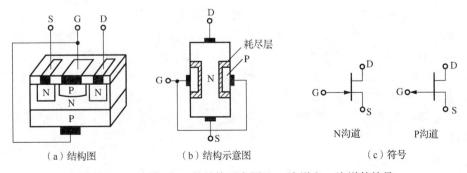

图 2-11 N 沟道 JFET 的结构示意图及 N 沟道和 P 沟道的符号

1. JFET 工作原理

为使 N 沟道 JFET 能够正常工作，应当在其 G-S 之间加负向电压（$u_{GS}<0$），保证耗尽层承受反向电压；在 D-S 之间加正向电压 u_{DS}，形成漏极电流 i_D。$u_{GS}<0$，既保证了 G-S 之间内阻很高的特点，又实现了 u_{GS} 对沟道电流的控制。下面通过栅-源电压 u_{GS} 和漏-源电压 u_{DS} 对导电沟道的影响来说明 JFET 工作原理。

1）当 $u_{DS}=0V$（D、S 短路）时，u_{GS} 对导电沟道的控制作用

当 $u_{DS}=0V$ 且 $u_{GS}=0V$ 时，耗尽层很窄，导电沟道很宽，如图 2-12（a）所示。

当 $|u_{GS}|$ 增大时，耗尽层加宽，沟道变窄 [图 2-12（b）]，沟道电阻增大。当 $|u_{GS}|$ 增大到某一数值时，耗尽层闭合，沟道消失 [图 2-12（c）]，沟道电阻趋于无穷大，此时 u_{GS} 的值称为夹断电压 $U_{GS(off)}$。

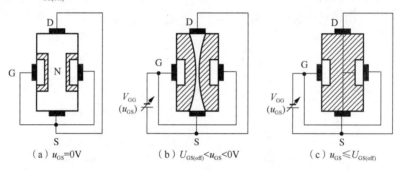

（a）$u_{GS}=0V$　　　　（b）$U_{GS(off)}<u_{GS}<0V$　　　　（c）$u_{GS}\leqslant U_{GS(off)}$

图 2-12　$u_{DS}=0V$ 时 u_{GS} 对导电沟道的控制作用

2）当 u_{GS} 为 $U_{GS(off)}\sim 0V$ 之间某一固定值时，u_{DS} 对漏极电流 i_D 的影响

当 u_{GS} 为 $U_{GS(off)}\sim 0V$ 之间某一确定值时，若 $u_{DS}=0V$，虽然存在由 u_{GS} 所确定的一定宽度的导电沟道，但多子不会产生定向移动，因而漏极电流 i_D 为零。

若 $u_{DS}>0V$，则有电流 i_D 从漏极流向源极，使沟道中各点与栅极间的电压不再相等，而是沿沟道从源极到漏极逐渐增大，从而造成靠近漏极一侧的耗尽层比靠近源极一侧的耗尽层宽，即靠近漏极一侧的导电沟道比靠近源极一侧的导电沟道窄，如图 2-13（a）所示。

因为栅-漏电压 $u_{GD}=u_{GS}-u_{DS}$，所以当 u_{DS} 从零逐渐增大时，u_{GD} 逐渐减小，靠近漏极一侧的导电沟道必将随之变窄。但是只要栅-漏间不出现夹断区，沟道电阻基本上仍决定于栅-源电压 u_{GS}，因此，电流 i_D 将随 u_{DS} 的增大而线性增大，D-S 呈现电阻特性。而一旦 u_{DS} 的增大使 u_{GD} 等于 $U_{GS(off)}$，则漏极一侧的耗尽层就会出现夹断区，如图 2-13（b）所示，$u_{GD}=U_{GS(off)}$ 称为预夹断。若 u_{DS} 继续增大，则 $u_{GD}<U_{GS(off)}$，耗尽层闭合部分将沿沟道方向延伸，即夹断区加长，如图 2-13（c）所示。这时，自由电子从漏极向源极定向移动所受阻力加大（只能从夹断区的窄缝以较高速度通过），从而导致 i_D 减小；随着 u_{DS} 的增大，D-S 间的纵向电场增强，这也必然导致 i_D 增大。实际上，上述 i_D 的两种变化趋势相互抵消，u_{DS} 的增大部分几乎全部落在夹断区，用于克服夹断区对 i_D 的阻力。因此，从外部看，在 $u_{GD}<U_{GS(off)}$ 的情况下，当 u_{DS} 增大时 i_D 几乎不变，即 i_D 几乎仅决定于 u_{GS}，从而表现出 i_D 的恒流特性。

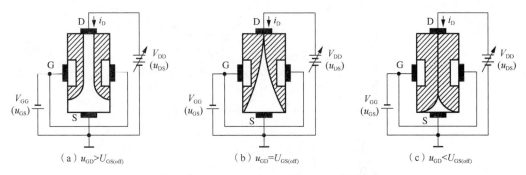

（a）$u_{GD} > U_{GS(off)}$　　　　　（b）$u_{GD} = U_{GS(off)}$　　　　　（c）$u_{GD} < U_{GS(off)}$

图 2-13　$U_{GS(off)} < u_{GS} < 0$ 且 $u_{DS} > 0$ 的情况

3）当 $u_{GD} < U_{GS(off)}$ 时，U_{GS} 对漏极电流 i_D 的控制作用

在 $u_{GD} = u_{GS} - u_{DS} < U_{GS(off)}$ 即 $u_{DS} > u_{GS} - U_{GS(off)}$ 的情况下，当 u_{DS} 为一个常量时，对应于确定的 u_{GS} 就有确定的 i_D。此时，可以通过改变 u_{GS} 来控制 i_D 的大小。由于漏极电流受栅-源电压的控制，因此称场效应晶体管为电压控制器件。与晶体管用 β 来描述动态情况下基极电流对集电极电流的控制作用相类似，场效应晶体管用 g_m 来描述动态的栅-源电压对漏极电流的控制作用，g_m 称为低频跨导，即

$$g_m = \left. \frac{i_D}{u_{GS}} \right|_{u_{DS} = 常量} \tag{2-6}$$

由以上分析可知：

（1）在 $u_{GD} = u_{GS} - u_{DS} > U_{GS(off)}$ 的情况下，即当 $u_{DS} < u_{GS} - U_{GS(off)}$（G-D 间未出现夹断）时，对应于不同的 u_{GS}，D-S 间等效成不同阻值的电阻。

（2）当 u_{DS} 使 $u_{GD} = U_{GS(off)}$ 时，D-S 之间预夹断。

（3）当 u_{DS} 使 $u_{GD} < U_{GS(off)}$ 时，i_D 几乎仅决定于 u_{GS}，而与 u_{DS} 无关。此时，可以把 i_D 近似看成 U_{GS} 控制的电流源。

当 $u_{GS} < U_{GS(off)}$ 时，管子截止，$i_D = 0$。

2. JFET 特性曲线

1）输出特性曲线

输出特性曲线描述当栅-源电压 u_{GS} 为常量时，漏极电流 i_D 与漏-源电压 u_{DS} 之间的函数关系，即

$$i_D = \left. f(u_{DS}) \right|_{u_{GS} = 常量} \tag{2-7}$$

对应于一个 u_{GS} 就有一条曲线，因此 FET 的输出特性曲线为一簇曲线，如图 2-14 所示。场效应晶体管有以下三个工作区域。

（1）可变电阻区（非饱和区）。图中的虚线为预夹断轨迹，它是由各条曲线上使 $u_{DS} = u_{GS} - U_{GS(off)}$（$u_{GD} = U_{GS(off)}$）的点连接而成的。$u_{GS}$ 愈大，预夹断时的 u_{DS} 值也愈大。预夹断轨迹的左边区域称为可变电阻区，该区域中曲线近似为不同斜率的直线。当 u_{GS} 确定时，直线的斜率也唯一确定，直线斜率的倒数为漏-源间等效电阻的阻值。在该区域中，可以通过改变 u_{GS} 的大小（压控的方式）来改变漏-源等效电阻的阻值，因而该区域称为可变电阻区。

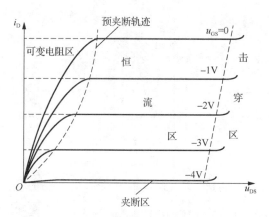

图 2-14　FET 的输出特性曲线

（2）恒流区（饱和区）。图中预夹断轨迹的右边区域称为恒流区。当 $u_{DS} > u_{GS} - U_{GS(off)}$（$u_{GD} < U_{GS(off)}$）时，各曲线近似为一簇横轴的平行线。当 u_{DS} 增大时，i_D 仅略有增大。由于可将 i_D 近似为电压 u_{GS} 控制的电流源，因而该区域称为恒流区。利用场效应晶体管作为放大管时，应使其工作在该区域。

（3）夹断区。当 $u_{GS} < U_{GS(off)}$ 时，导电沟道被夹断，$i_D \approx 0$，即图中靠近横轴的部分，该区域称为夹断区。一般将使 i_D 等于某一个很小电流（如 5μA）时的 u_{GS} 定义为夹断电压 $U_{GS(off)}$。

另外，当 u_{DS} 增大到一定程度时，漏极电流会骤然增大，管子将被击穿。由于这种击穿是因栅-漏间耗尽层被破坏而造成的，因而若栅-漏击穿电压为 $U_{(BR)GD}$，则漏-源击穿电压 $U_{(BR)DS} = u_{GS} - U_{(BR)GD}$。因此，当 u_{GS} 增大时，漏-源击穿电压将增大。

2）转移特性曲线

转移特性曲线描述当漏-源电压 u_{DS} 为常量时，漏极电流 i_D 与栅-源电压 u_{GS} 之间的函数关系，即

$$i_D = f(u_{GS})\big|_{u_{DS}=常量} \tag{2-8}$$

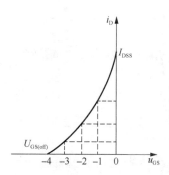

当 FET 工作在恒流区时，由于输出特性曲线可近似为横轴的一簇平行线，因此可以用一条转移特性曲线代替恒流区中的所有曲线。在输出特性曲线的恒流区中作横轴的垂线，读出该垂线与各曲线交点的坐标值，建立 u_{GS}、i_D 坐标系，连接各点所得曲线就是转移特性曲线，如图 2-15 所示。可见，转移特性曲线与输出特性曲线之间有着严格的对应关系。

图 2-15　FET 的转移特性曲线

根据半导体物理学中对场效应晶体管内部载流子的分析，可以得到恒流区中 i_D 的近似表达式为

$$i_D = I_{DSS}\left(1 - \frac{u_{GS}}{U_{GS(off)}}\right)^2 \ (U_{GS(off)} < u_{GS} < 0) \tag{2-9}$$

式中，I_{DSS} 是 $u_{GS} = 0$ 的情况下产生预夹断时的 i_D，称为饱和漏极电流。

当管子工作在可变电阻区时，对于不同的 u_{DS}，转移特性曲线将有很大差别。

应当指出，为保证 JFET 栅-源间的耗尽层加反向电压，对 N 沟道管，$u_{GS} \leqslant 0V$；对 P 沟道管，$u_{GS} \geqslant 0V$。

2.5.2　绝缘栅型场效应晶体管

MOSFET 是一种重要的金属-氧化物-半导体场效应晶体管，其与 JFET 的区别在于它没有 PN 结结构。MOSFET 的栅极与沟道之间用非常薄的二氧化硅（SiO_2）层作为绝缘体来相互绝缘。MOSFET 的两种基本类型为增强型（E-MOSFET）和耗尽型（D-MOSFET），其中增强型应用较为广泛。目前，许多场效应晶体管中的栅极材料大多采用晶硅替代金属，形成了晶硅-氧化物半导体场效应晶体管，因此在许多文献中用 IGFET 表示绝缘栅型场效应晶体管。

1. N 沟道 MOSFET

1）N 沟道 E-MOSFET

图 2-16（a）所示为 N 沟道 E-MOSFET 结构示意图，N 沟道和 P 沟道 E-MOSFET 符号如图 2-16（b）所示。它以一块低掺杂的 P 型硅片为衬底，利用扩散工艺制作两个高掺杂的 N^+ 区，并引出两个电极，分别为源极 S 和漏极 D；在半导体上制作一层 SiO_2 绝缘层，再在 SiO_2 之上制作一层金属铝，引出电极，作为栅极 G。通常将衬底与源极接在一起使用。这样，栅极和衬底各相当于一个极板，中间是绝缘层，形成电容。当栅-源电压发生变化时，将改变衬底靠近绝缘层处感应电荷的数量，从而控制漏极电流的大小。可见，E-MOSFET 与 JFET 的导电机理及控制漏极电流的原理均不相同。

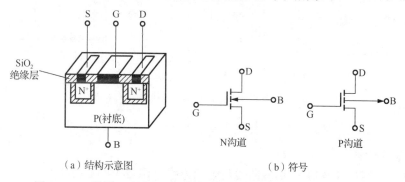

（a）结构示意图　　　　　　　　　　　（b）符号

图 2-16　N 沟道 E-MOSFET 结构示意图及 N 沟道和 P 沟道的符号

（1）N 沟道 E-MOSFET 工作原理。当栅-源之间不加电压时，漏-源之间是两只背向的 PN 结，不存在导电沟道，不导通。因此，即使漏-源之间加电压，也不会有漏极电流。

当 $u_{DS}=0$ 且 $u_{GS}>0$ 时，由于 SiO_2 绝缘层的存在，栅极电流为零。但是栅极金属层将聚集正电荷，它们排斥 P 型衬底靠近 SiO_2 一侧的空穴，使之剩下不能移动的负离子区，形成耗尽层，如图 2-17（a）所示。当 u_{GS} 增大时，耗尽层增宽，衬底的自由电子被吸引到耗尽层与绝缘层之间，形成了一个 N 型薄层，称为反型层，如图 2-17（b）所示。这个反型层就构成了漏-源之间的导电沟道。使沟道刚刚形成的栅-源电压称为开启电压 $U_{GS(th)}$。u_{GS} 愈大，反型层愈厚，导电沟道电阻愈小。

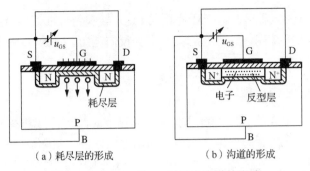

（a）耗尽层的形成　　　　　　　（b）沟道的形成

图 2-17　　$u_{DS}=0$ 时 u_{DS} 对导电沟道的影响

当 u_{GS} 为大于 $U_{GS(th)}$ 的某一个确定值时，若在漏-源之间加正向电压，则将产生一定的漏极电流。此时，u_{DS} 的变化对导电沟道的影响与 JFET 相似，即当 u_{DS} 较小时，u_{DS} 的增大使 i_D 线性增大，沟道沿着源-漏方向逐渐变窄，如图 2-18（a）所示。一旦 u_{DS} 增大到使 $u_{GS}=U_{GS(th)}$ （$u_{DS}=u_{GS}-U_{GS(th)}$）时，沟道在漏极一侧出现夹断区，称为预夹断，如图 2-18（b）所示。如果 u_{DS} 继续增大，夹断区就随之延长，如图 2-18（c）所示。实际上，u_{DS} 的增大部分几乎全部用于克服夹断区对漏极电流的阻力。因此，从外部看，i_D 几乎不因 u_{DS} 的增大而变化，即管子进入恒流区，i_D 几乎仅决定于 u_{GS}。

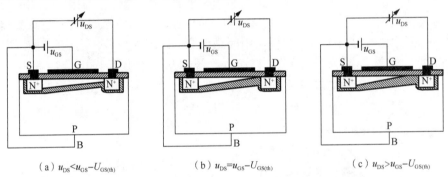

（a）$u_{DS}<u_{GS}-U_{GS(th)}$　　　　（b）$u_{DS}=u_{GS}-U_{GS(th)}$　　　　（c）$u_{DS}>u_{GS}-U_{GS(th)}$

图 2-18　　u_{GS} 为大于 $U_{GS(th)}$ 的某一值时 u_{DS} 对 i_D 的影响

在 $u_{DS}<u_{GS}-U_{GS(th)}$ 时，对应于每一个 u_{GS} 就有一个确定的 i_D。此时，可将 i_D 视为电压 u_{GS} 控制的电流源。

（2）N 沟道 E-MOSFET 特性曲线与电流方程。图 2-19（a）和（b）分别为 N 沟道 E-MOSFET 的转移特性曲线和输出特性曲线。与 JFET 一样，E-MOSFET 也有三个工作区域：可变电阻区、恒流区及夹断区。

与 JFET 相类似，i_D 与 u_{GS} 的近似关系式为

$$i_D = I_{DO}\left(\frac{u_{GS}}{U_{GS(th)}}-1\right)^2 \tag{2-10}$$

式中，I_{DO} 是 $u_{GS}=2U_{GS(th)}$ 时的 i_D。

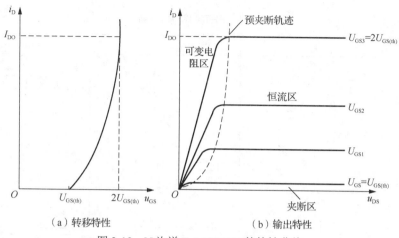

（a）转移特性　　　　　　　　　　　　　　　（b）输出特性

图 2-19　N 沟道 E-MOSFET 的特性曲线

2）N 沟道 D-MOSFET

图 2-20（a）所示为 N 沟道 D-MOSFET 结构示意图。生产 D-MOSFET 时，在 SiO_2 绝缘层中掺入大量正离子，使 $u_{GS}=0$，在正离子作用下 P 型衬底表层也存在反型层，即漏-源之间存在导电沟道。只要在漏-源之间加正向电压，就会产生漏极电流 i_D。当 u_{GS} 为正时，反型层变宽，沟道电阻变小，i_D 增大；当 u_{GS} 为负时，反型层变窄，沟道电阻变大，i_D 减小。而当 u_{GS} 从零减小到一定值时，反型层消失，漏-源之间的导电沟道消失，$i_D=0$，此时的 u_{GS} 称为夹断电压 $U_{GS(off)}$。与 N 沟道 JFET 相同，N 沟道 D-MOSFET 的夹断电压也为负值。但前者只能在 $u_{GS}<0$ 的情况下工作，而后者的 u_{GS} 可以在正负值的一定范围内实现对 i_D 的控制，而且仍能保持栅-源间有非常大的绝缘电阻。

N 沟道 D-MOSFET 的符号如图 2-20（b）所示。

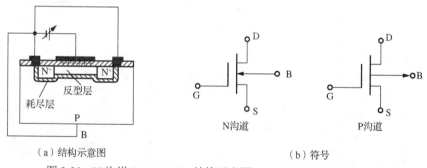

（a）结构示意图　　　　　　　　　　　　　　（b）符号

图 2-20　N 沟道 D-MOSFET 结构示意图及 N 沟道和 P 沟道的符号

2. P 沟道 MOSFET

与 N 沟道 MOSFET 相对应，P 沟道 E-MOSFET 的开启电压 $U_{GS(th)}<0$，只有当 $u_{GS}<U_{GS(th)}$ 时，管子才导通，因而漏-源之间应加负电源电压；P 沟道 D-MOSFET 的夹断电压 $U_{GS(off)}>0$，u_{GS} 可以在正负值的一定范围内实现对 i_D 的控制，因而漏-源之间也应加负电压。

FET 的符号及特性见表 2-1，表中漏极电流的正方向是从漏极流向源极。

表 2-1 FET 的符号及特性

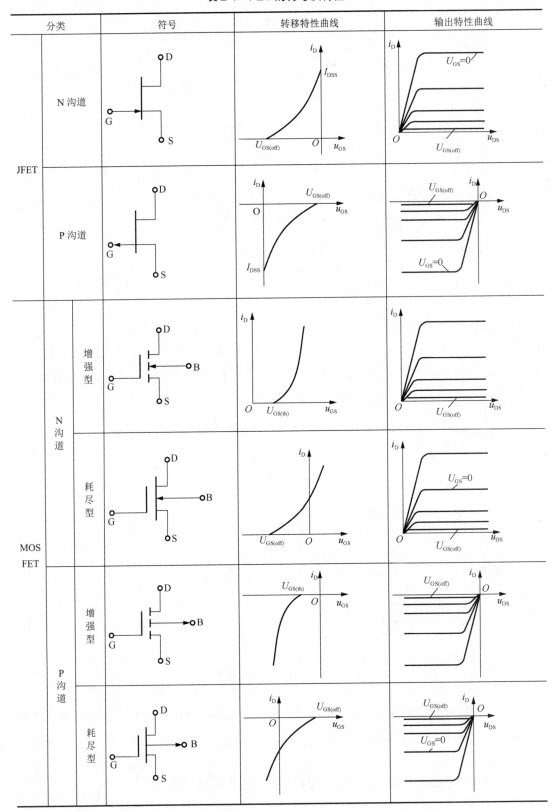

应当指出，若 MOSFET 的衬底不与源极相连接，则衬-源间的电压 U_{BS} 必须保证衬-源间的 PN 结反向偏置，因此 N 沟道 MOSFET 的 U_{BS} 应当小于零，而 P 沟道 MOSFET 的 U_{BS} 应当大于零。此时导电沟道的宽度将受 U_{GS} 和 U_{BS} 的双重控制，U_{BS} 使开启电压或夹断电压的数值增大。相比而言，N 沟道 MOSFET 受 U_{BS} 的影响更大些。

2.5.3　场效应晶体管的主要参数

1. 直流参数

（1）开启电压 $U_{GS(th)}$。$U_{GS(th)}$ 是在 u_{DS} 为一个常量时，使 i_D 大于零所需的最小 $|u_{GS}|$ 值。手册中给出的是在 i_D 为规定的微小电流（如 5μA）时的 u_{GS}。$U_{GS(th)}$ 是 E-MOSFET 的参数。

（2）夹断电压 $U_{GS(off)}$。与 $U_{GS(th)}$ 相类似，$U_{GS(off)}$ 是在 u_{DS} 为常量的情况下 i_D 为规定的微小电流（如 5μA）时的 u_{GS}，它是 JFET 和 D-MOSFET 的参数。

（3）饱和漏极电流 I_{DSS}。对于 JFET，在 $u_{GS}=0V$ 的情况下产生预夹断时的漏极电流定义为 I_{DSS}。

（4）直流输入电阻 $R_{GS(DC)}$。$R_{GS(DC)}$ 等于栅-源电压与栅极电流之比，JFET 的 $R_{GS(DC)}$ 大于 $10^7\Omega$，而 MOSFET 的 $R_{GS(DC)}$ 大于 $10^9\Omega$。手册中一般只给出栅极电流的大小。

2. 交流参数

（1）低频跨导 g_m。g_m 数值的大小表示 u_{GS} 对 i_D 控制作用的强弱。在管子工作在恒流区且 u_{DS} 为常量的条件下，i_D 的微小变化量 Δi_D 与引起它变化的 Δu_{GS} 之比，称为低频跨导，即

$$g_m = \frac{\Delta i_D}{\Delta u_{GS}}\bigg|_{u_{DS}=常量} \tag{2-11}$$

g_m 的单位是 S（西门子）或 mS。g_m 是转移特性曲线上某一点的切线的斜率。g_m 与切点的位置密切相关，由于转移特性曲线非线性，因而 i_D 愈大，g_m 也愈大。

（2）极间电容。FET 的三个极之间均存在极间电容。通常，栅-源电容 C_{gs} 和栅-漏电容 C_{gd} 为 1～3pF，而漏-源电容 C_{ds} 为 0.1～1pF。在高频电路中，应当考虑极间电容的影响。管子的最高工作频率 f_M 是综合考虑三个电容的影响而确定的工作频率的上限值。

3. 极限参数

（1）最大漏极电流 I_{DM}。I_{DM} 是管子正常工作时漏极电流的上限值。

（2）击穿电压。管子进入恒流区后，使 i_D 骤然增大的 u_{DS} 称为漏-源击穿电压 $U_{(BR)DS}$，u_{DS} 超过此值会使管子损坏。对于 JFET，使栅极与沟道间的 PN 结反向击穿的 u_{GS} 为栅-源击穿电压 $U_{(BR)GS}$；对于 MOSFET，使绝缘层击穿的 u_{GS} 为栅-源击穿电压 $U_{(BR)GS}$。

（3）最大耗散功率 P_{DM}。P_{DM} 决定于管子允许的温升。P_{DM} 确定后，便可在管子的输出特性曲线上画出临界最大功耗线，再根据 I_{DM} 和 $U_{(BR)DS}$，便可得到管子的安全工作区。

对于 MOSFET，栅-衬之间的电容容量很小，只要少量的感应电荷就可产生很高的电压。由于 $R_{GS(DC)}$ 很大，感应电荷难以释放，以至于感应电荷所产生的高压把很薄的绝缘层

击穿，造成管子损坏。因此，无论是在存放还是在工作电路中，都应为栅-源之间提供直流通路，避免栅极悬空；在焊接时，要将电烙铁良好接地。

2.6　晶体管的开关应用

从晶体管的工作原理和输出特性曲线可知，晶体管有三个工作区域，即放大区、饱和区、截止区。这三个工作区域将晶体管在电路中的作用分为开关作用和放大作用两种。放大电路（放大器）是利用晶体管工作在放大区中实现电路对信号的放大作用，如音响放大器。本节所讨论的开关是利用晶体管工作在饱和区和截止区中实现晶体管的开关作用。

图 2-21 给出了一种基于晶体管开关电路的玩具钢铁侠光束手套设计电路图。

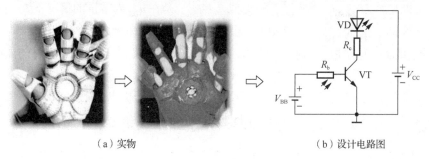

（a）实物　　　　　　　　　　　　　　（b）设计电路图

图 2-21　一种基于晶体管开关电路的玩具钢铁侠光束手套设计电路图

课例应用讨论：图 2-21（b）所示设计电路采用 NPN 型晶体管控制发光二极管的开关电路，实现对钢铁侠光束手套的光束控制。若已知所采用的发光二极管的工作参数如下：工作电压 $V_D = 1V$、工作电流 $I_D = 10mA$；同时，晶体管开关电路 $V_{CC} = 5V$、$V_{BB} = 3V$，晶体管电流放大系数 $\beta = 50$，饱和时 $U_{CE（sat）} = 0.2V$。R_b 为一个光敏电阻。

分析：首先，假定晶体管导通相当于晶体管开关处于闭合状态，二极管发光。因为二极管工作电流 $I_D = 10mA$，所以 $I_C = 10mA$，则可确定

$$R_C = \frac{V_{CC} - V_D - U_{CE（sat）}}{I_C} = \frac{5V - 1V - 0.2V}{10mA} = 0.38k\Omega$$

晶体管处于饱和状态，其 $\beta' < \beta = 50$，则有

$$I_{B(min)} = \frac{I_C}{\beta} = \frac{10mA}{50} = 200\mu A$$

电路设计过程中，若考虑晶体管基极保护，则有

$$R_b = \frac{V_{BB} - 0.7V}{I_{B(min)}} = \frac{3V - 0.7V}{200\mu A} \approx 11.5k\Omega$$

其次，假定晶体管开关处于断开状态，二极管不发光。R_b 为一个光敏电阻，没有光照时，其阻值极大，一般远高于光照后的电阻阻值，为几十千欧到几百千欧不等。在此情况下，即使产生微弱的基极电流，也远小于晶体管处于饱和状态的工作电流，因此可以近似认定满足晶体管处于截止状态。在后续学习中，还可以通过其他电路完成钢铁侠光束手套的光控电路设计。

习　题

2.1　判断题。

（1）NPN 型晶体管构成的放大电路中，集电极电位一定最高。　　　　　　　（　）

（2）当温度升高时，晶体管的输出特性曲线之间的间隔减小。　　　　　　　（　）

（3）场效应晶体管（FET）本质上是一个电压控制电流源器件。　　　　　　（　）

2.2　选择题。

（1）当晶体管工作在放大区时，发射结电压和集电结电压应为（　）。

　　　A. 前者反偏、后者也反偏　　　　　　B. 前者正偏、后者反偏

　　　C. 前者正偏、后者也正偏　　　　　　D. 前者反偏、后者正偏

（2）工作在放大区的某晶体管，如果当 I_B 从 12μA 增大到 22μA 时，I_C 从 1mA 变为 2mA，那么它的 β 值约为（　）。

　　　A. 83　　　　　　　　　　　　　　B. 91

　　　C. 100　　　　　　　　　　　　　 D. 167

（3）工作在放大状态的晶体管，流过发射结的电流主要是（　）。

　　　A. 漂移电流　　　　　　　　　　　B. 复合电流

　　　C. 穿透电流　　　　　　　　　　　D. 扩散电流

（4）在某放大电路中，若测得晶体管三个极的静态电位分别为 0V、−10V 和−9.3V，则这只晶体管是（　）。

　　　A. NPN 型硅管　　　　　　　　　　B. NPN 型锗管

　　　C. PNP 型硅管　　　　　　　　　　D. PNP 型锗管

（5）当温度升高时，晶体管的 β、I_{CBO} 和 u_{BE} 的变化情况为（　）。

　　　A. β 增大，I_{CBO} 和 u_{BE} 减小　　　　B. β 和 I_{CBO} 增大，u_{BE} 减小

　　　C. β 和 u_{BE} 减小，I_{CBO} 增大　　　　D. β、I_{CBO} 和 u_{BE} 都增大

（6）在 NPN 型晶体管构成的放大电路中，关于晶体管三个极的电位，下列说法正确的是（　）。

　　　A. 基极电位一定最高　　　　　　　B. 基极电位一定最低

　　　C. 集电极电位一定最高　　　　　　D. 发射极电位一定最高

2.3　填空题。

（1）场效应晶体管从结构上分成＿＿＿＿＿＿和＿＿＿＿＿＿＿＿＿两种类型。它们的导电过程仅取决于＿＿＿＿＿＿载流子的流动。

（2）晶体管从结构上可以分成＿＿＿＿＿＿和＿＿＿＿＿＿两种类型，它们工作时有＿＿＿＿＿和＿＿＿＿两种载流子参与导电。

（3）场效应晶体管属于＿＿＿＿控制型器件，而晶体管若用简化的 h 参数等效电路来分析，则可认为是＿＿＿＿控制型器件。

（4）晶体管用来放大时，应使发射结处于＿＿＿偏置，集电结处于＿＿＿偏置。

（5）晶体管穿透电流 I_{CEO} 是集-基反向饱和电流 I_{CBO} 的＿＿＿倍。在选用管子时，一般希望 I_{CEO} 尽量＿＿＿。

（6）某晶体管的极限参数 $P_{CM}=150mW$，$I_{CM}=100mA$，$U_{(BR)CED}=30V$。若它的工作电压 $U_{CE}=10V$，则工作电流 I_C 不得超过_____mA；若工作电压 $U_{CE}=1V$，则工作电流 I_C 不得超过_____mA；若工作电流 $I_C=1mA$，则工作电压不得超过_____V。

（7）若已知某晶体管的 $f_T=150MHz$，$\beta_0=50$，则当其工作频率为 50MHz 时 $|\beta|\approx$_____。

2.4 已知两只晶体管的电流放大系数 β 分别为 50 和 100，现测得放大电路中这两只管子两个电极的电流如图 2-22 所示。分别求另一个电极的电流，标出其实际方向，并在圆圈中画出管子。

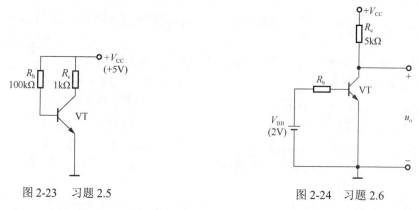

图 2-22　习题 2.4

2.5 电路如图 2-23 所示，试求 β 值大于多少时晶体管饱和？

2.6 电路如图 2-24 所示，$V_{CC}=15V$，$\beta=100$，$U_{BE}=0.7V$。试求：

（1）$R_b=50k\Omega$ 时，u_o 为多少？

（2）若 VT 临界饱和，则 R_b 约为多少？

图 2-23　习题 2.5

图 2-24　习题 2.6

2.7 测得放大电路中六只晶体管的直流电位如图 2-25 所示。在圆圈中画出管子，并分别说明它们是硅管还是锗管。

图 2-25　习题 2.7

2.8　电路如图 2-26 所示，晶体管导通时 $U_{BE}=0.7V$，$\beta=50$。试分析 V_{BB} 为 0V、1V、1.5V 三种情况下 VT 的工作状态，并求出输出电压 U_O 的值。

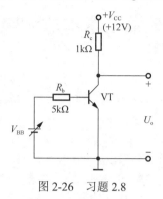

图 2-26　习题 2.8

2.9　电路如图 2-27 所示，晶体管的 $\beta=50$，$|U_{BE}|=0.2V$，饱和管压降 $|U_{CES}|=0.1V$；稳压管的稳定电压 $U_Z=5V$，其正向导通电压 $U_D=0.5V$。试求：当 $u_i=0V$ 时，u_o 为多少？当 $u_i=-5V$ 时，u_o 为多少？

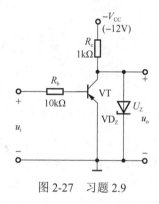

图 2-27　习题 2.9

2.10　简要回答 PN 结、晶体管和场效应晶体管的主要特性及其主要用途。

2.11　已知场效应晶体管的 $I_{DSS}=5mA$，$U_{GS(off)}=-4V$，试求当 $U_{GS}=-2V$ 时的 g_m 的值。

2.12　有两只晶体管，其中一只晶体管的 $\beta=200$，$I_{CEO}=200\mu A$；另一只晶体管的 $\beta=100$，$I_{CEO}=10\mu A$；其他参数大致相同。你认为应当选用哪只管子？为什么？

第3章 基本放大电路

导读

3.1 课例引入——防撞提醒器的超声测距

放大电路（放大器）的应用极其广泛。例如，汽车的防撞提醒器可以利用超声发射器发射信号与接收器接收信号之间的时间差来确定汽车运行中与障碍物的距离。然而接收器接收的信号较弱，因此需要放大器对其进行放大，才能与发射信号进行有效的比较，确定两者信号的时间差，从而计算距离。图 3-1 给出了防撞提醒器的超声测距设计框图。

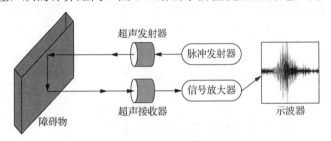

图 3-1 防撞提醒器的超声测距设计框图

放大电路放大的本质是能量的控制和转换，是在输入信号作用下，通过放大电路将直流电源的能量转换成负载所获得的能量，使负载从电源获得的能量大于信号源所提供的能量。因此，电子电路放大的基本特征是功率放大，即负载上总是获得比输入信号大得多的电压或电流，有时兼而有之。能够控制能量的元件称为有源元件，在放大电路中必须存在有源元件，如晶体管和场效应晶体管等。本章主要以晶体管作为放大电路的核心元件进行多种放大器的分析与设计。

放大的前提是不失真。只有放大电路的核心元件晶体管工作在放大区，才能使输出量与输入量始终保持线性关系，即电路才不会产生失真。

提示：任何稳态信号都可分解为若干频率正弦信号的叠加，因此放大电路常以正弦波作为测试信号。

3.2 放大电路的性能指标

为便于理解放大电路的性能指标，图 3-2 给出了放大电路双端口网络示意图。任何一个放大电路均包括输入端口与输出端口。放大电路的主要参数包括放大倍数、输入电阻、输出电阻、通频带、最大不失真输出电压、最大输出功率与效率等。本节主要分析放大电路的放大倍数、输入电阻、输出电阻、最大不失真输出电压，其他参数将在放大电路的频率响应、功率放大电路等章节中进行详细介绍。

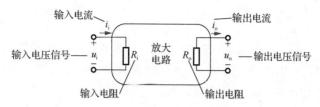

图 3-2 放大电路双端口网络示意图

1. 放大倍数

对于小信号放大电路来说，放大电路的放大倍数（增益）是指放大电路的输出量 x_o（u_o 或 i_o）与输入量 x_i（u_i 或 i_i）的比值。由此，放大电路放大倍数的表达式有以下几种：

电压放大倍数 A_{uu}：输出电压 u_o 与输入电压 u_i 之比，即

$$A_{uu} = A_u = \frac{u_o}{u_i} \tag{3-1}$$

电流放大倍数 A_{ii}：输出电流 i_o 与输入电流 i_i 之比，即

$$A_{ii} = A_i = \frac{i_o}{i_i} \tag{3-2}$$

互阻放大倍数 A_{ui}（量纲为电阻）：输出电压 u_o 与输入电流 i_i 之比，即

$$A_{ui} = \frac{u_o}{i_i} \tag{3-3}$$

互导放大倍数 A_{iu}（量纲为电导）：输出电流 i_o 与输入电压 u_i 之比，即

$$A_{iu} = \frac{i_o}{u_i} \tag{3-4}$$

2. 输入电阻

放大电路的输入电阻 R_i 是指从放大电路输入端看进去的等效电阻，可由输入电压的有效值 u_i 和输入电流的有效值 i_i 的比值来确定，即

$$R_i = \frac{u_i}{i_i} \tag{3-5}$$

任何信号源均具有一定内阻，而放大电路的输入信号 u_i 取自信号源的信号量。因此，放大电路的双端口网络可以转变为如图 3-3 所示的含信号源的放大电路双端口网络。

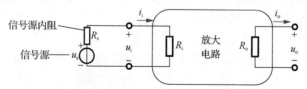

图 3-3 含信号源的放大电路双端口网络示意图

此时，放大电路的输入电阻 R_i 可视为前端信号源负载，输入电流 i_i 的大小直接决定了放大电路从源信号索取的输入电压 u_i 的大小，即

$$u_i = \frac{R_i}{R_i + R_s} u_s \tag{3-6}$$

式中，R_s 为信号源内阻；u_s 为信号源电压。

3. 输出电阻

放大电路的输出电阻 R_o 是将其所在的放大电路等效成一个有内阻的电压源,从放大电路输出端看进去的等效内阻。为便于理解,本节给出如图 3-4 所示的含有等效输出信号(u_o')与内阻(R_o)的放大电路双端口网络示意图。

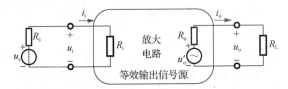

图 3-4　含有 u_o' 与 R_o 的放大电路双端口网络示意图

若设 u_o' 为空载时的输出电压有效值, u_o 为带负载后的输出电压有效值,则有

$$u_o = \frac{R_L}{R_o + R_L} u_o' \qquad (3\text{-}7)$$

由此可以确定输出电阻

$$R_o = \left(\frac{u_o'}{u_o} - 1 \right) R_L \qquad (3\text{-}8)$$

提示: R_o 愈小,负载电阻 R_L 变化时 u_o 的变化愈小,说明放大电路驱动 R_L 的能力愈强。然而,若需要大电流驱动负载电阻 R_L ,则需要增大放大电路的输出电阻 R_o 。

4. 最大不失真输出电压

最大不失真输出电压是指当输入电压再增大就会使输出波形产生非线性失真时的输出电压。一般以有效值 U_{om} 表示,也可以用峰-峰值 U_{opp} 表示, $U_{opp} = 2\sqrt{2} U_{om}$ 。

提示: 在理想放大电路中,除幅度放大外,输出波形应与输入波形完全相同。但实际上,输出与输入的波形不能做到完全一样,这种现象称为失真。

3.3　晶体管的三种基本电路

晶体管的三种基本电路分别为共射极放大电路(共射放大电路)、共集电极放大电路(共集放大电路)、共基极放大电路(共基放大电路)。其辨别方法可以根据晶体管的哪个极与地相连来确定。①共射极放大电路:输入信号(u_i)作用于晶体管的基极,且晶体管的发射极与地相连,负载(R_L)接于集电极与地之间,如图 3-5(a)所示。②共集电极放大电路:输入信号(u_i)作用于晶体管的基极,且晶体管的集电极与地相连,负载(R_L)接于发射极与地之间,如图 3-5(b)所示。③共基极放大电路:输入信号(u_i)作用于晶体管的发射极,且晶体管的基极与地相连,负载(R_L)接于集电极与地之间,如图 3-5(c)所示。三种基本电路各有优缺点,也都有其适用范围。

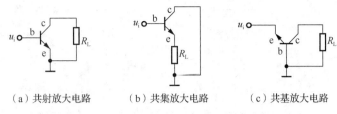

（a）共射放大电路　　　（b）共集放大电路　　　（c）共基放大电路

图 3-5　晶体管的三种基本电路

提示：晶体管的三种基本电路在正常工作时，均需配以适当的电阻、电容来控制各极电压与电流。

3.3.1　共射放大电路

放大电路中设置偏置电路的目的是保证晶体管能够正常工作，即晶体管在工作时一定要加上适当的直流电压。本节介绍两种常见的具有偏置电路的共射放大电路。

1. 基本偏置共射放大电路

图 3-6 所示为 2.6 节基于晶体管开关电路的玩具钢铁侠光束手套中所采用的一种简单的偏置共射电路，但其最显著的缺点是需要双电源供电。由此，将其修正为如图 3-7 所示的基本偏置共射放大电路。

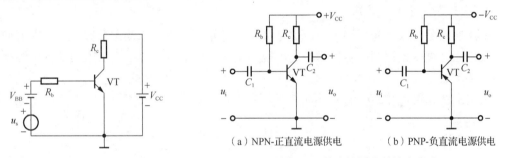

图 3-6　简单的偏置共射电路

（a）NPN-正直流电源供电　　　（b）PNP-负直流电源供电

图 3-7　基本偏置共射放大电路

从图中可知，放大电路中采用的晶体管无论是 NPN 型，还是 PNP 型，直流电源的供给都要保证其工作在线性工作区，即保证晶体管发射结正偏、集电结反偏。

2. 分压式偏置共射放大电路

图 3-8 给出了常用的一种分压式偏置共射放大电路。在该电路中，R_{b1} 与 R_{b2} 两个电阻构成了分压器，考虑晶体管为一个高阻负载，这使基极电压对任何极小电流要求的负载近似于恒定值，而此电压同样可以保证晶体管发射结正偏、集电结反偏，保证其工作在线性工作区。R_e 为发射极电阻，起到稳定放大电路的静态参数的作用，在阐述放大电路静态工作点的稳定性时，将对其进行详细的介绍与分析。

现在讨论的偏置共射放大电路工作状态下的信号是包含直流信号和交流信号的全流信号，为便于分析所设计放大电路的性能指标，将全流信号一分为二，分别独立分析直流信号作用下的放大电路和交流信号作用下的放大电路。

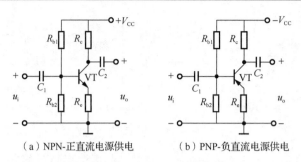

（a）NPN-正直流电源供电　　　　（b）PNP-负直流电源供电

图 3-8　分压式偏置共射放大电路

3. 直流通路与静态分析

直流通路是在直流电源作用下直流电流流经的通路，也就是静态电流流经的通路，用于分析静态工作点。放大电路的静态工作点主要包括基极电流 I_{BQ}、集电极电流 I_{CQ}、发射极电流 I_{EQ}、基极-发射极间电压 U_{BEQ}、集电极-发射极间电压 U_{CEQ}。对于直流通路而言，应当遵循三条原则：电容视为开路；电感线圈视为短路（忽略线圈电阻）；信号源视为短路，但应保留其内阻。

根据上述原则，图 3-7（a）所示基本偏置共射放大电路的直流通路如图 3-9 所示。

4. 交流通路与动态分析

交流通路是输入信号作用下交流信号流经的通路，用于分析动态参数。对于交流通路而言，应当遵循两条原则：容量大的电容视为短路，如耦合电容；无内阻的直流电源视为短路，如 $+V_{CC}$。

根据上述原则，图 3-7（a）所示基本偏置共射放大电路的两种交流通路如图 3-10 所示。

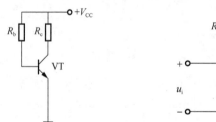

图 3-9　基本偏置共射放大电路的直流通路

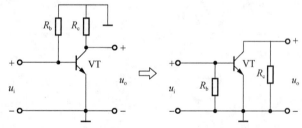

图 3-10　基本偏置共射放大电路的两种交流通路

5. 静态工作点分析

放大电路的静态工作点简称 Q 点，主要包括基极电流 I_{BQ}、集电极电流 I_{CQ}、发射极电流 I_{EQ}、基极-发射极间电压 U_{BEQ}、集电极-发射极间电压 U_{CEQ}。其中 U_{BEQ} 在近似估算中常认为是已知量。对于硅管，$\left|U_{BEQ}\right|$ 为 0.6V 至 0.8V 之间的某一值，如 0.7V；对于锗管，$\left|U_{BEQ}\right|$ 为 0.1V 至 0.3V 之间的某一值，如 0.2V。

根据图 3-9 所示基本偏置共射放大电路的直流通路，利用基尔霍夫电压定律（KVL）确定 Q 点，则有

$$I_{BQ} = \frac{V_{CC} - U_{BEQ}}{R_b} \tag{3-9}$$

$$I_{CQ} = \beta I_{BQ} \approx I_{EQ}（当 \beta \gg 1时） \tag{3-10}$$

$$U_{CEQ} = V_{CC} - I_C R_C \tag{3-11}$$

放大电路的分析应当遵循"先静态，后动态"的原则，只有静态工作点合适，动态分析才有意义。本节利用作图的方法（图解法）对放大电路进行分析，确定 Q 点设置的合理性。

在晶体管的输入回路中，Q 点既应在晶体管的输入特性曲线上，又应满足输入回路的回路方程，即

$$u_{BE} = V_{CC} - i_B R_b \tag{3-12}$$

在输入特性坐标系中，画出式（3-12）所确定的直线，它与横轴的交点为（V_{CC}，0），与纵轴的交点为（0，V_{CC}/R_b），斜率为$-1/R_b$。直线与曲线的交点就是静态工作点 Q，其横坐标值为 U_{BEQ}，纵坐标值为 I_{BQ}，如图 3-11（a）所示。式（3-12）所确定的直线称为输入回路负载线。

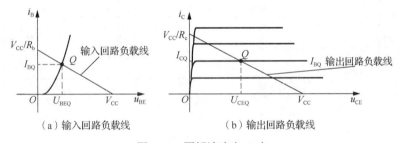

（a）输入回路负载线　　　（b）输出回路负载线

图 3-11　图解法确定 Q 点

同理，在晶体管的输出回路中，Q 点既应在 $I_B = I_{BQ}$ 的那条输出特性曲线上，又应满足输出回路的回路方程，即

$$u_{CE} = V_{CC} - i_C R_c \tag{3-13}$$

在输出特性坐标系中，画出式（3-13）所确定的直线，它与横轴的交点为（V_{CC}，0），与纵轴的交点为（0，V_{CC}/R_c），斜率为$-1/R_c$；找到 $I_B = I_{BQ}$ 的那条输出特性曲线，该曲线与上述直线的交点就是静态工作点 Q，其纵坐标值为 I_{CQ}，横坐标值为 U_{CEQ}，如图 3-11（b）所示。由式（3-13）所确定的直线称为输出回路负载线。

提示：Q 点所涉及的参数标注，参量和下标均大写，如 I_{BQ}、I_{CQ}、U_{BEQ}、U_{CEQ}；动态参数标注，参量和下标均小写，如 i_b、i_c、u_{be}、u_{ce}、u_i、u_o；全流信号所涉及的参数标注，参量小写，下标大写，即 i_B、i_C、u_{CE}、u_I、u_O 等。

6. 动态参数分析

在放大电路的动态参数分析中，以分析电压放大倍数 A_u、输入电阻 R_i、输出电阻 R_o 三个参数为主。

1) A_{u} 的分析方法

（1）图解法。对 A_{u} 的分析同样可以采用图解法。设定放大电路输入信号的瞬时变化量为 Δu_{I}，其输入回路方程为

$$u_{BE} = V_{CC} + \Delta u_{I} - i_{B} R_{b} \qquad (3\text{-}14)$$

该直线与横轴的交点为（$V_{CC} + \Delta u_{I}$，0），与纵轴的交点为 $\left(0, \dfrac{V_{CC} + \Delta u_{I}}{R_{b}}\right)$，但斜率仍为 $-1/R_{b}$。

在求解电压放大倍数 A_{u} 时，首先给定 Δu_{I}，然后根据式（3-14）作输入回路负载线，从输入回路负载线与输入特性曲线的交点便可得到在 Δu_{I} 作用下的基极电流的瞬时变化量 Δi_{B}；在输出特性中找到 $i_{B} = I_{BQ} + \Delta i_{B}$ 的那条输出特性曲线，输出回路负载线与该曲线的交点为（$U_{CEQ} + \Delta u_{CE}$，$I_{CQ} + \Delta i_{C}$），其中 Δu_{CE} 就是输出电压，如图 3-12 所示。

由此可得电压放大倍数为

$$A_{u} = \frac{\Delta u_{CE}}{\Delta u_{I}} = \frac{\Delta u_{O}}{\Delta u_{I}} \qquad (3\text{-}15)$$

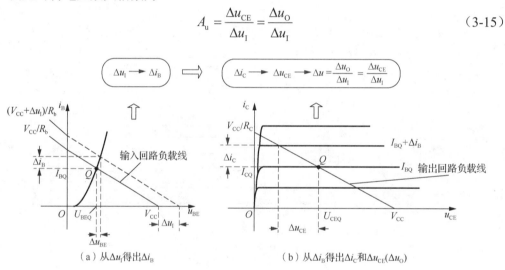

图 3-12 图解法确定 A_{u}

事实上，图解法大多用于分析输出幅值较大而工作频率较低的情况。在实际应用中，大多用于分析 Q 点位置、最大不失真输出电压和失真情况等，但却无法利用图解法分析动态参数 R_{i} 和 R_{o}。

（2）晶体管小信号等效模型分析法。晶体管自身具有的非线性特性决定了晶体管电路分析的复杂度极高。若能在一定条件下将晶体管的特性线性化，即用线性电路来描述其非线性特性，建立线性模型，就可应用线性电路的分析方法来分析晶体管电路了。模拟电子技术主要应用于中低频小信号场合，因此本章重点介绍中低频小信号时的晶体管小信号等效模型，并将该模型应用于晶体管放大电路的动态参数分析中。

为便于分析，本节将晶体管看成一个双端口网络，并以 b-e 作为输入端口，以 c-e 作为输出端口，如图 3-13（a）所示。晶体管小信号等效模型，如图 3-13（b）所示。

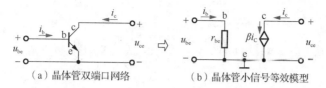

（a）晶体管双端口网络　　　（b）晶体管小信号等效模型

图 3-13　晶体管共射小信号等效模型

图 3-13（b）中，r_{be} 为晶体管的输入回路 b-e 间的近似等效动态电阻，定义为

$$r_{be} \approx r_{bb'} + (1+\beta)\frac{U_T}{I_{EQ}} \tag{3-16}$$

或

$$r_{be} \approx r_{bb'} + \beta\frac{U_T}{I_{CQ}} \tag{3-17}$$

式中，$r_{bb'}$ 为通过查阅技术手册获取的对应型号的参数值，对于小功率晶体管来说，$r_{bb'}$ 大多在几十欧到几百欧；U_T 为温度的电压当量，常温下，$U_T \approx 26\text{mV}$。当 $\beta \gg 1$ 时，式（3-16）等同于式（3-17）。

晶体管的输出回路 c-e 可以近似等效为一个受控电流源 i_c，即

$$i_c = \beta i_b \tag{3-18}$$

提示：事实上 c-e 间存在体电阻 r_{ce}，若晶体管输出回路所接负载电阻 R_L 与 r_{ce} 可比，则在电路分析中应当考虑 r_{ce} 的影响。

基于上述分析，可以确定图 3-10 所示基本偏置共射放大电路的交流等效电路，又称微变等效电路，如图 3-14 所示。

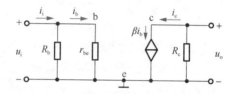

图 3-14　基本偏置共射放大电路的交流等效电路

进而可以确定放大电路的动态参数。

首先，根据电压放大倍数定义确定 A_u 为

$$A_u = \frac{u_o}{u_i} = \frac{-i_c R_c}{i_b r_{be}} = -\frac{\beta R_c}{r_{be}} \tag{3-19}$$

其次，根据输入电阻定义确定 R_i 为

$$R_i = \frac{u_i}{i_i} = \frac{i_i(R_b /\!/ r_{be})}{i_i} = R_b /\!/ r_{be} \tag{3-20}$$

通常情况下 $R_b \gg r_{be}$，因此 $R_i \approx r_{be}$。

最后，根据输出电阻定义确定 R_o。

根据诺顿定理，将图 3-14 所示基本偏置共射放大电路的交流等效电路转变为含有输出电阻分析的交流等效电路，如图 3-15 所示。

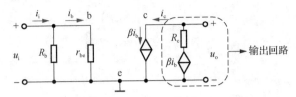

图 3-15　输出电阻分析–基本偏置共射放大电路的交流等效电路

由图 3-15 可知，含有输出电阻分析的交流等效电路使放大电路的输出回路成为一个有内阻的电压源，可得

$$R_o = R_c \tag{3-21}$$

此外，放大电路 R_o 的确定，还可令信号源电压 $u_s = 0$，但保留其内阻 R_s；然后，在输出端加一个正弦波测试信号 u_t，必然产生动态电流 i_t。R_o 测试信号分析法示意图如图 3-16 所示。

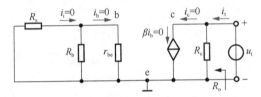

图 3-16　R_o 测试信号分析法示意图

若本放大电路输入端口外加输入信号为 u_i，$R_s = 0$，则可确定 R_o，即

$$R_o = \left. \frac{u_t}{i_t} \right|_{u_i=0} = \frac{u_t}{u_t / R_c} = R_c \tag{3-22}$$

提示 1：放大电路的输入电阻 R_i 与信号源内阻 R_s 无关，输出电阻 R_o 与负载 R_L 无关。

提示 2：A_u 与 r_{be} 密切相关，r_{be} 同时又与 Q 点紧密相关。因此，对放大电路的分析应当遵循"先静态，后动态"的原则，只有 Q 点合适，动态分析才有意义。

2）Q 点的设定与稳定性分析

在分析 Q 点的设定与稳定性之前，本节重点介绍合理设定 Q 点与分析 Q 点稳定性的必要性。

（1）Q 点的设定与波形非线性失真的分析。

当输入电压 u_i 为正弦波时，若 Q 点合适且 u_i 信号幅值较小，则 u_{be} 为正弦波，i_b 也为正弦波。设 $u_i = U_m \sin\omega t$ ［图 3-17（a）中曲线①］，利用输入特性曲线加在发射结的总瞬时电压 $u_{BE} = V_{CC} + u_i - i_B R_b$ ［图 3-17（a）中曲线②］，产生总瞬时电流 $i_B = I_{BQ} + \dfrac{U_m \sin\omega t}{r_{be}}$ ［图 3-17（a）中曲线③］；在放大区内 i_c 随 i_b 按 β 倍变化，并且 i_C 与 u_{CE} 将沿负载线变化，即再经晶体管放大后的集电极电流 $i_C = I_{CQ} + i_c = I_{CQ} + \beta i_{bm} \sin\omega t = I_{CQ} + i_{cm} \sin\omega t$ ［图 3-17（b）中曲线④］；当 i_c 增大时，u_{CE} 减小；当 i_c 减小时，u_{CE} 增大，由此得到动态管压降 u_{CE}，即输出电压 $u_o = u_{CE} = V_{CC} - i_c R_c$ ［图 3-17（b）中曲线⑤］。需要说明的是，u_o 与 u_i 反相，如图 3-17（b）所示。

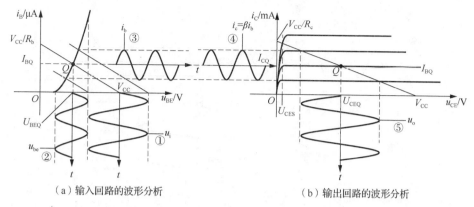

（a）输入回路的波形分析　　　　　　　　　（b）输出回路的波形分析

图 3-17　基本偏置共射放大电路的波形分析

当调整 Q 点至 Q' 点，使其接近晶体管输出特性曲线 [图 3-18（b）] 的截止区时（Q 点过低时），从图 3-18（a）中晶体管输入特性曲线上来看，降低 Q 点至 Q' 点，在输入电压 u_i 负半周靠近峰值的某段时间内 [图 3-18（a）中曲线①]，晶体管 b-e 间电压总量 u_{BE} 小于其开启电压 U_{on}，此时晶体管处于截止状态。因此，i_b 产生底部失真 [图 3-18（a）中曲线②]；随之造成 i_c 底部失真 [图 3-18（b）中曲线③]；最终导致与 u_i 波形反相的 u_o 波形产生顶部失真 [图 3-18（b）中曲线④]。顶部失真是晶体管的静态工作点过低、接近截止区而产生的失真，因此又称截止失真。

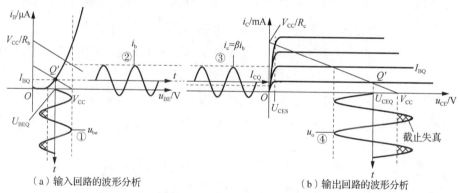

（a）输入回路的波形分析　　　　　　　　　（b）输出回路的波形分析

图 3-18　基本偏置共射放大电路的截止失真

消除截止失真的方法如下：

① 由图 3-18（a）可知，减小 R_b 可以提升 Q 点，使其远离截止区。

② 由图 3-18（b）可知，增大 R_c 可以提升 Q 点，使其远离截止区。

当调整 Q 点至 Q'' 点，使其接近晶体管输出特性曲线 [图 3-19（b）] 的饱和区时（Q 点过高时），从图 3-19（a）中晶体管输入特性曲线上来看，提升 Q 点至 Q'' 点，在输入电压 u_i 正半周靠近峰值的某段时间内 [图 3-19（a）中曲线①]，晶体管处于饱和区。因此，i_c 产生顶部失真 [图 3-19（b）中曲线③]；最终导致与 u_i 波形反相的 u_o 波形产生底部失真 [图 3-19（b）中曲线④]。底部失真是晶体管的静态工作点过高、接近饱和区而产生的失真，因此又称饱和失真。

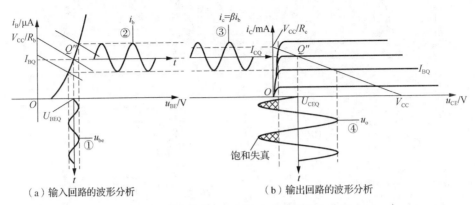

（a）输入回路的波形分析　　　　　　　　（b）输出回路的波形分析

图 3-19　基本偏置共射放大电路的饱和失真

消除饱和失真的方法如下：

① 由图 3-19（a）可知，增大 R_b 可以降低 Q 点，使其远离饱和区。

② 由图 3-19（b）可知，减小 R_c 可以降低 Q 点，使其远离饱和区。

放大电路的最大不失真输出电压 U_{om} 也是放大电路的主要性能指标。在放大电路的分析过程中，若将晶体管的特性理想化，则认为在管压降总量 u_{CE} 的最小值大于饱和管压降 U_{CES} 且 i_B 的最小值大于 0 的情况下，对如图 3-7（a）所示的放大电路，从图 3-17（b）所示输出特性的图解分析可得最大不失真输出电压的峰值，即以 U_{CEQ} 为中心，取 " $V_{CC} - U_{CEQ}$ " 和 " $U_{CEQ} - U_{CES}$ " 这两段距离中较小的数值，并除以 $\sqrt{2}$，则得到其有效值 U_{om}。

为了使 U_{om} 尽可能大，应将 Q 点设置在放大区内负载线的中点，即其横坐标值为 $(V_{CC} - U_{CES})/2$。在电路设计中，应当保证 $0.05V_{CC} \leqslant U_{CE} \leqslant 0.095V_{CC}$。

提示：任何晶体管均有其相应的近似线性工作区，即将 Q 点设置在负载线的中点，若输入信号幅值过大，则有可能使晶体管突破其最大不失真输出电压范围，最终同时产生顶部失真和底部失真的输出信号。

需要说明的是，上述讨论的如图 3-7（a）所示的放大电路并未有负载 R_L 加入，因此其直流负载线与交流负载线为同一条直线，但当电路带负载电阻 R_L 时，$u_o = -i_c(R_c /\!/ R_L)$。因此，该电路的直流负载线为 $u_{CE} = V_{CC} - i_c R_c$，而交流负载线为一条过 Q 点且斜率为 $-1/(R_c /\!/ R_L)$ 的一条直线。放大电路带负载 R_L 后，在 u_i 信号不变的情况下，u_o 信号的幅值变小，即 A_u 的数值变小。同时，最大不失真输出电压也产生变化，其峰值等于（$U_{CEQ} - U_{CES}$）与 $I_{CQ}(R_c /\!/ R_L)$ 中的小者，其有效值是峰值除以 $\sqrt{2}$。

（2）Q 点的设定与稳定性分析。

从以上分析可以看出，Q 点不但决定了电路是否会产生失真，还影响着 A_u、R_i 等动态参数。实际上，晶体管也是温度敏感器件，温度升高，其内部半导体中的载流子受热激发，也会引起晶体管相应参数的变化，从而引起 Q 点的不稳定，导致其所在放大电路的动态参数不稳定，有时电路甚至无法正常工作。温度的变化是引起 Q 点不稳定的主要因素。

提示：当环境温度 T 升高时（$T\uparrow$），晶体管的相关参数变化为：$\beta\uparrow \Rightarrow I_{CEQ}\uparrow \Rightarrow I_{CQ}\uparrow \Rightarrow U_{CEQ}\downarrow \Rightarrow Q$ 点将向饱和区移动。此时应使 $I_{BQ}\downarrow$，才能使 Q 点回归原位。

当 $T\downarrow$ 时，晶体管的相关参数变化为：$\beta\downarrow \Rightarrow I_{\text{CEQ}}\downarrow \Rightarrow I_{\text{CQ}}\downarrow \Rightarrow U_{\text{CEQ}}\uparrow \Rightarrow Q$ 点将向截止区移动。此时应使 $I_{\text{BQ}}\uparrow$，才能使 Q 点回归原位。

综上所述，维持 I_{BQ} 使之成为恒定参数，或者利用 I_{BQ} 的微弱变化来抵消 I_{CQ} 和 U_{CEQ} 的变化，可以使 Q 点不受温度变化的影响。在电路设计中，通过引入直流负反馈或温度补偿的方法，使 I_{BQ} 在温度变化时产生与 I_{CQ} 相反的变化。

图 3-8 所示的分压式偏置共射放大电路是一个典型的阻容耦合式放大电路的 Q 点稳定电路。图 3-20 所示为图 3-8（a）所示电路的直流通路。

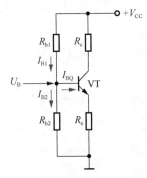

图 3-20　分压式偏置共射放大电路的直流通路

图中，若选取的参数满足

$$I_{\text{B2}} \gg I_{\text{BQ}} \tag{3-23}$$

则可实现 Q 点的稳定性。因此，$I_{\text{B2}} \approx I_{\text{B1}}$，则有

$$U_{\text{B}} \approx \frac{R_{\text{b2}}}{R_{\text{b1}}+R_{\text{b2}}}V_{\text{CC}} \tag{3-24}$$

由式（3-24）可知，静态基极电位几乎仅决定于两个分压电阻 R_{b1} 与 R_{b2} 对 V_{CC} 的分压，而与温度无关，即当温度变化时 U_{BQ} 不变。

图 3-21 所示为 Q 点温度变化分析过程，U_{E} 电位至关重要，其数值由 R_{e} 与 I_{EQ} 的乘积决定。由于 U_{B} 电位恒定，I_{EQ} 与 I_{BQ} 反向变化，最终保证了 Q 点的稳定性。这种将输出量（I_{C}）通过一定的方式引回到输入回路来影响输入量（U_{BE}）的措施称为反馈。由于反馈的结果使输出量的变化减小，称为负反馈；又由于反馈出现在直流通路之中，称为直流负反馈。R_{e} 为直流负反馈电阻。

提示：理论分析可知，R_{e} 越大，反馈越强，Q 点越稳定。但对于由某种固定型号晶体管构成的共射放大电路而言，一定的集电极电流 I_{C} 由于受 V_{CC} 的限制，若 R_{e} 太大，晶体管进入饱和区，电路将不能正常工作。

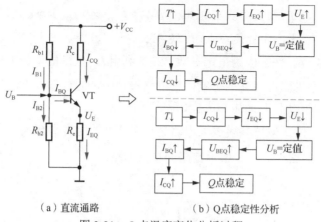

（a）直流通路　　　　　　　（b）Q点稳定性分析

图 3-21　Q 点温度变化分析过程

（3）Q 点的稳定性方法。

由上述分析可知，Q 点的稳定性与温度变化密切相关，因此放大电路 Q 点的稳定可以采用温度补偿的方法。图 3-22 给出采用二极管反向特性实现温度补偿稳定 Q 点的设计电路。

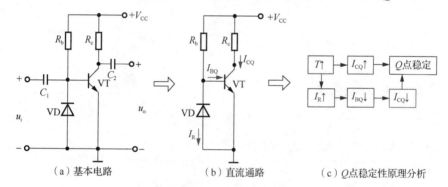

（a）基本电路　　　　　　（b）直流通路　　　　　（c）Q点稳定性原理分析

图 3-22　采用二极管反向特性实现温度补偿稳定 Q 点的设计电路

分析可知：当 $T\uparrow$ 时，晶体管所在放大电路的参数变化如图 3-22（c）所示，即 $I_{CQ}\uparrow\Rightarrow I_R\uparrow\Rightarrow I_{BQ}\downarrow\Rightarrow I_{CQ}\downarrow\Rightarrow$ 最终实现 Q 点稳定。

图 3-23 给出采用二极管正向特性实现温度补偿稳定 Q 点的设计电路。

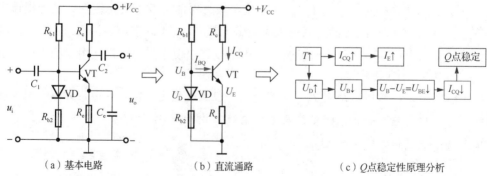

（a）基本电路　　　　　　　（b）直流通路　　　　　（c）Q点稳定性原理分析

图 3-23　采用二极管正向特性实现温度补偿稳定 Q 点的设计电路

分析可知：当 $T\uparrow$ 时，晶体管所在放大电路的参数变化如图 3-23（c）所示，即 $I_{CQ}\uparrow\Rightarrow U_E\uparrow$；与此同时，$U_D\uparrow\Rightarrow U_B\downarrow$，$U_{BE}$ 又由 U_B 与 U_E 的差值所确定，因此 $U_{BE}\downarrow$ 保证

$I_{CQ} \downarrow$，最终实现 Q 点稳定。C_e 称为旁路电容，静态时可以保证 R_e 配合分压电路实现 Q 点稳定，动态时可使放大电路的增益不会因为 R_e 的存在而受损失。

　　T 下降的分析过程与 T 上升的分析过程类似，区别在于各物理量向相反方向变化。此外，还可以采用热敏电阻等温度敏感器件来实现稳定 Q 点的电路设计。

　　例 3.1　在图 3-24 所示电路中，已知 $V_{CC} = 12V$，$R_{b1} = 15k\Omega$，$R_{b2} = 5k\Omega$，$R_e = 2.3k\Omega$，$R_c = 5.1k\Omega$，$R_L = 5.1k\Omega$，$R_s = 2k\Omega$。晶体管 VT 的 $\beta = 50$，$r_{be} = 1.5k\Omega$，$U_{BEQ} = 0.7V$，$U_{CES} = 0.3V$。

　　（1）绘制直流通路，并估算静态工作点 Q。

　　（2）分别求出在有 C_e 和无 C_e 两种情况下的 A_u、A_{us}、R_i 和 R_o，并绘制两种情况下的交流微变等效电路。

　　（3）若 R_{b2} 因虚焊而开路，则电路会产生什么现象？

　　解：（1）求解 Q 点。绘制其直流通路，如图 3-25 所示。

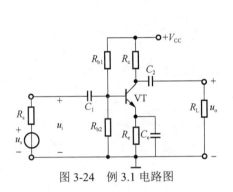

图 3-24　例 3.1 电路图

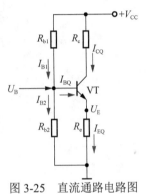

图 3-25　直流通路电路图

已知 $I_{B1} \gg I_{BQ}$，则有

$$U_{BQ} \approx \frac{R_{b2}}{R_{b1} + R_{b2}} \times V_{CC} = \frac{5k\Omega}{15k\Omega + 5k\Omega} \times 12V = 3V$$

$$I_{EQ} = \frac{U_{BQ} - U_{BEQ}}{R_e} = \frac{3V - 0.7V}{2.3k\Omega} = 1mA$$

$$U_{CEQ} \approx V_{CC} - I_{CQ}R_c + R_e = 12V - 1mA \times (5.1k\Omega + 2.3k\Omega) = 4.6V$$

$$I_{BQ} = \frac{I_{EQ}}{1 + \beta} = \frac{1mA}{1 + 50} \approx 0.02mA = 20\mu A$$

　　（2）求解 A_u、A_{us}、R_i 和 R_o。当有 C_e 时，其交流微变等效电路图如图 3-26 所示。

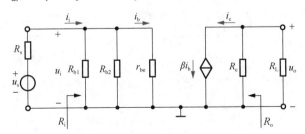

图 3-26　交流微变等效电路图（有 C_e 时）

则有

$$A_u = \frac{u_o}{u_i} = \frac{-\beta i_b(R_c /\!/ R_L)}{i_b r_{be}} = -\frac{\beta(R_c /\!/ R_L)}{r_{be}} = -\frac{50 \times \dfrac{5.1\text{k}\Omega \times 5.1\text{k}\Omega}{5.1\text{k}\Omega + 5.1\text{k}\Omega}}{1.5\text{k}\Omega} = -85$$

$$R_i = R_{b1} /\!/ R_{b2} /\!/ r_{be} = \frac{1}{R_{b1}} + \frac{1}{R_{b2}} + \frac{1}{r_{be}} = \frac{1}{15\text{k}\Omega} + \frac{1}{5\text{k}\Omega} + \frac{1}{1.5\text{k}\Omega} \approx 0.93\text{k}\Omega$$

$$R_o \approx R_c = 5.1\text{k}\Omega$$

$$A_{us} = \frac{u_o}{u_s} = \frac{u_o}{u_i} \cdot \frac{u_i}{u_s} = \frac{R_i}{R_i + R_s} \cdot A_u = \frac{0.93\text{k}\Omega}{0.93\text{k}\Omega + 2\text{k}\Omega} \times (-85) \approx -26.98$$

当无 C_e 时，其交流微变等效电路图如图 3-27 所示。

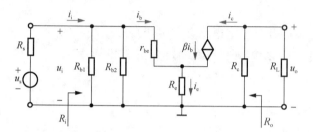

图 3-27　交流微变等效电路图（无 C_e 时）

则有

$$A_u = \frac{u_o}{u_i} = \frac{-\beta i_b(R_c /\!/ R_L)}{i_b r_{be} + (1+\beta)i_b R_e} = -\frac{\beta(R_c /\!/ R_L)}{r_{be} + (1+\beta)R_e} = -\frac{50 \times \dfrac{5.1\text{k}\Omega \times 5.1\text{k}\Omega}{5.1\text{k}\Omega + 5.1\text{k}\Omega}}{1.5\text{k}\Omega + 51 \times 2.3\text{k}\Omega} = -1.07$$

$$\begin{aligned}
R_i &= R_{b1} /\!/ R_{b2} /\!/ \left[r_{be} + (1+\beta)R_e \right] \\
&= \frac{1}{R_{b1}} + \frac{1}{R_{b2}} + \frac{1}{r_{be} + (1+\beta)R_e} \\
&= \frac{1}{15\text{k}\Omega} + \frac{1}{5\text{k}\Omega} + \frac{1}{1.5\text{k}\Omega + (1+50) \times 2.3\text{k}\Omega} \\
&\approx 0.28\text{k}\Omega
\end{aligned}$$

$$R_o \approx R_c = 5.1\text{k}\Omega$$

$$A_{us} = \frac{u_o}{u_s} = \frac{u_o}{u_i} \cdot \frac{u_i}{u_s} = \frac{R_i}{R_i + R_s} \cdot A_u = \frac{0.28\text{k}\Omega}{0.28\text{k}\Omega + 2\text{k}\Omega} \times (-1.07) \approx -0.13$$

通过上述分析可知，当无 C_e 时，电路的电压放大能力很差，因此在实用电路中常常将 R_e 分为两部分，只将其中一部分接旁路电容。

（3）若 R_{b2} 开路，则电路图如图 3-28 所示。

假设晶体管的外围电路设计仍可满足晶体管处于放大状态，则该电路的直流通路如图 3-29 所示。

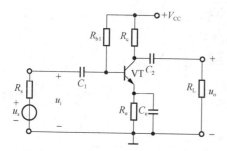

图 3-28　R_{b2} 开路时的电路图

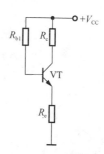

图 3-29　R_{b2} 开路时电路的直流通路

则有

$$I_{BQ} = \frac{V_{CC} - U_{BEQ}}{R_{b1} + (1+\beta) R_e} = \frac{12\text{V} - 0.7\text{V}}{5\text{k}\Omega + (1+50) \times 2.3\text{k}\Omega} \approx 0.09\text{mA}$$

$$I_{CQ} = \beta I_{BQ} = 50 \times 0.09\text{mA} = 4.5\text{mA}$$

$$U_{CEQ} \approx V_{CC} - I_{CQ}(R_c + R_e) = 12\text{V} - 4.5\text{mA} \times (5.1\text{k}\Omega + 2.3\text{k}\Omega) = -21.3\text{V}$$

由 U_{CEQ} 的值可以确定该晶体管已经处于饱和区，因此晶体管工作在放大区的假设不正确。读者可以假设晶体管工作于饱和区，重复上述分析论证。

3.3.2　共集放大电路

共集放大电路因其电压放大倍数近似为 1，又称为电压跟随器。共集放大电路具有电流放大能力，其 R_i 大、R_o 小，从信号源索取电流小，R_L 驱动能力强，因此常作为隔离电路（缓冲电路）。图 3-30 所示为一种典型共集放大电路。本节通过分析该电路来确认其工作原理，根据其静态参数和动态参数，最终推证上述共集放大电路特性。

1. 静态分析

根据直流通路的确定方法，确定图 3-31 所示为共集放大电路的直流通路。

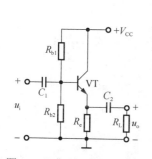

图 3-30　典型共集放大电路

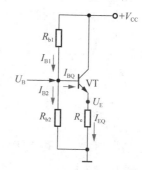

图 3-31　共集放大电路的直流通路

由图 3-31 所示直流通路确定 Q 点，考虑该直流通路为分压式偏置电路，因此 $I_{B1} \gg I_{BQ}$，则有

$$U_{BQ} \approx \frac{R_{b1}}{R_{b1} + R_{b2}} V_{CC} \tag{3-25}$$

$$I_{EQ} = \frac{U_{BQ} - U_{BEQ}}{R_e} \qquad (3\text{-}26)$$

$$U_{CEQ} \approx V_{CC} - I_{EQ}R_e \qquad (3\text{-}27)$$

$$I_{BQ} = \frac{I_{EQ}}{1+\beta} \qquad (3\text{-}28)$$

2. 动态分析

根据交流微变等效电路的确定方法,确定图 3-32 所示为共集放大电路的交流微变等效电路。

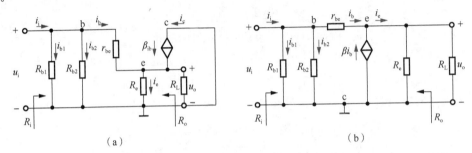

图 3-32　共集放大电路的两种交流微变等效电路

图 3-32 给出了两种交流微变等效电路绘制方法,可以根据实际情况选择合适的方法。根据 A_u 的定义,则有

$$A_u = \frac{u_o}{u_i} = \frac{i_e(R_e /\!/ R_L)}{i_b r_{be} + i_e(R_e /\!/ R_L)} = \frac{(1+\beta)(R_e /\!/ R_L)}{r_{be} + (1+\beta)(R_e /\!/ R_L)} \qquad (3\text{-}29)$$

上式表明,当 $(1+\beta)(R_e /\!/ R_L) \gg r_{be}$ 时,虽然 $A_u < 1$,但 $A_u \approx 1$,即 u_o 与 u_i 同相且相等。因此,共集放大电路又称射极跟随器。

根据 R_i 的物理意义,则有

$$R_i = \frac{u_i}{i_i} = \frac{u_i}{i_{b1} + i_{b2} + i_b} = \frac{u_i}{\dfrac{u_i}{(R_{b1} /\!/ R_{b2})} + \dfrac{u_i}{r_{be} + (1+\beta)(R_e /\!/ R_L)}} = R_{b1} /\!/ R_{b2} /\!/ [r_{be} + (1+\beta)R_L'] \qquad (3\text{-}30)$$

式中,$R_L' = R_e /\!/ R_L$。

根据 R_o 的物理意义,可以确定其等效电路,如图 3-33 所示。

由题意列出电路方程

$$i_t = i_b + \beta i_b + i_{R_e} \qquad (3\text{-}31)$$

$$u_t = i_b[r_{be} + (R_{b1} /\!/ R_{b2})] \qquad (3\text{-}32)$$

$$u_t = i_{R_e} R_e \qquad (3\text{-}33)$$

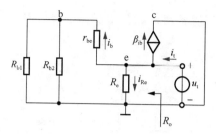

图 3-33 确定 R_o 等效电路

则

$$R_o = \frac{u_t}{i_t} = \frac{u_t}{i_{R_e} - i_b - \beta i_b} = \frac{u_t}{i_{R_e} - (1+\beta)i_b} = \frac{u_t}{\dfrac{u_t}{R_e} - (1+\beta)\dfrac{-u_t}{r_{be} + R_{b1}/\!/R_{b2}}} = R_e /\!/ \frac{r_{be} + (R_{b1}/\!/R_{b2})}{1+\beta}$$

$$(3\text{-}34)$$

当 $R_e \gg \dfrac{r_{be} + (R_{b1}/\!/R_{b2})}{1+\beta}$ 且 $\beta \gg 1$ 时，则有

$$R_o \approx \frac{r_{be} + (R_{b1}/\!/R_{b2})}{\beta} \qquad (3\text{-}35)$$

由于在通常情况下 R_e 取值较小，r_{be} 也大多在几百欧到几千欧之间，而 β 至少几十倍，因此 R_o 可以小到几十欧。

此外，若考虑放大电路的净输入电流 i_b，则共集放大电路的电流放大倍数为

$$A_i = \frac{i_o}{i_i} = \frac{i_e}{i_b} = 1 + \beta \qquad (3\text{-}36)$$

因此，共集放大电路仍有功率放大作用。

例 3.2 在图 3-34 所示电路中，已知 $V_{CC} = 12\text{V}$，$R_b = 20\text{k}\Omega$，$R_c = 1\text{k}\Omega$，$R_e = R_L = 2\text{k}\Omega$，晶体管 VT 的 $U_{BEQ} = 0.7\text{V}$，$r_{bb'} = 100\Omega$，$\beta = 50$。试估算 Q 点、A_u、R_i 和 R_o。

解： （1）进行 Q 点分析。根据直流通路的确定方法，确定该电路的直流通路如图 3-35 所示。

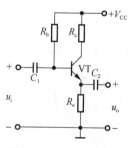

图 3-34 例 3.2 电路图

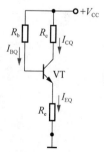

图 3-35 直流通路

则有

$$I_{BQ} \approx \frac{V_{CC} - U_{BEQ}}{R_b + (1+\beta)R_e} = \frac{12\text{V} - 0.7\text{V}}{20\text{k}\Omega + 51 \times 2\text{k}\Omega} \approx 0.09\text{mA}$$

$$I_{CQ} \approx I_{EQ} = \beta I_{BQ} = 50 \times 0.09\text{mA} = 4.5\text{mA}$$

$$U_{CEQ} \approx V_{CC} - I_{CQ}(R_c + R_e) = 12\text{V} - 4.5\text{mA} \times (1\text{k}\Omega + 2\text{k}\Omega) = -1.5\text{V}$$

（2）确定动态参数 A_u、R_i 和 R_o。根据交流微变等效电路的绘制方法，可得交流微变等效电路，如图 3-36 所示。

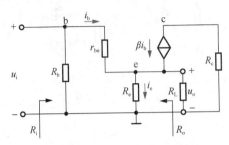

图 3-36　交流微变等效电路图

则有

$$r_{be} = r'_{bb} + (1+\beta)\frac{U_T}{I_{EQ}} = 100\Omega + (50+1)\times\frac{26\text{mV}}{4.5\text{mA}} \approx 0.39\text{k}\Omega$$

$$A_u = \frac{u_o}{u_i} = \frac{i_e(R_e /\!/ R_L)}{i_b r_{be} + i_e(R_e /\!/ R_L)} = \frac{(1+\beta)(R_e /\!/ R_L)}{r_{be} + (1+\beta)(R_e /\!/ R_L)} \approx \frac{1+50\times1\text{k}\Omega}{0.39\text{k}\Omega + 50 + 1\times1\text{k}\Omega} \approx 1$$

$$R_i = R_b /\!/ [r_{be} + (1+\beta)(R_e /\!/ R_L)] = \frac{1}{R_b} + \frac{1}{r_{be} + (1+\beta)(R_e /\!/ R_L)}$$

$$= \frac{1}{20\text{k}\Omega} + \frac{1}{0.39\text{k}\Omega + (1+50)\times1\text{k}\Omega} \approx 0.05\text{k}\Omega$$

$$R_o \approx \frac{r_{be} + R_b}{\beta} = \frac{0.39\text{k}\Omega + 20\text{k}\Omega}{50} \approx 408\Omega$$

3.3.3　共基放大电路

共基放大电路具有电压放大能力，但其 R_i 小，适用范围并不广泛。共基放大电路的最大优点是频带宽，因而常用于无线电通信、高频等领域。图 3-37 所示为一种典型共基放大电路。本节通过分析该电路来确认其工作原理，根据其静态参数和动态参数，最终推证上述共基放大电路特性。

1. 静态分析

根据直流通路的确定方法，确定图 3-38 所示为共基放大电路的直流通路。

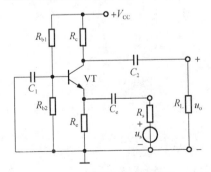

图 3-37　典型共基放大电路

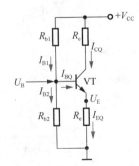

图 3-38　共基放大电路的直流通路

由图 3-38 所示直流通路确定 Q 点，考虑该直流通路为分压式偏置电路，因此 $I_{B1} \gg I_{BQ}$，则有

$$U_{BQ} \approx \frac{R_{b1}}{R_{b1} + R_{b2}} \cdot V_{CC}$$

$$I_{EQ} = \frac{U_{BQ} - U_{BEQ}}{R_e} \approx I_{CQ}$$

$$U_{CEQ} \approx V_{CC} - I_{CQ}(R_c + R_e)$$

$$I_{BQ} = \frac{I_{EQ}}{1 + \beta}$$

2. 动态分析

根据交流微变等效电路的确定方法，确定图3-39所示为共基放大电路的交流微变等效电路。

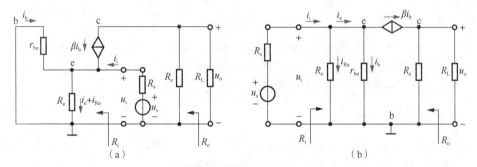

图 3-39　共基放大电路的两种交流微变等效电路

图 3-39 给出了两种交流微变等效电路的绘制方法，可以根据实际情况选择合适的方法。
根据 A_u 的定义，则有

$$A_u = \frac{u_o}{u_i} = \frac{\beta i_b(R_c /\!/ R_L)}{i_b r_{be}} = \frac{\beta(R_c /\!/ R_L)}{r_{be}} \tag{3-37}$$

上式表明，共基放大电路不仅具有电压放大能力，而且为同相输出。
根据 R_i 的物理意义，则有

$$R_i = \frac{u_i}{i_i} = \frac{u_i}{i_{be} + i_{R_e}} = \frac{u_i}{\dfrac{u_i}{r_{be}} + \dfrac{u_i}{R_e}} = r_{be} /\!/ R_e \tag{3-38}$$

根据 R_o 的物理意义，可以确定其等效电路，如图 3-40 所示。

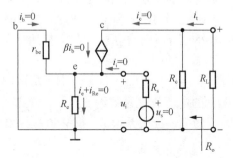

图 3-40　确定 R_o 等效电路

由电路图列出方程。若本放大电路输入端口外加输入信号为 u_s，R_s 保留，则可确定 R_o，即

$$R_o = \left. \frac{u_t}{i_t} \right|_{u_s=0} = \frac{u_t}{u_t/R_c} = R_c \tag{3-39}$$

共基放大电路的输出电阻与共射放大电路的输出电阻相同，均为 R_o，其大小由 R_c 决定。

3.3.4　三种基本放大电路的比较

1. 共射放大电路

共射放大电路的判别依据为：信号由基极输入，从集电极输出。共射放大电路电压和电流的增益都大于 1，R_i 在三种组态中居中，R_o 与集电极电阻 R_c 之间有很大的关系。共射放大电路适用于低频情况下，可作为多级放大电路的中间级电路。

2. 共集放大电路

共集放大电路的判别依据为：信号由基极输入，从发射极输出。共集放大电路只有电流放大作用而没有电压放大作用，但具有电压跟随的特点。在三种组态中，R_i 最高，R_o 最小，频率特性好。共集放大电路可用于输入级、输出级或缓冲级。

3. 共基放大电路

共基放大电路的判别依据为：信号由发射极输入，从集电极输出。共基放大电路只有电压放大作用而没有电流放大作用，但具有电流跟随的特点，R_i 小，R_o 与集电极电阻 R_c 有关，高频特性较好。共基放大电路常用于高频或宽频带低输入阻抗的场合，在模拟集成电路中亦有电位移动的功能。

3.3.5　达林顿功率管

共射放大电路应用较为广泛的一个主要原因是其能够提高 R_i，而 R_i 的提高与共射放大电路的偏置电阻 R_{b1}、R_{b2} 及晶体管的 r_{be} 密切相关。若 r_{be} 值越高，则更大的偏置电阻值仍然可以提供所需的 I_{BQ}，共射放大电路的 R_i 就更高。由前述知识可知，$r_{be} = r_{bb'} + (1+\beta)\dfrac{U_T}{I_{EQ}}$，若提升 β 值，则可提升 R_i。

达林顿功率管又称复合管，可以达到上述提升 β 值的要求。图 3-41 所示为晶体管组成的达林顿功率管。图 3-41（a）为同类型（2 个 NPN 或 2 个 PNP）晶体管构成的达林顿功率管；图 3-41（b）为不同类型（1 个 NPN 和 1 个 PNP）晶体管构成的达林顿功率管。

以图 3-41（a）中 2 个 NPN 型晶体管构成的 NPN 型达林顿功率管为例来分析其预期的 β 值。根据晶体管三个极电流之间的关系，可得

$$i_{E2} = (1+\beta_2)i_{B2} = (1+\beta_2)i_{E1} = (1+\beta_2)(1+\beta_1)i_{B1} \approx \beta_1\beta_2 i_{B1} \tag{3-40}$$

由此可知，达林顿功率管的电流放大系数为 $\beta_1\beta_2$。若某型晶体管的 $\beta = 50$，则两个同型晶体管构成的达林顿功率管的电流放大系数 $\beta = 50 \times 50 = 2500$。

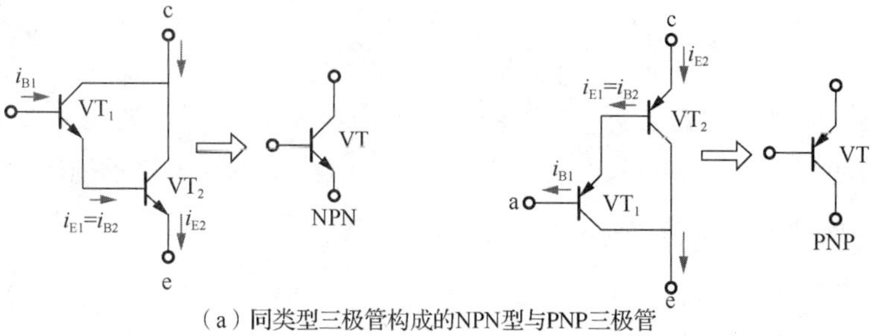

（a）同类型三极管构成的NPN型与PNP三极管

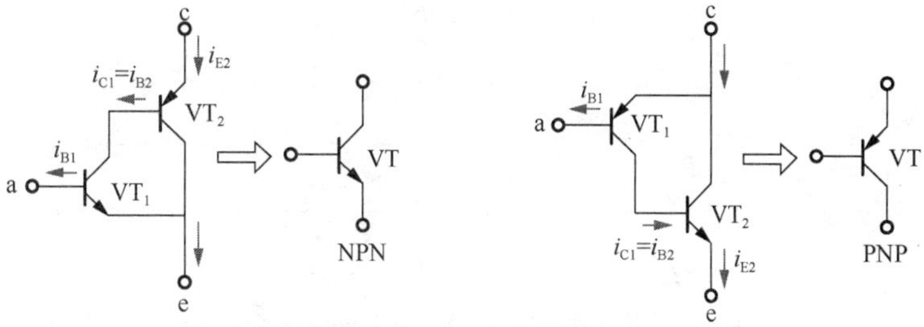

（b）不同类型三极管构成的NPN型与PNP三极管

图 3-41　达林顿功率管

3.4　FET 放大电路

FET 通过栅-源间电压 u_{GS} 来控制漏极电流 i_D，它与晶体管一样可以构成放大电路，实现能量的控制。由于栅-源间电阻可达 $10^7 \sim 10^{12}\,\Omega$，因此常作为高输入阻抗放大器的输入级。FET 放大电路与晶体管放大电路一样，有三种基本形式，本节对 FET 放大电路的三种接法进行介绍。为便于理解，FET 的源极、栅极和漏极与晶体管的发射极、基极和集电极相对应，因此 FET 放大电路的三种接法包括：共源放大电路、共漏放大电路和共栅放大电路。以 N 沟道 JFET 为例，三种接法的交流通路如图 3-42 所示。由于共栅电路很少使用，本节只对共源和共漏两种电路进行分析。

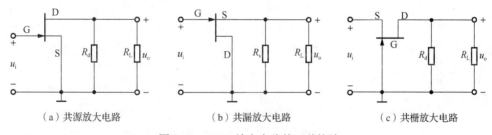

（a）共源放大电路　　　　　　（b）共漏放大电路　　　　　　（c）共栅放大电路

图 3-42　JFET 放大电路的三种接法

1. FET 放大电路 Q 点的设定

图 3-43（a）所示共源放大电路采用 N 沟道 E-MOSFET 管，为使它工作在恒流区，在输入回路加栅极电源 V_{GG}，V_{GG} 应大于开启电压 $U_{GS(th)}$；在输出回路加漏极电源 V_{DD}，使漏-源电压大于预夹断电压以保证管子工作在恒流区，同时作为负载的能源。R_d 与共射放大电路中的 R_c 具有完全相同的作用，它将漏极电流 i_D 的变化转换成电压 u_{DS} 的变化，从而实现

电压放大。

　　令 $u_i = 0$，由于栅-源之间是绝缘的，栅极电流为 0，因此 $U_{GSQ} = V_{GG}$。如果已知场效应晶体管的输出特性曲线，那么首先在输出特性中找到 $U_{GS} = V_{GG}$ 的那条曲线（若没有，则需要测出该曲线），然后作负载线 $u_{DS} = V_{DD} - i_D R_d$，如图 3-43（b）所示，曲线与直线的交点就是 Q 点，读其坐标值即得 I_{DQ} 和 U_{DSQ}。

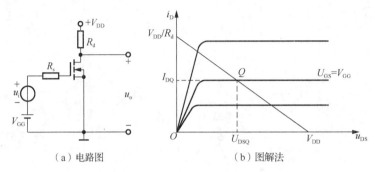

（a）电路图　　　　　　　　（b）图解法

图 3-43　基本共源放大电路及图解法确定 Q 点

　　当然，也可以利用场效应晶体管的电流方程求出 I_{DQ}。因为

$$i_D = I_{DO} \left(\frac{U_{GS}}{U_{GS(th)}} - 1 \right)^2 \tag{3-41}$$

所以 I_{DQ} 和 U_{DSQ} 分别为

$$I_{DQ} = I_{DO} \left(\frac{V_{GG}}{U_{GS(th)}} - 1 \right)^2 \tag{3-42}$$

$$U_{DSQ} = V_{DD} - I_{DQ} R_d \tag{3-43}$$

　　为了使信号源与放大电路"共地"，也为了采用单电源供电，在实用电路中大多采用自给偏压电路和分压式偏置电路。

　　1）自给偏压电路

　　图 3-44（a）所示为 N 沟道 JFET 共源放大电路，它也是典型的自给偏压电路。N 沟道 JFET 只有在栅-源电压 U_{GS} 小于零时电路才能正常工作，那么图示电路中 U_{GS} 为什么会小于零呢？在静态时，由于 JFET 栅极电流为零，因而电阻 R_g 的电流为零，栅极电位 U_{GQ} 也就为零；而漏极电流 I_{DQ} 流过源极电阻 R_s 必然产生电压，使源极电位 $U_{SQ} = I_{DQ} R_s$。因此，栅-源之间静态电压为

$$U_{GSQ} = U_{GQ} - U_{SQ} = -I_{DQ} R_s \tag{3-44}$$

　　可见，电路是靠源极电阻上的电压为栅-源两极提供一个负偏压的，称为自给偏压。将式（3-44）与 JFET 的电流方程联立，即可解出 I_{DQ} 和 U_{GSQ}。

$$I_{DQ} = I_{DSS} \left(1 - \frac{U_{GSQ}}{U_{GS(off)}} \right)^2 \tag{3-45}$$

$$U_{DSQ} = V_{DD} - I_{DQ} (R_d + R_s) \tag{3-46}$$

　　也可以用图解法求 Q 点。

图 3-44（b）所示电路是自给偏压的一种特例，其 $U_{GSQ} = 0$。图中采用 N 沟道 D-MOSFET，因此其栅-源间电压在小于零、等于零或大于零的一定范围内均能正常工作。求解 Q 点时，可以先在转移特性曲线上求得 $U_{GS} = 0$ 时的 i_D，即 I_{DQ}；然后利用式（3-43）求出管压降 U_{DSQ}。

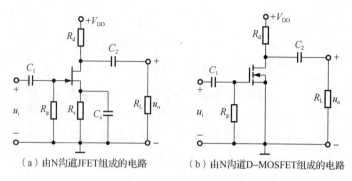

（a）由N沟道JFET组成的电路　　　　　（b）由N沟道D–MOSFET组成的电路

图 3-44　自给偏压共源放大电路

2）分压式偏置电路

图 3-45 所示为 N 沟道 E-MOSFET 构成的共源放大电路，它通过利用 R_{g1} 和 R_{g2} 对电源 V_{DD} 分压来设置偏压，称为分压式偏置电路。

静态时，由于栅极电流为零，因此电阻 R_{g3} 上的电流也为零，栅极电位和源极电位分别为

$$U_{GQ} = U_A = \frac{R_{g1}}{R_{g1} + R_{g2}} V_{DD} \tag{3-47}$$

$$U_{GSQ} = I_{DQ} R_s \tag{3-48}$$

则栅-源电压

$$U_{DSQ} = U_{GQ} - U_{SQ} = \frac{R_{g1}}{R_{g1} + R_{g2}} V_{DD} - I_{DQ} R_s \tag{3-49}$$

式（3-48）与式（2-9）联立可得 I_{DQ} 和 U_{GSQ}，再利用式（3-49）可得管压降 U_{DSQ}。电路中的 R_{g3} 可取值到几兆欧以增大输入电阻。

2. FET 放大电路的动态分析

1）FET 的低频小信号等效模型

与分析晶体管低频小信号等效模型相同，也可将 FET 看成一个两端口网络，即将栅极与源极之间看成输入端口，漏极与源极之间看成输出端口。以 N 沟道 E-MOSFET 为例，可以认为栅极电流为零，栅-源之间只有电压存在，如图 3-46 所示。

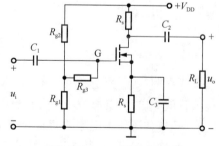

图 3-45　分压式偏置电路

输入回路栅-源之间相当于开路；输出回路与晶体管的 h 参数等效模型相似，是一个电压 u_{gs} 控制的电流源与一个电阻 r_{ds} 并联。

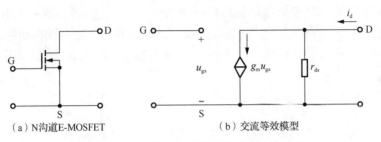

（a）N沟道E-MOSFET　　　　　　（b）交流等效模型

图 3-46　E-MOSFET 的低频小信号等效模型

可以从场效应晶体管的转移特性曲线和输出特性曲线上求出 g_m 与 r_{ds}，如图 3-47 所示。从转移特性可知，g_m 是 $U_{DS} = U_{DSQ}$ 那条转移特性曲线上 Q 点处的导数，即以 Q 点为切点的切线斜率。在小信号作用时，可用切线来等效 Q 点附近的曲线。由于 g_m 是输出回路电流与输入回路电压之比，故称为跨导，其量纲是电导。

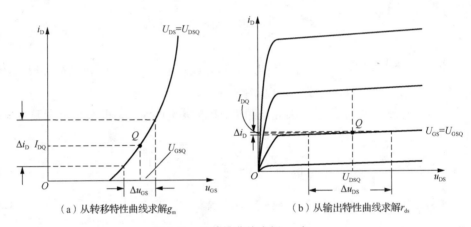

（a）从转移特性曲线求解g_m　　　　　　（b）从输出特性曲线求解r_{ds}

图 3-47　从特性曲线求解 g_m 与 r_{ds}

从输出特性可知，r_{ds} 是 $U_{GS} = U_{GSQ}$ 这条输出特性曲线上 Q 点处斜率的倒数，与 r_{ce} 一样，它也描述曲线上翘的程度，r_{ds} 越大，曲线越平。通常 r_{ds} 在几十千欧到几百千欧之间，当外电路的电阻较小时，也可忽略 r_{ds} 中的电流，将输出回路只等效成一个受控电流源在小信号作用时，可用 I_{DO} 近似 i_D。其中

$$g_m \approx \frac{2}{U_{GS(th)}} \sqrt{I_{DO} I_{DQ}} \tag{3-50}$$

上式表明，g_m 与 Q 点紧密相关，Q 点愈高，g_m 愈大。因此，场效应晶体管放大电路与晶体管放大电路相同，Q 点不仅影响电路是否会失真，而且影响电路的动态参数。

2）基本共源放大电路的动态分析

图 3-43（a）所示基本共源放大电路的交流等效电路如图 3-48 所示。图中采用了 MOSFET 的简化模型，即假定 $r_{ds} = \infty$。根据电路，可得

$$A_u = \frac{u_o}{u_i} = \frac{-i_d R_d}{u_{gs}} = -g_m R_d \tag{3-51}$$

$$R_i = \infty \tag{3-52}$$

$$R_{\mathrm{o}} = R_{\mathrm{d}} \tag{3-53}$$

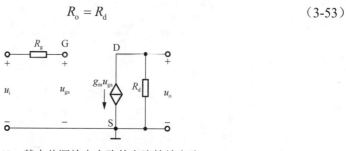

图 3-48　基本共源放大电路的交流等效电路

与共射放大电路类似，共源放大电路具有一定的电压放大能力，而且输出电压与输入电压反相，区别只是共源电路的输入电阻比共射电路的输入电阻大得多。要提高共源电路的电压放大能力，最有效的方法是增大漏极静态电流以增大 g_{m}。

3）基本共漏放大电路的动态分析

基本共漏放大电路如图 3-49（a）所示，图 3-49（b）是它的交流等效电路。输入回路方程和 FET 的电流方程联立，可得

$$V_{\mathrm{GG}} = U_{\mathrm{GS(th)}} + I_{\mathrm{DQ}} R_{\mathrm{s}} \tag{3-54}$$

$$I_{\mathrm{DQ}} = I_{\mathrm{DO}} \left(\frac{U_{\mathrm{GSQ}}}{U_{\mathrm{GS(th)}}} - 1 \right)^2 \tag{3-55}$$

求出漏极静态电流 I_{DQ} 和栅-源静态电压 U_{GSQ}，再根据输出回路方程求出管压降

$$U_{\mathrm{DSQ}} = V_{\mathrm{DD}} - I_{\mathrm{DQ}} R_{\mathrm{s}} \tag{3-56}$$

从图 3-49（b）中可得动态参数

$$A_{\mathrm{u}} = \frac{u_{\mathrm{o}}}{u_{\mathrm{i}}} = \frac{i_{\mathrm{d}} R_{\mathrm{s}}}{u_{\mathrm{gs}} + i_{\mathrm{d}} R_{\mathrm{s}}} = \frac{g_{\mathrm{m}} u_{\mathrm{gs}} R_{\mathrm{s}}}{u_{\mathrm{gs}} + g_{\mathrm{m}} u_{\mathrm{gs}} R_{\mathrm{s}}} = \frac{g_{\mathrm{m}} R_{\mathrm{s}}}{1 + g_{\mathrm{m}} R_{\mathrm{s}}} \tag{3-57}$$

$$R_{\mathrm{i}} = \infty \tag{3-58}$$

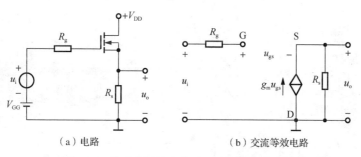

（a）电路　　　　　　　　　（b）交流等效电路

图 3-49　基本共漏放大电路及其交流等效电路

分析输出电阻时，将输入端短路，在输出端加交流电压 u_{o}，如图 3-50 所示。然后求出 i_{o}，则 $R_{\mathrm{o}} = u_{\mathrm{o}} / i_{\mathrm{o}}$。

由图可得

$$i_{o} = \frac{u_{o}}{R_{s}} + i = \frac{u_{o}}{R_{s}} + g_{m}u_{o} \tag{3-59}$$

则

$$R_{o} = R_{s} // \frac{1}{g_{m}} \tag{3-60}$$

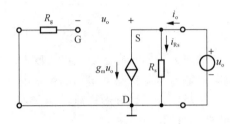

图 3-50　求解基本共漏放大电路的输出电阻

提示：场效应管与晶体管相比，其最突出的优点是可以组成高输入电阻放大电路。此外，它还有噪声低、温度稳定性好、抗辐射能力强等优于晶体管的特点，而且便于集成化，构成低功耗电路，因此被广泛应用于各种电子电路中。

3.5　放大电路的应用实例

为便于掌握本章所讲述的基本放大电路的实际应用，本节结合图 2-1 所示音响放大器设计框图进一步分析相应电路选择的设计方案（图 3-51）。该音响放大器需要利用话筒实现音频信号的采集。考虑话筒低内阻的情况，若选择前置小信号放大器，则可采用两部分电路合作完成。A1 级可以采用共基放大电路，因其 R_i 不大，可以实现共基极放大器与话筒接口之间的阻抗匹配。A2 级可以采用共射放大电路，可以实现小信号的放大。A3 级可以采用共集放大电路，该电路对电流进行放大后，驱动低阻抗负载 R_L（扬声器）工作，共集电极放大器处于其中，成为一个良好的"纽带"。在后续的学习中，还会根据新知识点的讲授不断修改设计方案。

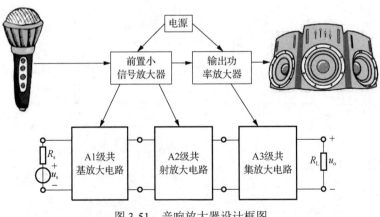

图 3-51　音响放大器设计框图

习　题

3.1　判断题。

（1）只有既放大电流又放大电压的电路才称为放大电路。　　　　　（　　）

（2）可以说任何放大电路都有功率放大作用。　　　　　　　　　　（　　）

（3）放大电路中输出的电流和电压都是由有源元件提供的。　　　　（　　）

（4）电路中各电量的交流成分是交流信号源提供的。　　　　　　　（　　）

（5）放大电路必须加上合适的直流电源才能正常工作。　　　　　　（　　）

（6）由于放大的对象是变化量，因此当输入信号为直流信号时，任何放大电路的输出都毫无变化。　　　　　　　　　　　　　　　　　　　　　　　　　　　　（　　）

（7）只要是共射放大电路，其输出电压的底部失真都是饱和失真。　（　　）

3.2　选择题。

在图 3-52 所示电路中，已知 $V_{CC}=12V$，$R_c=3k\Omega$，静态管压降 $U_{CEQ}=6V$；并在输出端加负载电阻 R_L，其阻值为 $3k\Omega$。选择一个合适的答案填入空内。

（1）该电路的最大不失真输出电压有效值 $U_{om}\approx$（　　）。

　　　A. 2V　　　　　　　　　　B. 3V　　　　　　　　　　C. 6V

（2）当 $u_i=1mV$ 时，若在不失真的条件下减小 R_w，则输出电压的幅值将（　　）。

　　　A. 减小　　　　　　　　　B. 不变　　　　　　　　　C. 增大

（3）在 $u_i=1mV$ 时，将 R_w 调到输出电压最大且刚好不失真，若此时增大输入电压，则输出电压波形将（　　）。

　　　A. 顶部失真　　　　　　　B. 底部失真　　　　　　　C. 为正弦波

（4）若发现电路出现饱和失真，为消除失真，则可将（　　）。

　　　A. R_w 减小　　　　　　　B. R_c 减小　　　　　　　C. V_{CC} 减小

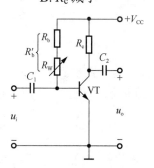

图 3-52　习题 3.2 和习题 3.3

3.3　填空题。

在图 3-52 所示电路中，已知 $V_{CC}=12V$，晶体管的 $\beta=100$，$R_b'=100k\Omega$。填空：要求先填文字表达式后再填得数。

（1）当 $u_i=0V$ 时，测得 $U_{BEQ}=0.7V$，若基极电流 $I_{BQ}=20\mu A$，则 R_b' 和 R_w 之和 $R_b=$_____≈_____ $k\Omega$。若测得 $U_{CEQ}=6V$，则 $R_c=$_____≈_____ $k\Omega$。

（2）若测得输入电压有效值 $U_i=5mV$，输出电压有效值 $U_o'=0.6V$，则电压放大倍数 $A_u=$_____≈_____。

（3）若负载电阻 R_L 的值与 R_c 相等，则带上负载后输出电压有效值 $U_o=$ _____ V。

3.4　电路如图 3-53（a）所示，图 3-53（b）是晶体管的输出特性，静态时 $U_{BEQ}=0.7V$。利用图解法分别求出 $R_L=\infty$ 和 $R_L=3k\Omega$ 时的静态工作点 Q 和最大不失真输出电压 U_{om}（有效值）。

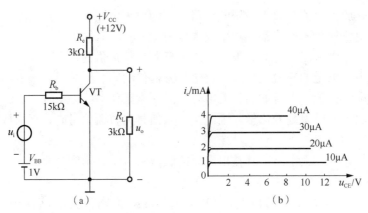

图 3-53　习题 3.4

3.5　电路如图 3-54 所示，晶体管的 $\beta=80$，$r_{bb'}=100\Omega$。分别计算 $R_L=\infty$ 和 $R_L=3k\Omega$ 时的 Q 点、A_u、R_i 和 R_o。

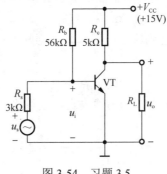

图 3-54　习题 3.5

3.6　在图 3-54 所示电路中，由于电路参数不同，在信号源电压为正弦波时，测得输出波形分别如图 3-55（a）、（b）、（c）所示。试说明：电路分别产生了什么失真？如何消除？

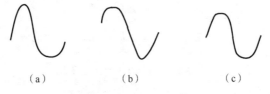

（a）　　　　　　（b）　　　　　　（c）

图 3-55　习题 3.6 和习题 3.7

3.7　在由 PNP 型组成的共射电路中，若输出电压波形分别如图 3-55（a）、（b）、（c）所示，则电路分别产生了什么失真？

3.8　图 3-56 所示电路中，已知晶体管的 $\beta=100$，$r_{be}=1k\Omega$。

（1）现已测得静态管压降 $U_{CEQ}=6V$，估算 R_b 约为多少千欧？

（2）若测得 u_i 和 u_o 的有效值分别为 1mV 和 100mV，则负载电阻 R_L 为多少千欧？

3.9　电路如图 3-57 所示，晶体管的 $\beta=100$，$r_{bb'}=100\Omega$。

（1）求电路的 Q 点、A_u、R_i 和 R_o。

（2）若电容 C_e 开路，则将引起电路的哪些动态参数发生变化？如何变化？

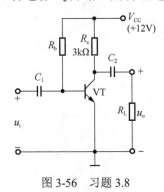 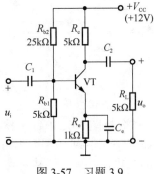

　　　　图 3-56　习题 3.8　　　　　　　　　　　图 3-57　习题 3.9

3.10　试求出图 3-58 所示电路的 Q 点、A_u、R_i 和 R_o 的表达式。

3.11　电路如图 3-59 所示，晶体管的 $\beta=80$，$r_{be}=1k\Omega$。

（1）求电路的 Q 点。

（2）分别求出 $R_L=\infty$ 和 $R_L=3k\Omega$ 时电路的 A_u、R_i 和 R_o。

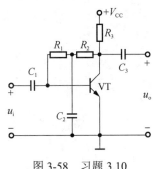 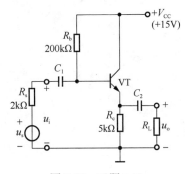

　　　　图 3-58　习题 3.10　　　　　　　　　　图 3-59　习题 3.11

3.12　电路如图 3-60 所示，晶体管的 $\beta=60$，$r_{bb'}=100\Omega$。

（1）求解 Q 点、A_u、R_i 和 R_o。

（2）设 $U_s=10mV$（有效值），问 U_i 为多少？U_o 为多少？若 C_3 开路，则 U_i 为多少？U_o 为多少？

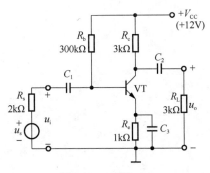

图 3-60　习题 3.12

3.13　图 3-61 中的哪些接法可以构成达林顿功率管？确定它们等效管的类型（NPN 型、PNP 型等），并标出引脚（b、e、c）。

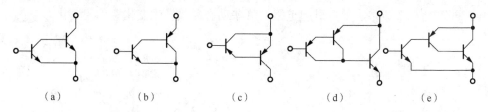

（a）　　　　（b）　　　　（c）　　　　（d）　　　　（e）

图 3-61　习题 3.13

3.14　试分析图 3-62 中各达林顿功率管的接法是否正确。如果接法不正确，请简要说明原因；如果接法正确，请说明所组成的达林顿功率管的类型（NPN 型或 PNP 型），同时指出相应的电极，并列出达林顿功率管的 β 和 r_{be} 的表达式。

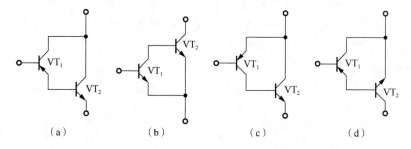

（a）　　　　（b）　　　　（c）　　　　（d）

图 3-62　习题 3.14

第4章 集成运算放大电路的构成

4.1 课例引入——光谱仪系统设计

光谱仪在医学实验室中较为常见，它主要通过运算测试系统计算某物质对不同波长光的吸收量来分析溶液中物质的化学成分。光谱仪简化设计框图如图 4-1（a）所示。由图可知，放大电路的主要任务是放大光电管输出的信号，并将放大后的可用信号传送到处理器与显示器。图 4-1（b）给出了放大电路部分的系统简化设计框图。由图可知，为实现光谱仪放大电路设计，若采用以晶体管为核心的分立元件构成的放大电路，其电路复杂度可想而知，而且与当今电路集成化的发展趋势背道而驰。因此，光谱仪放大电路的设计应当采用集成运算放大电路来完成。

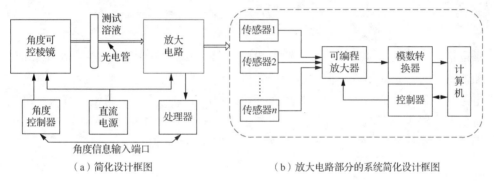

（a）简化设计框图　　　　　　　　　　　（b）放大电路部分的系统简化设计框图

图 4-1　光谱仪系统

集成运算放大电路又称集成运算放大器（简称集成运放），是一种广泛使用的线性集成电路。集成运放实际上是由很多个晶体管、场效应晶体管、二极管、电阻器、电容器等组成，被制作在同一块半导体微芯片上，并通过特殊工艺封装在一个壳中，由此形成的具备某种功能的电路。在实际应用中，虽然仍需要外围电路设置电阻器、电感器等分立元件配合使用，但集成运放可以视为单一器件，即集成运放的使用，只需关心其外部特性，而无须关心其内部构成。

集成运放最初常用于完成多种模拟信号的数学运算，如加法、减法、乘法、除法、积分与微分等，这也是其名称的由来。本章主要介绍常用集成运放的组成、组成电路的功能分析及电路设计。

4.2 集成运放的组成

集成运放由输入级、中间级、输出级和偏置电路四部分组成，如图 4-2（a）所示。它有两个输入端 u_p（同相输入端，也可用 u_+ 表示）、u_n（反相输入端，也可用 u_- 表示），一

个输出端 u_o，图中所标 u_p、u_n、u_o 均以"地"为公共端。集成运放符号如图 4-2（b）所示。从外部看，可以认为集成运放是一个双端输入、单端输出的集成电路。事实上，集成运放是一种具有高差模电压放大倍数 A_{ud}、高输入电阻 R_{id}、低输出电阻 R_{od}，且能够较好地抑制温漂的放大电路。

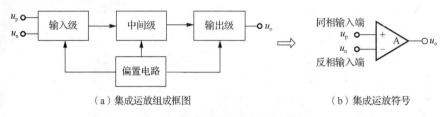

（a）集成运放组成框图   （b）集成运放符号

图 4-2 集成运放组成框图与符号

需要说明的是，由图 4-2（a）所示集成运放组成框图可知，单一的放大电路是无法满足实际需求的，因此要将多种电路集合到一起，并按照合理的方式连接，由此构成多级放大电路。其中，级与级之间的连接称为级间耦合。放大电路的级间耦合方式主要包括直接耦合、阻容耦合、变压器耦合和光电耦合。本节对这四种级间耦合方式的优缺点进行简要介绍。

1. 直接耦合

直接耦合方式使各级之间的直流通路相连，因而 Q 点相互影响，这样就给电路的分析、设计和调试带来一定的困难，但现有的计算机辅助分析软件早已克服了此问题。直接耦合放大电路具有良好的低频特性，可以放大变化缓慢的信号。由于电路中没有大容量电容，易于将全部电路集成在同一片硅片上，有利于推进集成运放的集成化发展，同时还可以很好地抑制零点漂移现象。

2. 阻容耦合

阻容耦合方式使各级之间的直流通路互不相通，因而 Q 点各自独立，不会产生相互影响，电路的分析、设计和调试简单易行。但阻容耦合中的电容对变化缓慢的信号易呈现大容抗，阻容耦合放大电路的低频特性较差。因此，只有在信号频率很高、输出功率很大等特殊情况下，才采用阻容耦合方式。由于在集成电路中制造大容量电容很困难，因此阻容耦合方式不易于集成化。

3. 变压器耦合

变压器耦合是将放大器前一级的输出端通过变压器接到后一级的输入端或负载电阻上，因此该耦合电路与阻容耦合电路一样，各级间 Q 点独立，不会产生相互影响，电路的分析、设计和调试简单易行。但该耦合方式低频特性差，不能放大变化缓慢的信号，而且笨重，更不能集成化。与前两种耦合方式相比，变压器耦合的最大特点是可以实现阻抗变换，因而在分立元件功率放大电路中得到广泛应用。

4. 光电耦合

光电耦合是以光信号为媒介来实现电信号的耦合和传递的，因其抗干扰能力强而得到越来越广泛的应用。光电耦合器又称光耦合器，是实现光电耦合的基本器件，目前它已成为种类最多、用途最广的光电器件之一。光耦合器一般由三部分组成：光的发射、光的接收及信号放大。输入的电信号驱动发光二极管，使之发出一定波长的光，被光探测器接收而产生光电流，再经过进一步放大后输出，完成电-光-电的转换，从而起到输入、输出、隔离的作用。光耦合器输入、输出间相互隔离，电信号传输具有单向性等特点，因而具有良好的电绝缘能力和抗干扰能力。

4.3　集成运放组成部分的电路选择

4.3.1　输入级

1. 输入级的特点及相关参数介绍

集成运放输入级电路的选择必须满足高差模电压放大倍数 A_d、高输入电阻 R_{id}、能够较好地抑制温漂等对放大电路的基本需求。实际上，集成运放输入级常由一个双端输入的高性能差分放大电路来承担。在明确何为差分放大电路之前，首先明确三个概念。

（1）温漂。温漂全称温度漂移，又称零点漂移（简称温漂或零漂）。输入电压为零而输出电压不为零且缓慢变化的现象称为零点漂移。由温度变化所引起的半导体器件参数的变化是零点漂移现象的主要成因。此外，在直接耦合放大电路中，任何元件参数的变化（电源电压波动、元件老化等）都将产生输出电压的漂移，也就造成了温漂。

（2）共模信号。为实现对零点信号（无用信号）的有效抑制，设定两个大小相等、极性相同的输入信号 $u_{ic1} = u_{ic2}$。

（3）差模信号。为使有用信号得以放大，将其分成两个大小相等且极性相反的输入信号 $u_{id1} = -u_{id2}$。

（4）任何一个输入信号都有可能包括共模和差模两种信号，因此可将输入信号定义为这两种信号的叠加，即可表示为

$$u_{i1} = u_{ic1} + \frac{u_{id1}}{2} \tag{4-1}$$

$$u_{i2} = u_{ic2} - \frac{u_{id2}}{2} \tag{4-2}$$

2. 差分放大电路

典型差分放大电路如图 4-3 所示。差分放大电路也称差动放大电路。差动是指只有当两个输入端之间有差别（有变化量）时，输出电压才有变动（有变化量）。

需要说明的是，差分电路参数理想对称是指在对称位置的电阻值绝对相等，两只晶体管在任何温度下的输入特性曲线与输出特性曲线都完全重合，即 $R_{b1} = R_{b2} = R_b$，$R_{c1} = R_{c2} = R_c$，$\beta_1 = \beta_2 = \beta$，$r_{be1} = r_{be2} = r_{be}$，$R_e$ 为公共发射极电阻。因为 R_e 接负电源 V_{EE}，看起来像拖着一个长尾巴，所以此电路又得名长尾式差分放大电路。

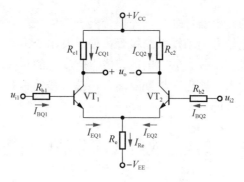

图 4-3　典型差分放大电路

1）静态分析

令 $u_{i1} = u_{i2} = 0$ ，且考虑差分电路参数理想对称，即

$$I_{BQ1} = I_{BQ2} = I_{BQ} \tag{4-3}$$

$$I_{CQ1} = I_{CQ2} = I_{CQ} \tag{4-4}$$

$$I_{EQ1} = I_{EQ2} = I_{EQ} \tag{4-5}$$

$$U_{BEQ1} = U_{BEQ2} = U_{BEQ} \tag{4-6}$$

$$U_{C1} = U_{C2} = U_C \tag{4-7}$$

$$U_{E1} = U_{E2} = U_E \tag{4-8}$$

则电阻 R_e 中的电流可确定为

$$I_{R_e} = I_{EQ1} + I_{EQ2} = 2I_{EQ} \tag{4-9}$$

根据基极回路方程，则有

$$I_{BQ}R_b + U_{BEQ} + 2I_{EQ}R_e = V_{EE} \tag{4-10}$$

通常情况下， R_b 阻值很小，可视其为信号源内阻，同时考虑 $\beta \gg 1$ ，则有

$$I_{BQ} \approx \frac{V_{EE} - U_{BEQ}}{2\beta R_e} \tag{4-11}$$

$$I_{EQ} = \frac{V_{EE} - U_{BEQ}}{2R_e} \tag{4-12}$$

$$I_{R_e} = \frac{V_{EE} - U_{BEQ}}{R_e} \tag{4-13}$$

进而有

$$U_{CEQ} = U_{CQ} - U_{EQ} \approx V_{CC} - I_{CQ}R_c + U_{BEQ} \tag{4-14}$$

或考虑 $u_{i1} = u_{i2} = 0$ ，则 $u_o = U_{CQ1} = U_{CQ2} = U_{CQ} = 0$ ，上式可变化为

$$U_{CEQ} = -U_{EQ} \approx V_{EE} - I_{R_e}R_e = V_{EE} - 2I_{EQ}R_e \tag{4-15}$$

或有

$$U_{CEQ} = V_{CC} + V_{EE} - I_{CQ}R_c - 2I_{EQ}R_e \tag{4-16}$$

通过对典型差分放大电路的分析可知， I_{EQ} 参数的设定至关重要。只要合理选择 R_e 的阻值，并与电源 V_{EE} 相配合，就可以设置合适的 Q 点。

需要说明的是，静态分析中令 $u_{i1} = u_{i2} = 0$ ，确定了 $u_{o1} = u_{o2} = U_{CQ} = 0$ ，实现了对零漂的有效抑制。

2）动态分析

本节在差分放大电路的四种工作模式（双端输入、双端输出；双端输入、单端输出；单端输入、双端输出；单端输入、单端输出）下，探讨差分放大电路对共模信号有效抑制、对差模信号有效放大的工作原理。

（1）双端输入、双端输出。

① 共模信号输入。当给差分放大电路输入共模信号 u_{ic} 时，则 $u_{i1} = u_{i2} = u_{ic}$。图 4-4 给出了差分放大电路共模信号输入下电路中各信号的运行指示。当外加输入信号 $u_{i1} = u_{i2} = u_{ic}$ 时，则产生一对大小相等、相位相同的 $u_{o1} = u_{o2} = u_o$，同样也产生一对大小相等、相位相同的 $i_{E1} = i_{E2}$，由此确定 $i_{Re} = i_{E1} + i_{E2} = 2i_{E1}$。事实上，由此可以确定共模信号作用下 $u_o = u_{o1} - u_{o2} = 0$。因此，在双入双出时，差分放大电路对共模信号具有很好的抑制作用。

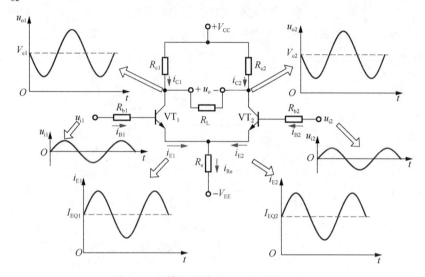

图 4-4　共模信号输入下电路中的各信号

为便于进一步理解，本节给出共模信号作用下差分放大电路的交流微变等效电路的两种绘制方法，如图 4-5 所示。

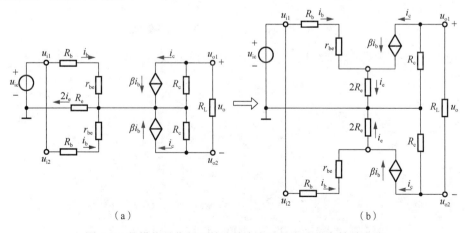

（a）　　　　　　　　　　　　　　　（b）

图 4-5　共模信号作用下差分放大电路的交流微变等效电路

由于差分放大电路的对称性，有 $u_o = u_{o1} - u_{o2} = 0$，则差分放大电路的共模电压放大倍数为

$$A_{uc} = \frac{u_o}{u_i} = \frac{u_{o1} - u_{o2}}{u_{ic}} = \frac{0}{i_b\left(R_b + r_{be}\right) + 2i_e R_e} = 0 \tag{4-17}$$

同时可以确定高输入电阻和输出电阻分别为

$$R_{ic} = \frac{u_{ic}}{i_i} = \frac{u_{i1}}{i_{b1} + i_{b2}} = \frac{i_{i1}}{2i_{b1}} = \frac{1}{2} R_{i1} = \frac{1}{2}[R_b + r_{be} + (1+\beta)2R_e] \tag{4-18}$$

$$R_o = 2R_c \tag{4-19}$$

② 差模信号输入。当给差分放大电路输入差模信号 u_{id} 时，则 $u_{i1} = u_{id1}$，$u_{i2} = u_{id2}$。图 4-6 给出了差分放大电路差模信号输入下电路中各信号的运行指示。当外加输入信号 u_{id} 且 $u_{i1} = u_{id1} = -u_{i2} = -u_{id2}$ 时，则产生一对大小相等、相位相反的 $u_{o1} = -u_{o2} = u_o$，同样也产生一对大小相等、相位相反的 $i_{E1} = -i_{E2}$，由此确定 $i_{Re} = i_{E1} + i_{E2} = 0$。事实上，由此可以确定差模信号作用下 $u_o = u_{o1} - u_{o2} = 2u_{o1}$。因此，在双入双出时，差分放大电路对差模信号具有很好的放大作用。

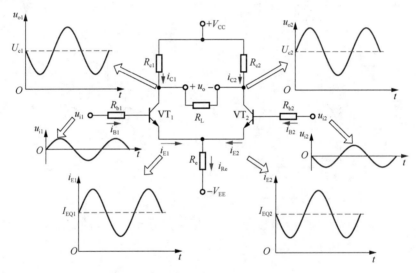

图 4-6 差模信号输入下电路中的各信号

为便于进一步理解，本节给出差模信号作用下差分放大电路的交流微变等效电路，如图 4-7 所示。

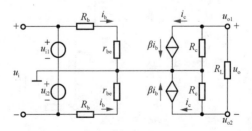

图 4-7 差模信号作用下差分放大电路的交流微变等效电路

差分放大电路在差模信号作用下的三个动态参数分别为

$$A_{ud} = \frac{u_o}{u_{id}} = \frac{u_{o1} - u_{o2}}{u_{i1} - u_{i2}} = \frac{2u_{o1}}{2u_{i1}} = A_{u1} = -\frac{\beta(R_c \text{//} \frac{1}{2}R_L)}{R_b + r_{be}} \qquad (4\text{-}20)$$

$$R_{id} = \frac{u_{id}}{i_i} = \frac{u_{i1} - u_{i2}}{i_{b1}} = \frac{2u_{i1}}{i_{b1}} = 2R_{i1} = 2(R_b + r_{be}) \qquad (4\text{-}21)$$

$$R_o = 2R_c \qquad (4\text{-}22)$$

共模抑制比（记作 K_{CMR}）是考察差分放大电路对差模信号的放大能力和对共模信号的抑制能力的指标参数，其定义表达式为

$$K_{CMR} = \frac{|A_{ud}|}{|A_{uc}|} \qquad (4\text{-}23)$$

由此可以确定，在双入双出工作模式下，该电路的 $K_{CMR} \to \infty$。

（2）双端输入、单端输出。

① 共模输入信号。图 4-8 所示为双端输入、单端输出差分放大电路。当给差分放大电路输入共模信号 u_{ic} 时，则 $u_{i1} = u_{i2} = u_{ic}$。从图 4-8 中可知差分放大电路共模信号输入下电路中各信号的运行指示。当外加输入信号 $u_{i1} = u_{i2} = u_{ic}$ 时，由于是单端输出，因此只有 u_{o1} 产生输出，这与双端输出时完全不同。差分放大电路在该工作模式下对共模信号有抑制能力，因此要考虑 K_{CMR} 的大小。

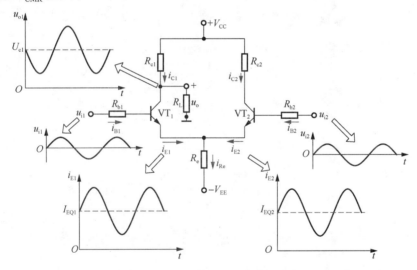

图 4-8　共模信号输入下电路中的各信号

为便于进一步理解，本节给出共模信号作用下差分放大电路的交流微变等效电路，如图 4-9 所示。

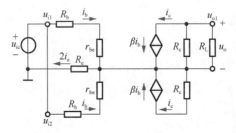

图 4-9　共模信号作用下差分放大电路的交流微变等效电路

差分放大电路在共模信号作用下的三个动态参数分别为

$$A_{uc} = \frac{u_{o1}}{u_{ic}} = -\frac{\beta(R_c /\!/ R_L)}{R_b + r_{be} + (1+\beta)2R_e} \tag{4-24}$$

$$R_{ic} = \frac{u_{ic}}{i_i} = \frac{u_{i1}}{i_{b1} + i_{b2}} = \frac{i_{i1}}{2i_{b1}} = \frac{1}{2}R_{i1} = \frac{1}{2}[R_b + r_{be} + (1+\beta)2R_e] \tag{4-25}$$

$$R_o = R_c \tag{4-26}$$

② 差模信号输入。当给差分放大电路输入差模信号 u_{id} 时，则 $u_{i1} = u_{id1}$，$u_{i2} = u_{id2}$。图 4-10 给出了差分放大电路在差模信号输入下电路中各信号的运行指示。当外加输入信号 u_{id} 且 $u_{i1} = u_{id1} = -u_{i2} = -u_{id2}$ 时，由于单端输出（VT_1 侧），因此只产生与 u_{i1} 相位相反的输出 $u_{o1} = u_o$，此时可以确定差分放大电路对差模信号有放大作用。通过确定 K_{CMR} 的大小可知，差分放大电路在该工作模式下对共模信号具有抑制能力，对差模信号具有放大能力。

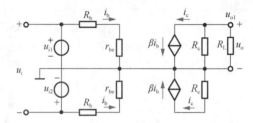

图 4-10　差模信号作用下差分放大电路的交流微变等效电路

差分放大电路在差模信号作用下的三个动态参数分别为

$$A_{ud} = \frac{u_{o1}}{u_{id}} = -\frac{1}{2}\frac{\beta(R_c /\!/ R_L)}{R_b + r_{be}} \tag{4-27}$$

$$R_{id} = \frac{u_{id}}{i_i} = \frac{u_{i1} - u_{i2}}{i_{b1}} = \frac{2u_{i1}}{i_{b1}} = 2R_{i1} = 2(R_b + r_{be}) \tag{4-28}$$

$$R_o = R_c \tag{4-29}$$

由此可确定

$$K_{CMR} = \frac{|R_b + r_{be} + (1+\beta)2R_e|}{|2(R_b + r_{be})|} \approx \frac{(1+\beta)R_e}{R_b + r_{be}} \tag{4-30}$$

从上式可知，R_e 越大，K_{CMR} 越大，电路对共模信号的抑制能力就越强。

（3）单端输入、双端输出。

图 4-11 所示为单端输入（VT_1 侧）、双端输出差分放大电路。若将输入信号 u_{i1} 定义为 $u_{i1} = \frac{1}{2}u_{i1} + \frac{1}{2}u_{i1}$，输入信号 u_{i2} 定义为 $u_{i2} = \frac{1}{2}u_{i1} - \frac{1}{2}u_{i1}$，则如图 4-11（a）所示的单端输入、双端输出的差分放大电路可以转换为如图 4-11（b）所示的双端输入、双端输出的差分放大电路。由此可见，单端输入、双端输出工作模式与双端输入、双端输出工作模式的作用相同。

（4）单端输入、单端输出。

基于单端输入、双端输出工作模式的分析，可以确定单端输入、单端输出工作模式等效于双端输入、单端输出工作模式。

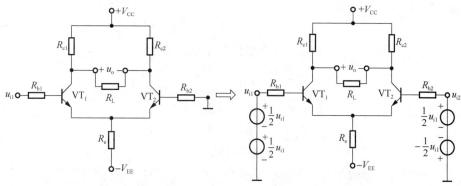

（a）单端输入、双端输出工作模式　　　（b）双端输入、双端输出工作模式

图 4-11　单端输入、双端输出的差分放大电路及其转换

通过分析上述差分放大电路四种工作模式的工作原理可知，要想提高差分放大电路的 K_{CMR}，提高 R_e 的值至关重要。但若无限制地提高 R_e 的值，则会迫使电压 V_{EE} 的值不断增大，显然这是不合理的。此外，R_e 的值过大，不仅会造成电路运行过程中噪声过大，也会造成电阻的体积过大，这与集成化相违背。因此，在实际电路设计中，常采用恒流源来替代 R_e，具有恒流源的差分放大电路如图 4-12 所示。相应恒流源的分析将在 4.3.4 节中详细阐述。

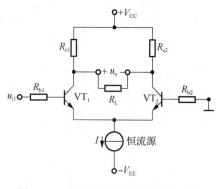

图 4-12　具有恒流源的差分放大电路

例 4.1　电路如图 4-11（a）所示，已知 $R_{b1}=R_{b2}=R_b=1\text{k}\Omega$，$R_{c1}=R_{c2}=R_c=10\text{k}\Omega$，$R_L=5.1\text{k}\Omega$，$V_{CC}=12\text{V}$，$V_{EE}=6\text{V}$；晶体管的 $\beta=100$，$r_{be}=2\text{k}\Omega$，$U_{BEQ}=0.7\text{V}$；VT$_1$ 和 VT$_2$ 的发射极和集电极静态电流均为 0.5mA。

（1）R_e 的取值应为多少？VT$_1$ 和 VT$_2$ 的管压降 U_{CEQ} 等于多少？

（2）计算 A_{ud}、R_{id} 和 R_o 的数值。

（3）若将电路改成如图 4-13 所示的电路，则用直流表测得的输出电压 $u_o=3\text{V}$。试问输入电压 u_i 约为多少？设共模输出电压可以忽略不计。

解：（1）该电路为差分放大电路，其工作模式为单端输入、双端输出工作模式，可以等效为双端输入、双端输出工作模式。R_e 的值可以根据其直流通路确定。

根据式（4-12），则有

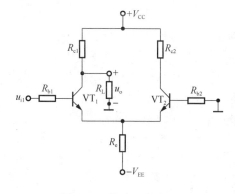

图 4-13　修改后电路图

$$R_e \approx \frac{V_{EE}-U_{BEQ}}{2I_{EQ}}=\frac{6\text{V}-0.7\text{V}}{2\times0.5\text{mA}}=5.3\text{k}\Omega$$

$$U_{CQ}=V_{CC}-I_{CQ}R_c\approx12\text{V}-0.5\text{mA}\times10\text{k}\Omega=7\text{V}$$

根据式（4-14），则有

$$U_{CEQ} = U_{CQ} - U_{EQ} \approx 7V - 0.7V = 6.3V$$

（2）根据式（4-20）、式（4-21），可以计算出动态参数。

$$A_{ud} = -\frac{\beta\left(R_c /\!/ \dfrac{R_L}{2}\right)}{R_b + r_{be}} = \frac{100 \times \dfrac{10k\Omega \times 2.55k\Omega}{10k\Omega + 2.55k\Omega}}{1k\Omega + 2k\Omega} \approx -67.73$$

$$R_{id} = 2(R_b + r_{be}) = 2 \times (1+2)k\Omega = 6k\Omega$$

$$R_o = 2R_c = 2 \times 10k\Omega = 20k\Omega$$

（3）由于用直流表测得的输出电压中既含有直流（静态）量又含有变化量（信号作用的结果），因此首先应当计算静态时 VT_1 的集电极电位，然后用所测电压减去静态电位，就可得到动态电压。

$$U_{CQ1} = \frac{R_L}{R_C + R_L} \cdot V_{CC} - I_{CQ}(R_C /\!/ R_L) = \frac{5.1k\Omega}{10k\Omega + 5.1k\Omega} \times 12V - 0.5mA \times \frac{10k\Omega \times 5.1k\Omega}{10k\Omega + 5.1k\Omega} \approx 2.36V$$

$$\Delta u_o = u_o - U_{CQ1} = 3V - 2.36V = 0.64V$$

已知 Δu_o，且共模输出电压可以忽略不计，若能计算出差模电压放大倍数，则可得出输入电压的数值。

根据式（4-27），则有

$$A_{ud} = -\frac{1}{2} \cdot \frac{\beta(R_C /\!/ R_L)}{R_b + r_{be}} = -\frac{1}{2} \times \frac{100 \times \dfrac{10k\Omega \times 5.1k\Omega}{10k\Omega + 5.1k\Omega}}{1k\Omega + 2k\Omega} \approx -56.29$$

则输入电压

$$u_i \approx \frac{\Delta u_o}{A_{ud}} = \frac{0.64}{-56.29}V \approx -0.0113V = -11.3mV$$

4.3.2　中间级

中间级是整个放大电路的主放大器，其作用是使集成运放具有较强的放大能力，大多采用多级放大电路，如多级共射放大电路或多级共源放大电路。为了提高电压放大倍数，中间级常采用达林顿功率管作为放大管，以恒流源（详见 4.3.4 节）作为集电极负载，其电压放大倍数可达千倍。

为便于理解与分析，图 4-14 给出多级放大电路的框图，对其工作原理加以介绍。

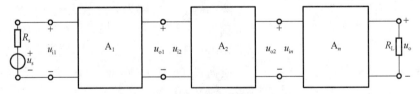

图 4-14　多级放大电路的框图

由图 4-14 可知，多级放大电路的前后级相互影响，即前一级的输出电压是后一级的输入电压，因此多级放大电路的电压放大倍数为

$$A_{\mathrm{u}} = \frac{u_{\mathrm{o1}}}{u_{\mathrm{i}}} \cdot \frac{u_{\mathrm{o2}}}{u_{\mathrm{i2}}} \cdots \frac{u_{\mathrm{o}}}{u_{\mathrm{i}n}} = A_{\mathrm{u1}} \cdot A_{\mathrm{u2}} \cdots A_{\mathrm{u}n} \tag{4-31}$$

需要说明的是，在多级放大电路放大倍数的计算过程中，须将后一级的输入电阻看作前一级的负载，如 $R_{\mathrm{L1}} = R_{\mathrm{i2}}$。整个多级放大电路的输入电阻即为第一级输入电阻，即

$$R_{\mathrm{i}} = R_{\mathrm{i1}} \tag{4-32}$$

而多级放大电路的输出电阻就是最后一级的输出电阻，即

$$R_{\mathrm{o}} = R_{\mathrm{o}n} \tag{4-33}$$

需要说明的是，在诸多实际应用电路中，多级电路的应用较为广泛，其中每一级选用的放大电路类型可以根据实际需要来确定。例如，由图 3-51 所示音响放大器设计框图可知，该电路设计由三级放大电路组成，即 A1 级采用共基放大电路，其 R_{i} 不大，可以实现共基极放大器与话筒接口之间的阻抗匹配；A2 级采用共射放大电路，可以实现小信号的放大；A3 级采用共集放大电路，该电路对电流进行放大后，驱动低阻抗负载 R_{L}（扬声器）工作。它的输出电阻与信号源内阻有关，即与 A2 级的输出电阻有关。若多级放大电路的输出波形产生失真，则应首先确定是 A1、A2、A3 中的哪一级先出现的失真，然后再判断其产生的是饱和失真还是截止失真，并依据失真的类型调整失真。

例 4.2　图 4-15 所示电路中，已知 $R_1 = 15\mathrm{k\Omega}$，$R_2 = R_3 = 5\mathrm{k\Omega}$，$R_4 = 2.3\mathrm{k\Omega}$，$R_5 = 100\mathrm{k\Omega}$，$R_6 = R_{\mathrm{L}} = 5\mathrm{k\Omega}$；$V_{\mathrm{CC}} = 12\mathrm{V}$；晶体管的 $\beta = \beta_1 = \beta_2 = 150$，$r_{\mathrm{be1}} = 4\mathrm{k\Omega}$，$r_{\mathrm{be2}} = 2.2\mathrm{k\Omega}$，$U_{\mathrm{BEQ1}} = U_{\mathrm{BEQ2}} = 0.7\mathrm{V}$。试估算电路的 Q 点、A_{u}、R_{i} 和 R_{o}。

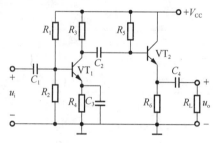

图 4-15　例 4.2 电路图

解：（1）求解 Q 点。

由于两级放大电路采用阻容耦合方式，因此每一级的 Q 点都可以按照单级放大电路来求解。

第一级为典型的分压式单级共射放大电路，其 Q 点为

$$U_{\mathrm{BQ1}} \approx \frac{R_2}{R_1 + R_2} V_{\mathrm{CC}} = \frac{5\mathrm{k\Omega}}{15\mathrm{k\Omega} + 5\mathrm{k\Omega}} \times 12\mathrm{V} = 3\mathrm{V}$$

$$I_{\mathrm{EQ1}} = \frac{U_{\mathrm{BQ1}} - U_{\mathrm{BEQ1}}}{R_4} \approx \frac{3\mathrm{V} - 0.7\mathrm{V}}{2.3\mathrm{k\Omega}} = 1\mathrm{mA}$$

$$I_{\mathrm{BQ1}} = \frac{I_{\mathrm{EQ1}}}{1 + \beta_1} = \frac{1}{151}\mathrm{mA} \approx 0.0066\mathrm{mA} = 6.6\mathrm{\mu A}$$

$$U_{\mathrm{CEQ1}} \approx V_{\mathrm{CC}} - I_{\mathrm{EQ1}}(R_3 + R_4) = 12\mathrm{V} - 1\mathrm{mA} \times (5\mathrm{k\Omega} + 2.3\mathrm{k\Omega}) = 4.7\mathrm{V}$$

第二级为共集放大电路，其 Q 点为

$$I_{BQ2} = \frac{V_{CC} - U_{BEQ2}}{R_5 + (1 + \beta_2) R_6} \approx \frac{12V - 0.7V}{100k\Omega + (150 + 1) \times 5k\Omega} = 0.013mA \approx 13\mu A$$

$$I_{EQ2} = (1 + \beta_2) I_{BQ2} \approx (150 + 1) \times 13\mu A = 1963\mu A \approx 1.96mA$$

$$U_{CEQ2} = V_{CC} - I_{EQ2}R_6 = 12V - 2mA \times 5k\Omega = 2V$$

（2）求解 A_u、R_i 和 R_o。

首先可以确定其交流微变等效电路，如图 4-16 所示。

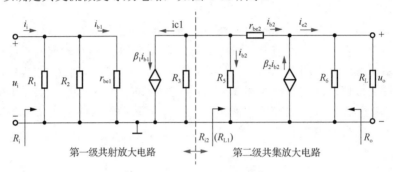

图 4-16　交流微变等效电路

第一级电压放大倍数 A_{u1}，其负载电阻 R_{L1} 即为第二级的输入电阻 R_{i2}，则有

$$R_{i2} = R_5 // \{r_{be2} + [(1 + \beta_2)R_6 // R_L]\} \approx 88k\Omega$$

$$A_{u1} = -\frac{\beta_1(R_3 // R_{i2})}{r_{be1}} = -\frac{150 \times \dfrac{5k\Omega \times 88k\Omega}{5k\Omega + 88k\Omega}}{4k\Omega} \approx -177.42$$

第二级电压放大倍数 A_{u2}

$$A_{u2} = \frac{(1 + \beta_2)(R_6 // R_L)}{r_{be2} + (1 + \beta_2)(R_6 // R_L)} = \frac{(1 + 150) \times 2.5k\Omega}{2.2k\Omega + (1 + 150) \times 2.5k\Omega} \approx 0.99$$

由此可以确定图 4-15 所示电路的电压放大倍数为

$$A_u = A_{u1} \cdot A_{u2} \approx -177.42 \times 0.99 \approx -175.65$$

图 4-15 所示电路的第一级放大电路的输入电阻即为所求的 R_i，即

$$R_i = R_1 // R_2 // r_{be1} = \frac{1}{\dfrac{1}{15}k\Omega + \dfrac{1}{5}k\Omega + \dfrac{1}{4}k\Omega} \approx 0.23k\Omega$$

电路的输出电阻为最后一级的输出电阻 R_o

$$R_o = R_6 // \frac{r_{be2} + R_3 // R_5}{1 + \beta_2} \approx \frac{r_{be2} + R_3}{1 + \beta_2} = \frac{2.2k\Omega + 5k\Omega}{1 + 150} \approx 0.048k\Omega = 48\Omega$$

4.3.3　输出级

集成运放的输出级大多采用功率放大电路。功率放大电路是一种能够直接驱动负载且带负载能力强的电路，是一种使晶体管工作在接近极限状态的电路，是一种能够同时输出较大的电压和电流的电路，是一种以输出较大功率为目的的放大电路。

1. 功率放大电路产生的原因

为说明功率放大电路存在的必要性，现以驱动某一个扬声器为例，对比常规电压放大电路与常规电流放大电路所产生功率的区别。

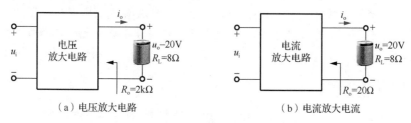

（a）电压放大电路　　　　　　　　　（b）电流放大电流

图 4-17　功率放大对比

对于图 4-17（a）所示电压放大电路，其输出电流 i_o 为

$$i_o = \frac{20\text{V}}{2\text{k}\Omega} = 0.01\text{A}$$

驱动扬声器所产生的功率 P 为

$$P = i_o^2 R_L = (0.01\text{A})^2 \times 8\Omega = 0.0008\text{W}$$

对于图 4-17（b）所示电流放大电流，其输出电流 i_o 为

$$i_o = \frac{20\text{V}}{20\Omega} = 1\text{A}$$

驱动扬声器所产生的功率 P 为

$$P = i_o^2 R_L = (1\text{A})^2 \times 8\Omega = 8\text{W}$$

两种放大电路功率对比结果非常明显，在输入信号和负载均相同的情况下，电流放大电路能为负载提供更大的功率。对于本例来说，功率越大，扬声器发出的声音也就越大。

衡量功率放大电路的主要技术指标有最大输出功率 P_{om} 与转换效率 η。最大输出功率 P_{om} 定义为在正弦输入信号下，输出波形不超过规定的非线性失真指标时，放大电路最大输出电压和最大输出电流有效值的乘积。其表达式为

$$P_{om} = \frac{U_{om}}{\sqrt{2}} \times \frac{I_{om}}{\sqrt{2}} = \frac{1}{2} U_{om} I_{om} \tag{4-34}$$

式中，U_{om} 和 I_{om} 分别为交流输出的正弦电压和正弦电流的最大幅值。

转换效率 η 为功率放大电路的最大输出功率 P_{om} 与直流电源所提供的功率 P_V 之比，即

$$\eta = \frac{P_{om}}{P_V} \tag{4-35}$$

除此之外，本节给出三点提示说明功率放大电路与电压放大电路之间的区别，以及功率放大电路在设计中的注意事项。

提示 1：为了使功率放大电路的输出功率尽可能大，要求功放管工作在接近极限状态。对于晶体管而言，要求输出电流最大时接近其最大集电极电流 I_{CM}，管压降最大时接近其 C-E 间能够承受的最大管压降 $U_{(BR)CEO}$，耗散功率最大时接近其集电极最大耗散功率 P_{CM}。对于场效应晶体管而言，要求漏极电流最大时接近其最大漏极电流 I_{DM}，管压降最大时接近其 D-S 间能够承受的最大管压降 $U_{(BR)DS}$，耗散功率最大时接近其漏极最大耗散功率 P_{DM}。因此，在选择功放管时要特别注意极限参数的选择，保证管子安全工作。

提示 2：功放管与放大管虽然在本质上是相同的，但功率放大电路并不是只追求输出电压放大或输出电流放大，而是注重输出功率放大，即在直流电源确定的情况下，输出尽可能大的功率。因此，功放管又不同于放大管，在查阅手册选择大功率管时，要特别注意

其散热条件，在使用时必须安装合适的散热片，有时还要采取各种保护措施。

提示 3：在功率放大电路中，由于晶体管的工作点在大范围内变化，因此对电路进行分析时一般不能采用微变等效电路法，而常采用图解法来分析放大电路的静态工作情况和动态工作情况。

2. 甲类功率放大电路

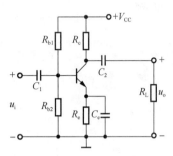

图 4-18　甲类功率放大电路

甲类功率放大电路又称 Class A 类功率放大电路。图 4-18 所示为甲类功率放大电路，这与之前所讲述的典型分压式共射放大电路完全相同。

为进一步明确甲类功率放大电路与小信号放大电路之间的区别，首先通过图解法对两者进行分析。图 4-19 给出了 Q 点位于交流负载线中点位置时两类放大器信号输出的图例对比。（注：由于考虑了负载加入，因此直流负载线与交流负载线不再合二为一。）

由图可知，当 Q 点位于交流负载线中点位置时，i_c 在 I_{CQ} 基础上向下变化到截止值 0，向上变化到饱和值 $i_{c(sat)}$；同样，u_{ce} 在 U_{CEQ} 基础上向下变化到饱和值 0，向上变化到截止值 $U_{ce(cutoff)}$。对比图 4-19（a）与图 4-19（b）明显可知，小信号放大电路外加输入信号幅度小，其相应的输出变化幅度也受限。但图 4-19（b）所示甲类功率放大电路则不同，为了获得最大输出功率，要求晶体管必须工作在其极限范围内。此外，当 Q 点偏离交流负载线中点位置时，若仍保证最大输入信号幅度不变，则甲类功率放大器的输出信号会产生失真，这与放大电路输出信号不失真的放大前提相违背。而减小输入信号幅度，虽然改善了失真度，但却是以减小甲类功率放大器最大输出信号的幅度，即减小输出功率为代价。因此，保证甲类功率放大器的 Q 点位于交流负载线中点位置非常重要。

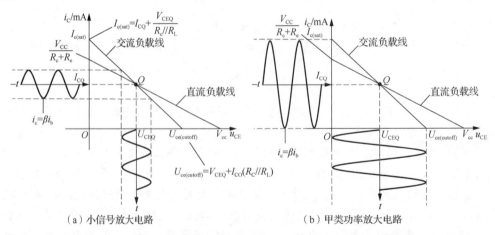

（a）小信号放大电路　　　　　　　　　　　（b）甲类功率放大电路

图 4-19　Q 点位于交流负载线中点位置时两类放大器的信号输出

若设甲类功率放大器的 Q 点位于交流负载线中点位置，则该甲类功率放大器的静态功耗为

$$P_{DQ} = I_{CQ}U_{CEQ} \tag{4-36}$$

需要说明的是，静态功耗决定了甲类功率放大器中所选用的晶体管的最大功耗 $P_{\text{D(max)}}$，晶体管的 $P_{\text{D(max)}}$ 不能小于 P_{DQ}，否则晶体管极易被烧毁。

输出功率为

$$P_{\text{om}} = \frac{U_{\text{CEQ}}}{\sqrt{2}} \times \frac{I_{\text{CQ}}}{\sqrt{2}} = \frac{1}{2} U_{\text{CEQ}} I_{\text{CQ}} \tag{4-37}$$

因为 Q 点位于交流负载线中点位置，可以认为 $V_{\text{CC}} \approx 2V_{\text{CEQ}}$，所以甲类功率放大电路的最大效率为输入功率与输出功率之比，即

$$\eta = \frac{P_{\text{o}}}{P_{\text{DC}}} = \frac{\frac{1}{2} U_{\text{CEQ}} I_{\text{CQ}}}{I_{\text{CC}} V_{\text{CC}}} = \frac{\frac{1}{2} U_{\text{CEQ}} I_{\text{CQ}}}{2 I_{\text{CQ}} V_{\text{CEQ}}} = 25\% \tag{4-38}$$

甲类功率放大电路因其简单的电路设计、宽广的带宽，以及可以高精度放大输入信号受到众多电子设计者的喜爱，特别是在音响的制作中。但从甲类功率放大电路的转换效率上看，75%的能量损失掉了，这与当今提倡的节能减排格格不入。

3. 乙类功率放大电路

乙类功率放大电路又称 Class B 类功率放大电路。乙类功率放大电路是在甲类功率放大电路的基础上提出的，其目的在于提高功率放大电路的效率。图 4-20 所示为典型的乙类功率放大电路。本节仍然通过图解的方式来了解乙类功率放大电路提升效率的设计思路。图 4-21 给出了 Q 点位于交流负载线截止点 $U_{\text{ce(cutoff)}}$ 时功率放大器信号的输出波形，其中 i_{c} 和 u_{ce} 只有半波信号输出。i_{c} 的波形在 $0 \sim I_{\text{c(sat)}}$ 范围内变动，u_{ce} 的波形在 $0 \sim U_{\text{ce(cutoff)}}$ 范围内变动。此时，甲类功率放大电路就是乙类功率放大电路。但此时的乙类功率放大电路只能完成输入信号的半波放大，这与信号不失真的放大要求还有较大差距。为了提升效率，实现输入信号全周期放大，提出了推挽乙类功率放大电路，如图 4-22（a）所示。

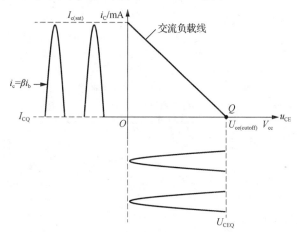

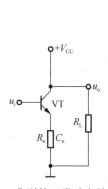

图 4-20 典型的乙类功率放大电路　　　图 4-21 Q 点位于交流负载线 $U_{\text{ce(cutoff)}}$ 时乙类功率放大器
的信号输出

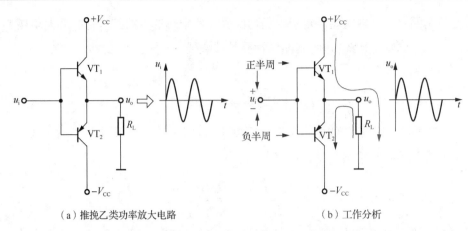

（a）推挽乙类功率放大电路　　　　　　　　　（b）工作分析

图 4-22　推挽乙类功率放大电路及其工作原理分析

在图 4-22（a）所示电路中，VT_1 和 VT_2 的特性对称，采用了双电源供电。静态时，VT_1 和 VT_2 均截止，输出电压为零。设晶体管 b-e 间的开启电压 U_{BE} 可以忽略不计。若此时对该电路增加一个正弦波输入信号 u_i，当正半周信号产生时，VT_1 导通，VT_2 截止，正电源供电，产生输出电流，同时输出产生电压跟随的正半周信号；反之，当负半周信号产生时，VT_2 导通，VT_1 截止，负电源供电，产生输出电流，同时输出产生电压跟随的负半周信号。最终实现正弦波在整个周期内的电压跟随。

可见，电路中"VT_1 和 VT_2 交替工作，正、负电源交替供电，输出与输入之间双向跟随"。VT_1 和 VT_2 交替工作且均组成射极输出形式的电路称为"推挽"电路，也称"互补"电路，两只管子的这种交替工作方式称为"推挽"或"互补"工作方式。

当直流电压为 0 时，输入信号电压值必须大于 U_{BE}，只有这样才能驱动 VT_1 和 VT_2，使其导通工作。其结果造成了输入信号在正负半周交替的一个时间间隔内，VT_1 和 VT_2 均截止（图 4-23），这种情况将导致推挽乙类功率放大电路的输出信号 i_L 和 u_o 的波形失真，这种失真称为交越失真。

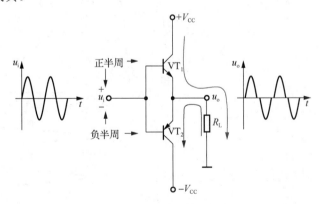

图 4-23　交越失真

4. 甲乙类功率放大电路

1）消除交越失真的甲乙类功率放大电路工作原理

为了克服推挽乙类功率放大电路交越失真的缺点，可以考虑在如图 4-22（a）所示的乙类功率放大电路中设置合适的静态工作点,使 VT_1 和 VT_2 均处于临界导通或微导通状态。能够消除交越失真的电路即是甲乙类功率放大电路,又称 Class AB 类功率放大电路。图 4-24 所示为利用分压器和二极管构成的甲乙类功率放大电路,又称推挽甲乙类功率放大电路(OCL)。

由图 4-24 可知,静态时,从 $+V_{CC}$ 经过 R_1、VD_1、VD_2、R_2 到 $-V_{CC}$ 有一个直流电源,它在 VT_1 和 VT_2 两个基极之间所产生的电压为

$$U_{B1B2} = U_{R2} + U_{VD1} + U_{VD2} \tag{4-39}$$

使 U_{B1B2} 略大于 VT_1 发射结和 VT_2 发射结的开启电压之和,从而使两只管子均处于微导通状态,即两只管子此刻均有一个微小的基极电流,分别为 I_{B1} 和 I_{B2}。R_1、VD_1、VD_2、R_2 参数理想对称,可使发射极静态电位 U_E 为 0V,即输出电压 u_o 为 0V。

当所加信号按照正弦规律变化时,由于二极管 VD_1、VD_2 的动态电阻很小,因而可以认为 VT_1 基极电位的变化与 VT_2 基极电位的变化近似相等,即 $u_{b1} \approx u_{b2} \approx u_i$;也就是说,可以认为两管基极之间电位差基本是一个恒定值,两个基极的电位随 u_i 产生相同变化。这样,当 $u_i > 0V$ 且逐渐增大时,u_{BE1} 增大,VT_1 基极电流 i_{B1} 随之增大,发射极电流 i_{E1} 也必然增大,在负载电阻 R_L 上得到正方向的电流;与此同时,u_i 的增大使 u_{EB2} 减小,当减小到一定数值时,VT_2 截止。同理,当 $u_i < 0V$ 且逐渐减小时,u_{EB2} 逐渐增大,VT_2 基极电流 i_{B2} 随之增大,导致发射极电流 i_{E2} 增大,在负载电阻 R_L 上得到负方向的电流;与此同时,u_i 的减小,使 u_{BE1} 减小,当减小到一定数值时,VT_1 截止。这样,即使 u_i 很小,总能保证 VT_1 和 VT_2 中至少有一个管子导通,因而消除了交越失真。

事实上 R_1、VD_1、VD_2、R_2 参数理想对称很难实现,因此常在 VD_1 串联回路上增加一个小电阻 R_3(图 4-25)。

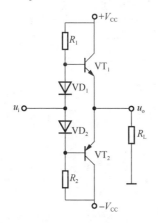

图 4-24 甲乙类功率放大电路 1

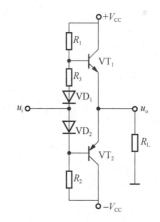

图 4-25 甲乙类功率放大电路 2

值得注意的是,若静态工作点失调,如 R_3、VD_1、VD_2 中任意一个元件虚焊,则从 $+V_{CC}$ 经过 R_1、VT_1 发射结、VT_2 发射结、R_2 到 $-V_{CC}$ 形成一个通路,有较大的基极电流 I_{B1} 和 I_{B2} 流过,从而导致 VT_1 和 VT_2 有很大的集电极直流电流,而且每只管子的管压降均为 V_{CC},以至于 VT_1 和 VT_2 有可能因功耗过大而损坏。因此,常在输出回路中接入熔断器以保护功放管和负载。

2）甲乙类功率放大电路的输出功率与效率

功率放大电路最重要的技术指标是电路的最大输出功率 P_{om} 及效率 η 。为了求解 P_{om} ，首先需要求出负载上能够得到的最大输出电压幅值。在正弦波信号的正半周，u_i 从零逐渐增大时，输出电压随之逐渐增大，VT_1 的管压降必然逐渐减小，当管压降下降到饱和管压降 U_{CES1} 时，输出电压达到最大幅值，其值为 $(V_{CC} - U_{CES1})$ ，因此最大不失真输出电压的有效值

$$U_{om} = \frac{V_{CC} - U_{CES1}}{\sqrt{2}} \tag{4-40}$$

设饱和管压降

$$U_{CES1} = -U_{CES2} = U_{CES} \tag{4-41}$$

则最大输出功率

$$P_{om} = \frac{U_{om}^2}{R_L} = \frac{(V_{CC} - U_{CES})^2}{2R_L} \tag{4-42}$$

在基极回路电流忽略不计的情况下，电源 V_{CC} 提供的电流

$$i_C = \frac{V_{CC} - U_{CES}}{R_L}\sin\omega t \tag{4-43}$$

电源在负载获得最大交流功率时所消耗的平均功率等于其平均电流与电源电压之积，其表达式为

$$P_V = \frac{1}{\pi}\int_0^\pi \frac{V_{CC} - U_{CES}}{R_L}\sin\omega t \cdot V_{CC}\mathrm{d}\omega t \tag{4-44}$$

整理可得

$$P_V = \frac{2}{\pi}\cdot\frac{V_{CC}(V_{CC} - U_{CES})}{R_L} \tag{4-45}$$

因此，转换效率

$$\eta = \frac{P_{om}}{P_V} = \frac{4}{\pi}\cdot\frac{V_{CC} - U_{CES}}{V_{CC}} \tag{4-46}$$

在理想情况下，即饱和管压降可以忽略不计的情况下

$$P_{om} = \frac{U_{om}^2}{R_L} = \frac{V_{CC}^2}{2R_L} \tag{4-47}$$

$$P_V = \frac{2}{\pi}\cdot\frac{V_{CC}^2}{R_L} \tag{4-48}$$

$$\eta = \frac{4}{\pi} \approx 78.5\% \tag{4-49}$$

应当指出，大功率管的饱和管压降常为 2～3V，因而一般情况下不能忽略饱和管压降。

5. 功率放大器中功放管选择原则

在阐述功率放大电路的特点时强调，应当注意功率放大电路中晶体管的极限参数，防止晶体管的工作点超出其安全工作区的范围。也就是说，应当根据功率放大电路中晶体管所承受的最大管压降、集电极最大电流和最大功耗来选择晶体管。

1）最大管压降

从甲乙类功率放大电路工作原理的分析可知，两只功放管中处于截止状态的管子将承受较大的管压降。设输入电压为正半周，VT_1 导通，VT_2 截止，当 u_i 从零逐渐增大到峰值时，VT_1 和 VT_2 的发射极电位 u_E 从零逐渐增大到（$V_{CC} - U_{CES1}$），因此，VT_2 管压降 u_{EC2} 的数值 $[u_{EC2} = u_E - (-V_{CC}) = u_E + V_{CC}]$ 将从 V_{CC} 增大到最大值

$$u_{EC2max} = (V_{CC} - U_{CES1}) + V_{CC} = 2V_{CC} - U_{CES1} \qquad (4\text{-}50)$$

利用同样的方法分析可知，当 u_i 为负峰值时，VT_1 承受最大管压降，其数值为 $[2V_{CC} - (-U_{CES2})]$。因此，若考虑留有一定的余量，则管子承受的最大管压降为

$$|U_{CEmax}| = 2V_{CC} \qquad (4\text{-}51)$$

2）集电极最大电流

从电路最大输出功率的分析可知，晶体管的发射极电流等于负载电流，负载电阻上的最大电压为（$V_{CC} - U_{CES1}$），集电极电流的最大值为

$$I_{Cmax} \approx I_{Emax} = \frac{V_{CC} - U_{CES1}}{R_L} \qquad (4\text{-}52)$$

考虑留有一定的余量，则有

$$I_{Cmax} = \frac{V_{CC}}{R_L} \qquad (4\text{-}53)$$

3）集电极最大功耗

在功率放大电路中，电源提供的功率除了一部分转换成输出功率外，其余部分主要消耗在晶体管上，因此可以认为晶体管所损耗的功率 $P_T = P_V - P_O$。当输入电压为零时，即输出功率最小时，由于集电极电流很小，管子的损耗很小；当输入电压最大时，即输出功率最大时，由于管压降很小，管子的损耗也很小。可见，管耗最大既不会发生在输入电压最小时，也不会发生在输入电压最大时。下面列出晶体管集电极功耗 P_T 与输出电压峰值 U_{OM} 的关系式，然后对 U_{OM} 求导，并令导数为零，得出的结果就是 P_T 最大的条件。

管压降和集电极电流瞬时值的表达式分别为

$$u_{CE} = V_{CC} - U_{OM} \sin \omega t \qquad (4\text{-}54)$$

$$i_C = \frac{U_{OM}}{R_L} \cdot \sin \omega t \qquad (4\text{-}55)$$

功耗 P_T 为功放管所损耗的平均功率，每只晶体管的集电极功耗表达式为

$$\begin{aligned} P_T &= \frac{1}{2\pi} \int_0^\pi (V_{CC} - U_{OM} \sin \omega t) \cdot \frac{U_{OM}}{R_L} \cdot \sin \omega t \mathrm{d}\omega t \\ &= \frac{1}{R_L} \left(\frac{V_{CC} U_{OM}}{\pi} - \frac{U_{OM}^2}{4} \right) \end{aligned} \qquad (4\text{-}56)$$

令 $\dfrac{\mathrm{d}P_T}{\mathrm{d}U_{OM}} = 0$，可以求得，$U_{OM} = \dfrac{2}{\pi} \cdot V_{CC} \approx 0.6 V_{CC}$。

以上分析表明，当 $U_{OM} \approx 0.6 V_{CC}$ 时，$P_T = P_{Tmax}$。将 U_{OM} 代入 P_T 的表达式，可得出

$$P_{Tmax} = \frac{V_{CC}^2}{\pi^2 R_L} \qquad (4\text{-}57)$$

当 $U_{CES} = 0$ 时，有

$$P_{Tmax} = \frac{2}{\pi^2} P_{om} \approx 0.2 P_{om} \Big|_{U_{CES}=0} \tag{4-58}$$

可见，晶体管集电极最大功耗仅为理想（饱和管压降为零）时最大输出功率的五分之一。在查阅手册选择晶体管时，应使极限参数满足以下条件：

$$\begin{cases} U_{(BR)CEO} > 2V_{CC} \\ I_{CM} > \dfrac{V_{CC}}{R_L} \\ P_{CM} > 0.2P_{om}\Big|_{U_{CES}=0} \end{cases} \tag{4-59}$$

这里仍需要强调，在选择晶体管时，其极限参数特别是 P_{CM} 应当留有一定的余量，并严格按照手册要求安装散热片。

例 4.3　在图 4-25 所示电路中，已知 $V_{CC} = 15V$，输入电压为正弦波，晶体管的饱和管压降 $|U_{CES}| = 3V$，电压放大倍数约为 1，负载电阻 $R_L = 4\Omega$。

（1）求解负载上可能获得的最大功率和效率。

（2）若输入电压最大有效值为 8V，则负载上能够获得的最大功率为多少？

（3）若 VT_1 的集电极和发射极短路，则将产生什么现象？

解：（1）根据式（4-42）和式（4-46），可得

$$P_{om} = \frac{(V_{CC} - |U_{CES}|)^2}{2R_L} = \frac{(15V - 3V)^2}{2 \times 4\Omega} = 18W$$

$$\eta = \frac{4}{\pi} \cdot \frac{V_{CC} - |U_{CES}|}{V_{CC}} = \frac{15V - 3V}{15V} \times 127.39\% \approx 1.02$$

（2）因为 $U_o \approx U_i$，所以 $U_{om} \approx 8V$。最大输出功率

$$P_{om} = \frac{U_{om}^2}{R_L} = \frac{(8V)^2}{4\Omega} = 16W$$

可见，功率放大电路的最大输出功率除了决定于功放自身的参数外，还与输入电压是否足够大有关。

（3）若 VT_1 的集电极和发射极短路，则 VT_2 的静态管压降为 $2V_{CC}$，且从 $+V_{CC}$ 经过 VT_2 的 e-b、R_2 至 $-V_{CC}$ 形成基极静态电流，由于 VT_2 工作在放大状态，集电极电流很大，可使其因功耗过大而损坏。

例 4.4　已知图 4-25 所示电路的负载电阻为 8Ω，晶体管的饱和管压降 $|U_{CES}| = 2V$。试问：

（1）若负载所需最大功率为 16W，则电源电压至少应取多少伏？

（2）若电源电压取 20V，则晶体管的最大集电极电流、最大管压降和集电极最大功耗各为多少？

解：（1）根据 $P_{om} = \dfrac{(V_{CC} - |U_{CES}|)^2}{2R_L} = \dfrac{(V_{CC} - 2V)^2}{2 \times 8\Omega} = 16W$，可以求出电源电压

$$V_{CC} \geq 18V$$

（2）最大不失真输出电压的峰值为

$$U_{\mathrm{OM}} = V_{\mathrm{CC}} - \left| U_{\mathrm{CES}} \right| = 20\mathrm{V} - 2\mathrm{V} = 18\mathrm{V}$$

因而负载电流最大值，即晶体管集电极最大电流为

$$I_{\mathrm{Cmax}} \approx \frac{U_{\mathrm{OM}}}{R_{\mathrm{L}}} = \frac{18\mathrm{V}}{8\Omega} = 2.25\mathrm{A}$$

最大管压降为

$$U_{\mathrm{CEmax}} = 2V_{\mathrm{CC}} - U_{\mathrm{CES}} = 2 \times 20\mathrm{V} - 2\mathrm{V} = 38\mathrm{V}$$

根据式（4-57），可得晶体管集电极最大功耗为

$$P_{\mathrm{Tmax}} = \frac{V_{\mathrm{CC}}^2}{\pi^2 R_{\mathrm{L}}} = \frac{(20\mathrm{V})^2}{\pi^2 \times 8\Omega} \approx 5.07\mathrm{W}$$

4.3.4　偏置电路

偏置电路用于设置集成运放各级放大电路的静态工作点。在静态工作点的设置中，采用电流源电路为集成运放的各级放大电路提供合适的静态工作电流。此外，电流源还可以作为有源负载取代高阻值的电阻，从而提高放大电路的放大能力。本节介绍常见的电流源电路（恒流源电路）及有源负载的应用。

1. 常见的电流源电路

为了理解电流源电路，给出如图 4-26 所示的恒流源示意图。由图中可知，若 $R_{\mathrm{s}} \to \infty$，则 $I_{\mathrm{o}} = I_{\mathrm{s}}$，而这与 R_{L} 无关，恒流的结果成立。

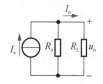

图 4-26　恒流源示意图

1）晶体管基本电流源电路

事实上，当晶体管工作在放大区时，从其输出特性上就可以获知此时的晶体管具有恒流特性，但由于其是温度敏感器件，因此提出 Q 点稳定的基本放大电路的设计。分压式射极偏置电路如图 4-27（a）所示，该电路的直流通路如图 4-27（b）所示，其等效恒流源电路即为晶体管基本电流源电路，如图 4-27（c）所示。

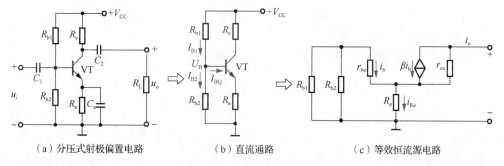

（a）分压式射极偏置电路　　　　（b）直流通路　　　　（c）等效恒流源电路

图 4-27　基本电流源示意图

在满足 $I_{\mathrm{B1}} \gg I_{\mathrm{BQ}}$，$U_{\mathrm{B}} \gg U_{\mathrm{BE}}$ 条件时，可以确定

$$U_{\mathrm{B}} \approx \frac{R_{\mathrm{b2}}}{R_{\mathrm{b1}} + R_{\mathrm{b2}}} V_{\mathrm{CC}} \tag{4-60}$$

$$I_{\mathrm{C}} \approx I_{\mathrm{E}} = \frac{U_{\mathrm{B}} - U_{\mathrm{BE}}}{R_{\mathrm{e}}} \approx \frac{U_{\mathrm{B}}}{R_{\mathrm{e}}} \approx \frac{R_{\mathrm{b2}}}{R_{\mathrm{b1}} + R_{\mathrm{b2}}} \cdot \frac{V_{\mathrm{CC}}}{R_{\mathrm{e}}} \tag{4-61}$$

由图 4-27（c）可以确定电流源内阻

$$R_{\mathrm{s}} = R_{\mathrm{o}} = r_{\mathrm{ce}} \left(1 + \frac{\beta \cdot R_{\mathrm{e}}}{r_{\mathrm{bc}} + R_{\mathrm{b}} + R_{\mathrm{e}}} \right) \to \infty \tag{4-62}$$

由式（4-60）~式（4-62）可知，晶体管基本电流源能够实现恒流输出，能够稳定 Q 点，而且与 R_{c} 无关。

2）比例电流源

为了提升晶体管基本电流源电路的恒流精度，在分压电路一侧增加一个二极管 VD [图 4-28（a）]，使其与晶体管的 b-e 结具有相同的温度特性，可以有效补偿电路两侧因估算而导致的压差。而集成电路中常采用与晶体管基本电流源电路中型号完全相同的晶体管来替代二极管 VD，实现更精准的恒流精度，即构成了如图 4-28（b）所示的比例电流源。该电路由两只特性完全相同的 $\mathrm{VT_0}$ 和 $\mathrm{VT_1}$ 构成，由于 $\mathrm{VT_0}$ 的管压降 U_{CEQ} 与其 b-e 间电压 U_{BEQ} 相等，从而保证 $\mathrm{VT_0}$ 工作在放大状态，而不能进入饱和状态，其集电极电流 $I_{\mathrm{C0}} = \beta_0 I_{\mathrm{B0}}$。图中 $\mathrm{VT_0}$ 和 $\mathrm{VT_1}$ 的 b-e 间电压相等，它们的基极电流 $I_{\mathrm{B0}} = I_{\mathrm{B1}} = I_{\mathrm{B}}$，电流放大系数 $\beta_0 = \beta_1 = \beta$。

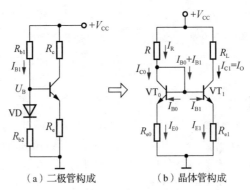

（a）二极管构成　　（b）晶体管构成

图 4-28　比例电流源

下面分析电流源恒流输出原理。

设通过电阻 R 的电流为基准电流 I_{R}，由电路可知

$$I_{\mathrm{R}} = \frac{V_{\mathrm{CC}} - U_{\mathrm{BEQ}}}{R + R_{\mathrm{e0}}} \tag{4-63}$$

$$U_{\mathrm{BE0}} + I_{\mathrm{E0}} R_{\mathrm{e0}} = U_{\mathrm{BE1}} + I_{\mathrm{E1}} R_{\mathrm{e1}} \tag{4-64}$$

虽然在电路设计中选择了两个型号完全相同的晶体管，但事实上两个晶体管的参数很难完全相同，为了保证电流源所产生的恒流精准，根据晶体管发射结电压与发射极电流的近似关系，可得

$$U_{\mathrm{BE}} \approx U_{\mathrm{T}} \ln \frac{I_{\mathrm{E1}}}{I_{\mathrm{E0}}} \tag{4-65}$$

代入式（4-64），整理可得

$$I_{E1}R_{e1} \approx I_{E0}R_{e0} + U_T\ln\frac{I_{E1}}{I_{E0}} \tag{4-66}$$

当 $\beta \gg 2$ 时，$I_{C0} = I_{E0} = I_R$，$I_o = I_{C1} = I_{E1}$，则输出电流

$$I_o = I_{C1} \approx \frac{R_{e0}}{R_{e1}} \cdot I_R + \frac{U_T}{R_{e1}}\ln\frac{I_R}{I_{C1}} \tag{4-67}$$

在一定的取值范围内，若式（4-67）中的对数项可以忽略不计，则输出电流

$$I_o = I_{C1} \approx \frac{R_{e0}}{R_{e1}} \cdot I_R \approx \frac{R_{e0}}{R_{e1}} \cdot \frac{V_{CC} - U_{BEQ}}{R + R_{e0}} \tag{4-68}$$

3）镜像电流源

当调整 R_{e0} 和 R_{e1} 的阻值使 $R_{e0} = R_{e1}$ 时，则有 $I_o = I_{C1} = I_R$，此时的电流源称为镜像电流源。为了减少电阻占用的硅片面积，推进集成，删除了 R_{e0} 和 R_{e1}，则电路调整为图 4-29 所示镜像电流源电路。同样考虑 VT_0 和 VT_1 的对称性，则有 $I_{B0} = I_{B1} = I_B$，$\beta_0 = \beta_1 = \beta$，集电极电流 $I_{C0} = I_{C1} = I_C$。由于 I_{C1} 和 I_{C0} 呈镜像关系，此电路称为镜像电流源。

基准电流为

$$I_R = \frac{V_{CC} - U_{BEQ}}{R} = I_C + 2I_B = I_C + 2 \cdot \frac{I_C}{\beta} \tag{4-69}$$

集电极电流为

$$I_C = \frac{\beta}{\beta + 2} \cdot I_R \tag{4-70}$$

当 $\beta \gg 2$ 时，输出电流为

$$I_o = I_{C1} \approx I_R = \frac{V_{CC} - U_{BE}}{R} \tag{4-71}$$

将镜像电流源与比例电流源进行比较可知，比例电流源因为有电流负反馈电阻 R_{e0} 和 R_{e1} 的存在，其输出电流 I_{C1} 具有更高的温度稳定性。

若 β 值不够大，不能满足 $\beta \gg 2$ 的要求，则镜像电流源产生的输出电流 I_{C1} 与基准电流 I_R 相差很大。其解决方法是：在 VT_0 集电极与基极之间增加一个缓冲级 VT_2，利用 VT_2 的电流放大作用，减小了基极电流 I_{B0} 和 I_{B1} 对基准电流 I_R 的分流。此改进的镜像电流源称为带缓冲级的镜像电流源，如图 4-30 所示。同时，为了避免因 VT_2 的电流过小而使 β_2 下降，常加入电阻 R_{e2}，使 I_{E2} 增大，此时发射极电流 $I_{E2} = I_{B0} + I_{B1} + I_{R_{e2}}$。

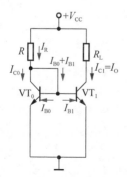

图 4-29 镜像电流源

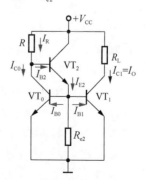

图 4-30 带缓冲级的镜像电流源

VT_0、 VT_1 和 VT_2 的特性完全相同， 因而 $\beta_0 = \beta_1 = \beta_2 = \beta$ 。由于 $U_{BE0} = U_{BE1}$，$I_{B1} = I_{B0} = I_B$，因此输出电流为

$$I_{C1} = I_{C0} = I_R - I_{B2} = I_R - \frac{I_{E2}}{1+\beta} = I_R - \frac{2I_B}{1+\beta} = I_R - \frac{2I_{C1}}{\beta(1+\beta)}$$

整理可得

$$I_{C1} = \frac{I_R}{1 + \dfrac{2}{\beta(1+\beta)}} \approx I_R \tag{4-72}$$

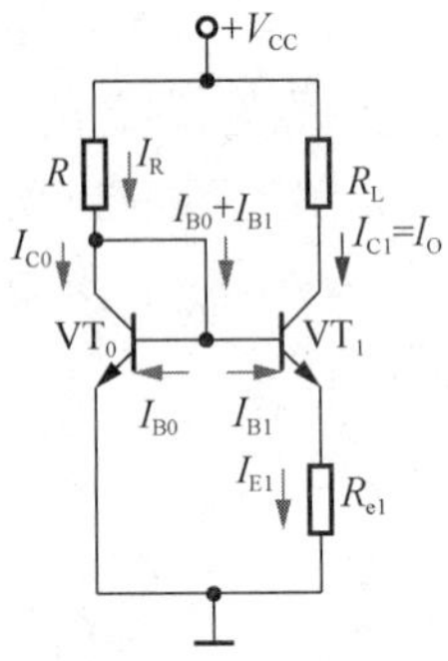

若 $\beta = 10$，则代入上式可得 $I_{C1} \approx 0.982 I_R$。这说明即使 β 很小，也可以认为 $I_{C1} \approx I_R$，即 I_{C1} 与 I_R 保持了很好的镜像关系。

4）微电流源

集成运放输入级放大管的集电极（发射极）静态电流很小，往往只有几十微安，甚至更小。若仍利用镜像电流来实现，如 $V_{CC} = 10V$，$I_{C1} = 1\mu A$，则基准电阻 $R = 10M\Omega$，这需要占用较大的硅片面积，不利于集成。因此考虑采用比例电流源，并将 R_{e0} 的阻值调为 0，但保留 R_{e1}，此时调整 R_{e1} 的阻值就可以实现微安级电流 I_{C1} 的稳定输出。修改后的电路称为微电流源，如图 4-31 所示。

图 4-31　微电流源

显然，当 $\beta \gg 1$ 时， VT_1 的集电极电流，即输出电流为

$$I_{C1} \approx I_{E1} = \frac{U_{BE0} - U_{BE1}}{R_e} \tag{4-73}$$

式中，（$U_{BE0} - U_{BE1}$）只有几十毫伏，甚至更小，因此 R_e 只要取几千欧就可得到微安级的电流 I_{C1}。

因为两个晶体管 VT_1 与 VT_0 特性完全相同，所以可由式（4-67）确定

$$I_{C1} \approx \frac{U_T}{R_e} \ln \frac{I_R}{I_{C0}} \tag{4-74}$$

在 R_e 已知的情况下，上式对 I_{C1} 而言是超越方程，可以通过图解法或累试法解出 I_{C1}。式中的基准电流为

$$I_R \approx \frac{V_{CC} - U_{BED}}{R} \tag{4-75}$$

实际上，在设计电路时，首先应当确定 I_R 和 I_{C1} 的数值，然后求出 R 和 R_e 的数值。例如，在图 4-31 所示电路中，若 $V_{CC} = 15V$，$I_R = 1mA$，$U_{BED} = 0.7V$，$U_T = 26mV$，$I_{C1} = 20\mu A$；则根据式（4-75）可得 $R = 14.3k\Omega$，根据式（4-74）可得 $R_e \approx 5.09k\Omega$。

5）多路电流源

集成运放是一个多级放大电路，因而需要多路电流源分别给各级提供合适的静态电流。可以利用一个基准电流获得多个不同的输出电流以适应各级的需要。图 4-32 所示电路是在比例电流源基础上增加缓冲级得到的多路电流源，I_R 为基准电流，I_{C1}、 I_{C2} 和 I_{C3} 为三路输出电流。根据 $VT_0 \sim VT_3$ 的接法，可得

$$U_{BE0} + I_{E0}R_{e0} = U_{BE1} + I_{E1}R_{e1} = U_{BE2} + I_{E2}R_{e2} = U_{BE3} + I_{E3}R_{e3} \tag{4-76}$$

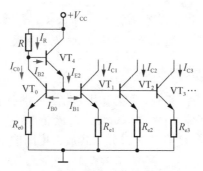

图 4-32　带缓冲级的比例电流源

由于各管的 b-e 间电压 U_{BE} 的数值大致相等，因此可得近似关系

$$I_{E0}R_{e0} \approx I_{E1}R_{e1} \approx I_{E2}R_{e2} \approx I_{E3}R_{e3} \tag{4-77}$$

当 I_{E0} 确定后，各级只要选择合适的电阻，就可以得到所需的电流。

$$\frac{I_{C1}}{I_{C0}} = \frac{R_{e1}}{R_{e0}} , \quad \frac{I_{C2}}{I_{C0}} = \frac{R_{e2}}{R_{e0}} , \quad \frac{I_{C3}}{I_{C0}} = \frac{R_{e3}}{R_{e0}} \tag{4-78}$$

例 4.5　图 4-33 所示电路是一个通用型集成运放的电流源部分。其中，VT_0 与 VT_1 为纵向 NPN 型管；VT_2 与 VT_3 是横向 PNP 型管，$VT_0 \sim VT_3$ 的 β 均为 5；b-e 间电压 $U_{BE} = 0.7V$，基准电阻 $R = 39k\Omega$，微电流调整电阻 $R_{e0} = 3k\Omega$。试求出 $VT_0 \sim VT_3$ 的集电极电流。

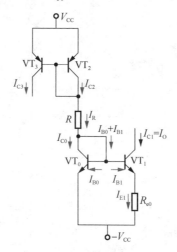

图 4-33　某通用型集成运放的电流源电路

解：图中 R 上的电流是基准电流，根据 R 所在回路，可以求出

$$I_R = \frac{2V_{CC} - U_{BE2} - U_{BE1}}{R} \approx \frac{30V - 0.7V - 0.7V}{39k\Omega} \approx 0.73mA$$

VT_0 与 VT_1 构成微电流源，根据式（4-74），则有

$$I_{C1} \approx \frac{U_T}{R_{e0}} \ln \frac{I_R}{I_{C0}} \approx \frac{26V}{3k\Omega} \ln \frac{0.73mA}{I_{C0}} \approx 28\mu A$$

VT_2 与 VT_3 构成镜像电流源，根据式（4-70），则有

$$I_{C3} = I_{C2} = \frac{\beta}{\beta+2} \cdot I_R \approx \frac{5}{5+2} \times 0.73mA \approx 0.52mA$$

提示：在电流源电路分析中，基准电流 I_R 非常关键。I_R 可以通过列写回路方程直接估算确定，其他各路输出电流可以通过分析其与 I_R 的关系确定。

2. 以电流源作为有源负载的放大电路

电流源作为放大电路的有源负载，主要作用包括：提供静态电流并能稳定静态工作点，这对直接耦合放大器十分重要；用作有源负载，可以获得较高增益。

在共射放大电路分析中，C_e 存在时该分压式放大电路的电压放大倍数为

$$A_u = \frac{u_o}{u_i} = \frac{-\beta i_b (R_c /\!/ R_L)}{i_b r_{be}} = -\frac{\beta (R_c /\!/ R_L)}{r_{be}} \tag{4-79}$$

由上式可知，若想提高电压放大倍数，则需要增大集电极电阻 R_c，但这与晶体管的静态电流保持不变的设计要求相违背，因为一旦提升 R_c 的阻值，为了维持晶体管的静态电流不变，就必须提高电源电压 V_{CC} 的值。当 V_{CC} 提高到某值时，电路将无法正常工作。电流源电路替代 R_c 成为有源负载可以解决上述问题，这样的电流源电路称为有源负载共射放大电路。

1）有源负载共射放大电路

图 4-34（a）所示为有源负载共射放大电路。VT_1 为承担放大作用的放大管，VT_2 与 VT_3 构成镜像电流源，显然 VT_3 是 VT_1 的有源负载。

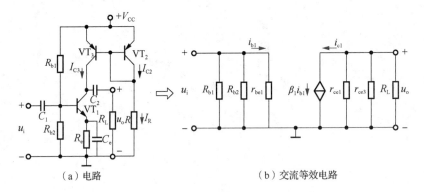

（a）电路　　　　　　　　　　（b）交流等效电路

图 4-34　有源负载共射放大电路

设电流源中 VT_2 与 VT_3 特性完全相同，因而 $\beta_2 = \beta_3 = \beta$，$I_{C2} = I_{C3}$。

基准电流为

$$I_R = \frac{-U_{BE2}}{R} \tag{4-80}$$

根据式（4-70），空载时 VT_1 的静态集电极电流

$$I_{CQ1} = I_{C3} = \frac{\beta}{\beta + 2} \cdot I_R \tag{4-81}$$

可见，电路中并不需要很高的电源电压，只要 V_{CC} 与 R 相配合，就可设置合适的集电极电流 I_{CQ1}。

若负载电阻 R_L 很大，则 VT_1 和 VT_3 的小信号等效模型中 c-e 间阻抗 r_{ce} 不可忽略，即应当考虑 r_{ce} 中的电流，因此图 4-34（a）所示电路的交流微变等效电路如图 4-34（b）所示。因此，电路电压放大倍数为

$$A_u = -\frac{\beta_1(r_{ce1} \,//\, r_{ce3} \,//\, R_L)}{r_{be1}} \tag{4-82}$$

若 $R_L \ll (r_{ce1} \,//\, r_{ce2})$，则

$$A_u \approx -\frac{\beta_1 R_L}{r_{be1}} \tag{4-83}$$

上式说明，电流源作为放大电路的有源负载，的确使电路电压放大倍数大大提升了。

提示：在实际工作中，u_i 是交直流共存的全流信号 u_1，为 VT_1 提供静态基极电流 I_{BQ1}，且 $I_{BQ1} = \dfrac{I_{CQ1}}{\beta_1}$，这不会与镜像电流源提供的 I_{C3} 产生冲突。因为加入负载电阻 R_L 后，对 I_{C3} 产生分流作用，此时 I_{CQ1} 将有所变化。

2）有源负载差分放大电路

图 4-35 所示电路为利用镜像电流源作为有源负载的双入单出差分放大电路。

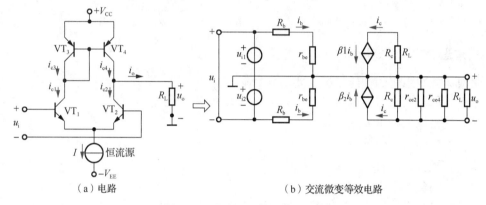

（a）电路　　　　　　　　　　　　　　（b）交流微变等效电路

图 4-35　有源负载差分放大电路

图 4-35（a）中，VT_1 与 VT_2 为放大管，VT_3 与 VT_4 组成镜像电流源作为有源负载，$i_{c3} = i_{c4}$。

静态时，VT_1 与 VT_2 的发射极电流 $I_{EQ1} = I_{EQ2} = \dfrac{I}{2}$，考虑 $\beta_1 = \beta_2 = \beta \gg 1$，则 $I_{CQ1} = I_{CQ2} = \dfrac{I}{2}$。若 $\beta_3 \gg 2$，则 $I_{CQ4} \approx I_{CQ1}$，输出电流 $I_o = I_{CQ4} - I_{CQ2} \approx 0$。

当差模信号 u_i 输入时［图 4-35（b）］，根据差分放大电路的特点，动态集电极电流 $i_{c1} = -i_{c2}$，而 $i_{c3} \approx i_{c1}$；由于 i_{c3} 和 i_{c4} 的镜像关系，$i_{c3} = -i_{c4}$。因此，$i_o = i_{c4} - i_{c2} \approx i_{c1} - (-i_{c1}) = 2i_{c1}$。由此可以确定该差分放大电路的电压放大倍数为

$$A_u = \frac{u_o}{u_i} = \frac{\beta_1(r_{ce2} \,//\, r_{ce4} \,//\, R_L)}{r_{be1}} \tag{4-84}$$

若 $R_L \ll (r_{ce2} \,//\, r_{ce4})$，则

$$A_u \approx \frac{\beta_1 R_L}{r_{be1}} \tag{4-85}$$

上式说明，利用镜像电流源可以使单端输出的差分放大电路的差模放大倍数提高到接近双端输出时的差模放大倍数。

4.4　理想集成运放特点

4.4.1　理想运放的工作区

需要说明的是，集成运放只有正负电源同时供电，方可运行。集成运放的工作区可以通过集成运放的电压传输特性来体现。电压传输特性是指集成运放的输入电压（$u_P - u_N$）与输出电压 u_o 之间的相位关系。图 4-36 所示为展示集成运放的 u_o 与（$u_P - u_N$）之间关系的电压传输特性曲线。由图可知，当集成运放工作在线性工作区时，其输出信号与输入信号之间满足线性放大关系，即

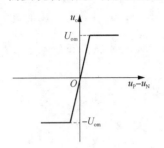

$$A_{ud} = \frac{u_o}{u_P - u_N} = \frac{u_o}{u_i} \tag{4-86}$$

图 4-36　集成运放的电压传输特性曲线

4.4.2　理想运放的性能指标

集成运放理想化的性能指标主要包括如下六项。

（1）开环差模增益（放大倍数）$A_d = \infty$（开环定义详见 5.2 节）。

（2）差模输入电阻 $R_{id} = \infty$。

（3）差模输出电阻 $R_{od} = 0$。

（4）共模抑制比 $K_{CMR} = \infty$。

（5）上限截止频率 $f_H = \infty$。

（6）失调电压 U_{IO}、失调电流 I_{IO} 和它们的温漂 dU_{IO}/dT（℃）、dI_{IO}/dT（℃）均为零，而且无任何内部噪声。

实际上，集成运放的技术指标均为有限值，其理想化后必然带来分析误差。但在一般工程计算中，这些误差都是允许的，而且随着新型运放的不断出现，其性能指标越来越接近理想，误差也就越来越小。因此，只有在进行误差分析时，才考虑实际运放有限的增益、带宽、共模抑制比、输入电阻和失调等因素的影响。

4.4.3　理想运放在线性工作区的特点

设集成运放的同相输入端和反相输入端的电位分别为 u_P、u_N，电流分别为 i_P、i_N。当集成运放工作在线性区时，其输出电压应与输入差模电压成线性关系，即应当满足

$$u_o = -A_{ud}(u_P - u_N) \tag{4-87}$$

由于 u_o 为有限值，$A_{ud} = \infty$，因而净输入电压 $u_P - u_N = 0$，即

$$u_P = u_N \tag{4-88}$$

此时，两个输入端称为"虚短路"。"虚短路"是指理想运放的两个输入端电位无穷接近，但又不是真正短路。

因为净输入电压为零，以及理想运放的输入电阻为无穷大，所以两个输入端的输入电流也均为零，即

$$i_P = i_N = 0 \tag{4-89}$$

换言之，此时从集成运放输入端看进去相当于断路，这两个输入端称为"虚断路"。"虚断路"是指理想运放的两个输入端电流趋近于零，但又不是真正断路。

应当特别指出的是，"虚短"和"虚断"是非常重要的概念。对于集成运放工作在线性区的应用电路而言，"虚短"和"虚断"是分析其输入信号和输出信号关系的两个基本出发点。

4.5　集成运放的应用实例

任何一种集成运放都是有生命线的。本节以一种集成运放器件μA741 为例，简述其技术参数。

4.5.1　μA741 技术参数

通过技术手册可以查到μA741 的生命线——技术参数（表 4-1），可以保证集成运放在实际应用过程中，器件在安全可靠的环境中使用。集成运放的极限参数主要包括电特性参数（$T_a = 25℃$）、输入失调参数、差模特性参数、共模特性参数、大信号动态参数及电源特性参数等。

表 4-1　μA741 技术参数

电源电压	±15V～±18V
最大允许功耗	670mW（DIP）
最大差模输入电压	$u_{idmax} = ±30V$
最大共模输入电压	$u_{icmax} = ±15V$
工作温度范围	军品：−55～125℃
	通用：0～70℃
保存温度范围	−65～150℃；
输入失调参数	输入失调电压 $U_{IO} = 2mV$
	输入偏置电流 $I_{IB} = 80nA$ ，　$I_{IB} = \frac{1}{2}(I_{BP} + I_{BN})$
	输入失调电流 $I_{IO} = 80nA$ ，　$I_{IO} = |I_{BP} - I_{BN}|$
温度漂移	输入失调电压温漂$\frac{\Delta U_{IO}}{\Delta T} = 20V/℃$
	输入失调电流温漂$\frac{\Delta I_{IO}}{\Delta T} = 0.5nA/℃$
开环差模电压增益	"高增益型"140～200dB
开环带宽 BW（f_H）	−3dB 带宽
单位增益带宽 BWG（f_T）	高速型 OP37- BWG = 63 MHz
	宽带型 AD9618- $f_H = 600\,MHz$
	宽带型 AD9620- BWG = 8000 MHz
	宽带型 CF357- BWG = 20 MHz

续表

	高输入阻抗型
差模输入电阻 R_{id}	BJT: $R_{id} \in [10^5 \sim 10^6 \Omega]$
	FET: $R_{id} \in [10^9 \Omega, \infty)$
	AD549: $R_{id} \in [10^{13} \Omega, \infty)$
	CF155/255: $R_{id} \in [10^{12} \Omega, \infty)$
共模抑制比 K_{CMR}	典型值为 90dB，性能好的高达 180dB
电源特性参数	电源电压抑制比 P_{SVR}，典型值为 90dB
	静态功耗 $P_D = 50mW$
	电源电流 $I_{OC} = 1.7mA$
转换速率 S_R（压摆率）	反映运放对快速变化的输入大信号的响应能力：典型值为 $0.5V/S$
最大输出电流 I_{omax}	25mA
最大输出电压 $\pm V_{opp}$	$\pm 30V \sim \pm 14V$

4.5.2　μA741 构成

　　μA741 是一个常见的集成运放，其内部结构可以很好地阐释集成运放的工作原理。图 4-37 所示为μA741 的工作原理图。

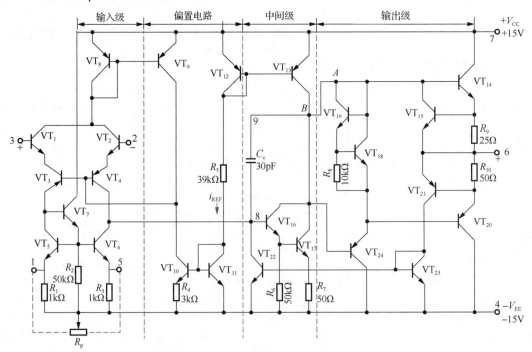

图 4-37　μA741 的工作原理图

习　　题

4.1　判断题。

（1）运放的输入失调电压是两个输入端电位之差。　　　　　　　　　　（　　）

（2）运放的输入失调电流是两个端电流之差。　　　　　　　　　　　　（　　）

（3）有源负载可以增大放大电路的输出电流。　　　　　　　　　　　　（　　）

（4）在输入信号作用时，偏置电路改变了各放大管的动态电流。　　　　（　　）

（5）一个理想差分放大电路只能放大差模信号，不能放大共模信号。　　（　　）

（6）集成运放只能放大直流信号，不能放大交流信号。　　　　　　　　（　　）

（7）当理想运放工作在线性工作区时，可以认为其两个输入端"虚断"而且"虚地"。

　　　　　　　　　　　　　　　　　　　　　　　　　　　　　　　　（　　）

（8）差分放大电路的差模放大倍数越大越好，而共模放大倍数越小越好。（　　）

（9）集成运放在开环应用时一定工作在非线性区。　　　　　　　　　　（　　）

（10）功率放大电路与电压放大电路的区别是

　　　　前者比后者电源电压高。　　　　　　　　　　　　　　　　　　（　　）

　　　　前者比后者电压放大倍数数值大。　　　　　　　　　　　　　　（　　）

　　　　前者比后者效率高。　　　　　　　　　　　　　　　　　　　　（　　）

　　　　在电源电压相同的情况下，前者比后者的最大不失真输出电压大。（　　）

（11）功率放大电路与电流放大电路的区别是

　　　　前者比后者电流放大倍数大。　　　　　　　　　　　　　　　　（　　）

　　　　前者比后者效率高。　　　　　　　　　　　　　　　　　　　　（　　）

　　　　在电源电压相同的情况下，前者比后者的输出功率大。　　　　　（　　）

　　　　直接耦合多级放大电路各级的 Q 点相互影响，它只能放大直流信号。（　　）

4.2　选择题。

（1）集成运放电路采用直接耦合方式是因为（　　）。

　　　A. 可以获得很大的放大倍数　　　　　B. 可使温漂变小

　　　C. 集成工艺难以制造大容量电容

（2）为增大电压放大倍数，集成运放的中间级大多采用（　　）。

　　　A. 共射放大电路　　　　　　　　　　B. 共集放大电路

　　　C. 共基放大电路

（3）输入失调电压 U_{IO} 是（　　）。

　　　A. 两个输入端电压之差　　　　　　　B. 输入端都为零时的输出电压

　　　C. 输出端为零时输入端的等效补偿电压

（4）集成运放的输入级采用差分放大电路是因其可以（　　）。

　　　A. 减小温漂　　　　　　　　　　　　B. 增大放大倍数

　　　C. 提高输入电阻

（5）两个参数对称的晶体管组成差分电路，在双端输入和双端输出时，与单管电路相比，其放大倍数（　　），输出电阻（　　）。

A. 大两倍，高两倍　　　　　　　　B. 相同，相同

C. 相同，高两倍

（6）共模输入信号是差分放大电路两个输入端信号的（　　）。

A. 和　　　　　　　　　　　　　　B. 差

C. 平均值

（7）两个相同类型的晶体管构成的复合管的 β 和 r_{be} 分别为（　　）。

A. $\beta \approx \beta_1 \beta_2$，$r_{be} = r_{be1} + r_{be2}$　　　　B. $\beta \approx \beta_1$，$r_{be} = r_{be1}$

C. $\beta \approx \beta_1 \beta_2$，$r_{be} = r_{be1} + (1 + \beta_1) r_{be2}$

（8）集成运放（　　）工作时，一般工作在非线性区，它有两个输出状态（$+U_{Opp}$ 或 $-U_{Opp}$）；当 $u_+ < u_-$ 时，输出电压 $u_o =$（　　）。

A. 饱和，$+U_{Opp}$　　　　　　　　B. 开环，$-U_{Opp}$

C. 闭环，$-U_{Opp}$

（9）差分放大电路（不接负载时）由双端输出变为单端输出，其差模电压放大倍数（　　）。

A. 增加一倍　　　　　　　　　　　B. 减小一倍

C. 保持不变

（10）在电路结构上，多级放大电路放大级之间通常采用（　　）。

A. 阻容耦合　　　　　　　　　　　B. 变压器耦合

C. 直接耦合　　　　　　　　　　　D. 光电耦合

（11）理想运放的开环差模增益 A_{od} 为（　　）。

A. 0　　　　　　　　　　　　　　　B. 1

C. 10^5　　　　　　　　　　　　　D. ∞

（12）差分放大电路的差模信号是两个输入端信号的（　　），共模信号是两个输入端信号的（　　）。

A. 差　　　　　　　　　B. 和　　　　　　　　　C. 平均值

（13）用恒流源取代长尾式差分放大电路中的发射极电阻 R_e，将使电路的（　　）。

A. 差模放大倍数数值增大　　　　B. 抑制共模信号能力增强

C. 差模输入电阻增大

（14）互补输出级采用共集放大器是为了使（　　）。

A. 电压放大倍数大　　　　　　　B. 不失真输出电压大

C. 带负载能力强

4.3　填空题。

（1）集成运放内部电路通常包括四个基本组成部分，即_____、_____、_____和_____。

（2）为提高输入电阻，减小零点漂移，通用型集成运放的输入级大多采用_____电路；为了减小输出电阻，输出级大多采用_____电路。

（3）在差分放大电路中的发射极接入长尾电阻或恒流晶体管后，它的差模放大倍数 A_{ud} 将_____，而共模放大倍数 A_{uc} 将_____，共模抑制比 K_{CMR} 将_____。

（4）若差动放大电路的两个输入端的输入电压分别为 $U_{i1} = -8\text{mV}$ 和 $U_{i2} = 10\text{mV}$，则差模输入电压为_____，共模输入电压为_____。

（5）差分放大电路中常利用有源负载代替发射极电阻 R_e，从而提高差分放大电路的

_____。

（6）工作在线性区的理想运放，其两个输入端的输入电流均为零，称为虚_____；两个输入端的电位相等，称为虚_____；若集成运放在反相输入情况下，同相端接地，反相端又称虚_____；即使理想运放工作在非线性工作区，虚_____的结论也是成立的。

（7）共模抑制比 K_{CMR} 等于_____之比，电路的 K_{CMR} 越大，表明电路_____越强。

4.4　在图 4-38 所示电路中，假设晶体管的 $\beta = 100$，$r_{be} = 10.3\text{k}\Omega$，$V_{CC} = V_{EE} = 15\text{V}$，$R_c = 75\text{k}\Omega$，$R_e = 36\text{k}\Omega$，$R = 2.7\text{k}\Omega$，$R_w = 100\Omega$，$R_w$ 的滑动端位于中点，负载 $R_L = 18\text{k}\Omega$。试分析该电路的：

（1）静态工作点；

（2）差模电压放大倍数；

（3）差模输入电阻。

4.5　在图 4-39 所示放大电路中，已知 $V_{CC} = V_{EE} = 9\text{V}$，$R_c = 47\text{k}\Omega$，$R_e = 13\text{k}\Omega$，$R_{b1} = 3.6\text{k}\Omega$，$R_{b2} = 16\text{k}\Omega$，$R = 10\text{k}\Omega$，负载电阻 $R_L = 20\text{k}\Omega$，两个晶体管的 β 相等，即 $\beta_1 = \beta_2 = \beta = 30$，$U_{BEQ} = 0.7\text{V}$。试估算该电路的：

（1）静态工作点；

（2）差模电压放大倍数。

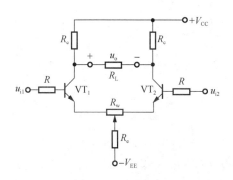

图 4-38　习题 4.4

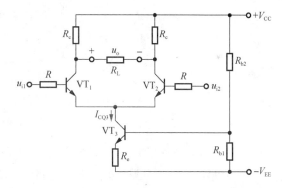

图 4-39　习题 4.5

4.6　在图 4-40 所示差分放大电路中，假设 $R_c = 30\text{k}\Omega$，$R_s = 5\text{k}\Omega$，$R_e = 20\text{k}\Omega$，$V_{CC} = V_{EE} = 15\text{V}$，$R_L = 30\text{k}\Omega$，两个晶体管的 β 相等，即 $\beta_1 = \beta_2 = \beta = 50$，且 $r_{be1} = r_{be2} = r_{be} = 4\text{k}\Omega$。试求：

（1）双端输出时的差模放大倍数；

（2）双端输出改为从 VT_1 的集电极单端输出，求此时的差模放大倍数 A_{ud}；

（3）在（2）的情况下，设 $U_{i1} = 5\text{mV}$，$U_{i2} = 1\text{mV}$，则输出电压 U_o 等于多少？

4.7　在图 4-41 所示电路中，已知 $V_{CC} = V_{EE} = 15\text{V}$，两个晶体管的 β 均为 20，$U_{BEQ} = 0.7\text{V}$，$r_{be} = 1.2\text{k}\Omega$，$R_c = 15\text{k}\Omega$，$R_e = 3.3\text{k}\Omega$，$R_1 = R_2 = 2\text{k}\Omega$，$R_3 = 30\text{k}\Omega$，滑动变阻器 $R_W = 200\Omega$，滑动端调在中间，稳压管的 $U_Z = 4\text{V}$。试估算该电路：

（1）静态时的 I_{BQ1}、I_{CQ1} 和 U_{CQ1}（对地）。

（2）放大电路的差模电压放大倍数 A_{ud} 和差模输入电阻 R_{id}、输出电阻 R_o 各为多少？

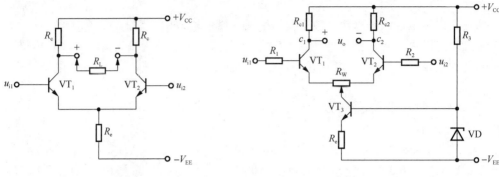

图 4-40　习题 4.6　　　　　　　　　图 4-41　习题 4.7

4.8　在图 4-42 所示电路中，设两个晶体管的参数相同，β 均为 60，$U_{BEQ}=0.7V$，其中 $V_{CC}=12V$，$V_{EE}=6V$，$R_{c1}=R_{c2}=10k\Omega$，$R_e=5.1k\Omega$，$R_1=R_2=R_W=2k\Omega$，R_W 滑动端在中点，$\Delta u_{i1}=1V$，$\Delta u_{i2}=1.01V$。试分析：

（1）双端输出时，Δu_o 等于多少？

（2）从 VT_1 单端输出时的 Δu_{o1} 等于多少？

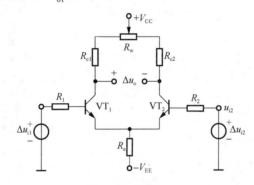

图 4-42　习题 4.8

4.9　电路如图 4-43 所示，晶体管 VT_1、VT_2 和 VT_3 的参数相同，$\beta=50$，$U_{BEQ}=0.7V$，$R_{c1}=R_{c2}=10k\Omega$，$R_e=1.5k\Omega$，$R_{b3}=8.2k\Omega$，$R_3=3.9k\Omega$，$R_1=R_2=5k\Omega$，$R_{b1}=R_{b2}=330k\Omega$，$R_W=0.1k\Omega$，$V_{CC}=V_{EE}=15V$，稳压管 VD_Z 的稳定电压为 7.5V，且动态电阻很小，R_W 滑动端在中点。试分析确定：

（1）VT_1、VT_2 和 VT_3 静态时的 I_C 和 U_{CE}。

（2）差模电压放大倍数和共模电压放大倍数。

（3）差模输入电阻和输出电阻。

4.10　图 4-44 所示为多集电极晶体管构成的多路电流。已知集电极 c_0 与 c_1 所接集电区的面积相同，c_2 所接集电区的面积是 c_0 的两倍，$I_{C0}/I_B=4$，e-b 间电压约为 0.7V。试求解 I_{C1}、I_{C2} 各为多少？

4.11　在图 4-45 所示电路中，已知三个晶体管的特性完全相同，$\beta \gg 2$，反相输入端的输入电流为 i_{i1}，同相输入端的输入电流为 i_{i2}。试求：

（1）VT_2 的集电极电流 i_{c2} 和 VT_3 的基极电流 i_{b3}。

（2）该电路的放大倍数 $A_{ui} = \Delta u_o / (i_{i1} - i_{i2})$。

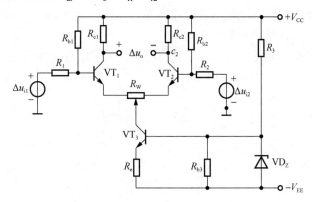

图 4-43　习题 4.9

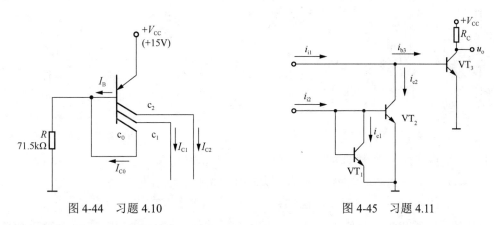

图 4-44　习题 4.10　　　　　　　　　　　图 4-45　习题 4.11

4.12　图 4-46 所示电路是某集成运放电路的一部分，采用单电源供电。试分析：

（1）50μA 电流源和 100μA 电流源的作用。

（2）VT_4 的工作区（放大区、截止区或饱和区）。

（3）VT_5 和 R 的作用。

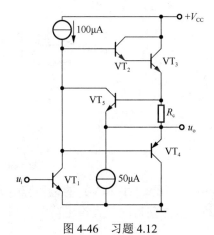

图 4-46　习题 4.12

4.13　集成运放 BG305 偏置电路示意图如图 4-47 所示。设 $V_{CC} = V_{EE} = 15V$，外接电阻 $R = 100\mathrm{k}\Omega$，其他电阻的阻值分别为 $R_1 = R_2 = R_3 = 1\mathrm{k}\Omega$，$R_4 = 2\mathrm{k}\Omega$。设晶体管 β 足够大，试估算基准电流 I_{REF} 及各路偏置电流 I_{C2}、I_{C3}、I_{C4}。

4.14　电路如图 4-48 所示，VT_1 与 VT_2 的特性相同，所有晶体管的 β 均相同，R_{c1} 远大于二极管的正向电阻。当 $u_{i1} = u_{i2} = 0V$ 时，$u_o = 0V$。试分析：

（1）电压放大倍数的表达式。

（2）当有共模输入电压时，u_o 等于多少？简述理由。

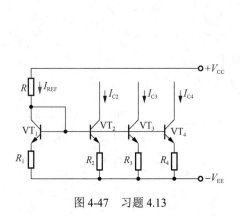

图 4-47　习题 4.13　　　　　　　　　　　图 4-48　习题 4.14

4.15　集成运放 FC3 原理电路的部分电路如图 4-49 所示。已知 $I_{C10} = 1.16\ \mathrm{mA}$，若要 $I_{C1} = I_{C2} = 18.5\mathrm{\mu A}$，试估算电阻 R_{11} 应为多大？（设晶体管的 β 足够大）

4.16　在图 4-50 所示电路中，已知 $V_{CC} = 15V$，VT_1 和 VT_2 的饱和管压降 $|U_{CES}| = 1V$，集成运放的最大输出电压幅值为 ±13V。若输入电压幅值足够大，则电路的最大输出功率为多少？

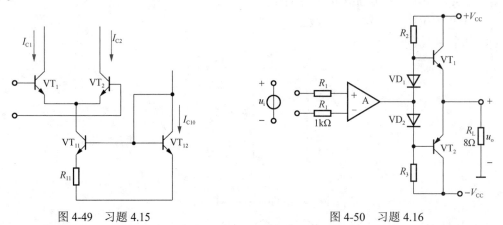

图 4-49　习题 4.15　　　　　　　　　　　图 4-50　习题 4.16

4.17　在图 4-51 所示电路中，已知 VT_2 和 VT_4 的饱和管压降 $|U_{CES}| = 2V$，静态时电源电流可以忽略不计。试问负载上可能获得的最大输出功率 P_{om} 和效率 η 各为多少？

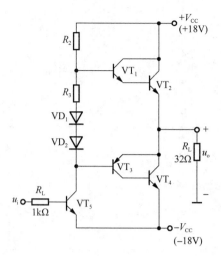

图 4-51　习题 4.17

4.18　在图 4-52 所示电路中，已知 $V_{CC}=15V$，VT_1 和 VT_2 的饱和管压降 $|U_{CES}|=2V$，输入电压足够大。求解：

（1）最大不失真输出电压的有效值。

（2）负载电阻 R_L 上电流的最大值。

（3）最大输出功率 P_{om} 和效率 η。

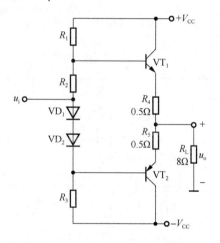

图 4-52　习题 4.18

4.19　基本放大电路如图 4-53（a）和图 4-53（b）所示，图 4-53（a）为电路 I，图 4-53（b）为电路 II。由电路 I、II 组成的多级放大电路分别如图 4-53（c）、图 4-53（d）、图 4-53（e）所示，它们均正常工作。试说明图 4-53（c）、图 4-53（d）、图 4-53（e）所示电路中：

（1）哪个电路的输入电阻较大？

（2）哪个电路的输出电阻较小？

（3）哪个电路的 $|A_{us}|=|u_o/u_s|$ 最大？

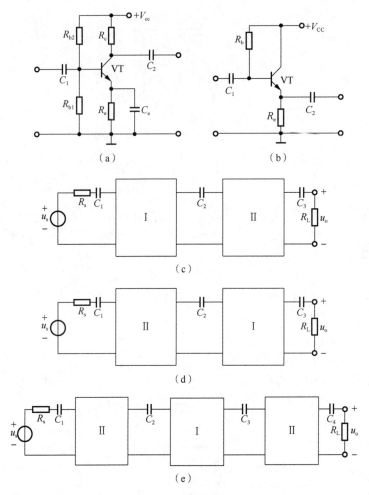

图 4-53　习题 4.19

4.20　电路如图 4-54 所示，$VT_1 \sim VT_5$ 的电流放大系数分别为 $\beta_1 \sim \beta_5$，b-e 间动态电阻分别为 $r_{be1} \sim r_{be5}$，写出 A_u、R_i 和 R_o 的表达式。

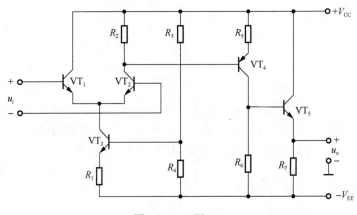

图 4-54　习题 4.20

4.21　通用型运放 F747 的内部电路如图 4-55 所示。试分析：

（1）偏置电路由哪些元件组成？基准电流约为多少？

（2）哪些是放大管？组成几级放大电路？每级各是什么基本电路？

（3）VT_{19}、VT_{20} 和 R_8 组成的电路的作用是什么？

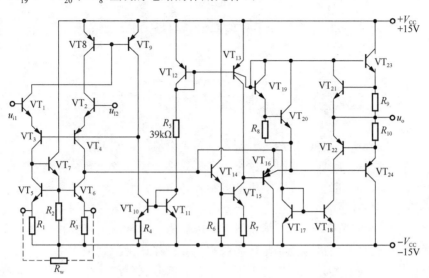

图 4-55　习题 4.21

第 5 章 放大电路中的负反馈

5.1 课例引入——胰岛素泵机械控制系统与反馈

为理解反馈的概念，可以用图 5-1 所示胰岛素泵机械控制系统与反馈示意图来说明。当一个糖尿病患者佩戴胰岛素泵时，这个胰岛素泵必须保证该患者血糖能够处于平稳的状态。若采用图 5-1（a）所示胰岛素泵机械控制开环系统，则这种盲目注入胰岛素的人工控制方式无法确保患者血糖平稳。在这种控制过程中，控制结果与控制系统之间没有相互调控的通路，类似一个开环系统。而事实上，糖尿病患者实际所采用的胰岛素泵的功能可由图 5-1（b）所示胰岛素泵机械控制闭环系统来阐释。在这个控制过程中，胰岛素泵机械控制系统给患者皮下注射胰岛素剂量的大小是通过血糖监测系统反馈的信息确定的。当血糖监测系统监测到患者血糖过高时，就会将此信息反馈给胰岛素泵机械控制系统，增大皮下胰岛素注射量（这个过程称为正反馈）；反之，当血糖监测系统监测到患者血糖过低时，就会将此信息反馈给胰岛素泵机械控制系统，减少皮下胰岛素注射量（这个过程称为负反馈）。在这个控制过程中，胰岛素泵机械控制系统、皮下胰岛素注射量、血糖监测系统构成了一个闭环系统。由此可见，反馈可以保证系统朝着一个良好的方向运行。

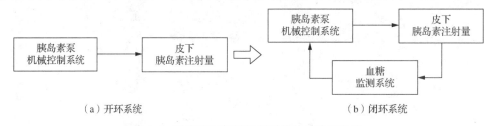

图 5-1 胰岛素泵机械控制系统与反馈示意图

5.2 负反馈的定义

5.2.1 负反馈的定义与反馈放大电路

依据图 5-1（b）所示胰岛素泵机械控制系统（闭环系统）与反馈示意图，绘制出反馈放大电路框图，如图 5-2 所示。胰岛素泵机械控制系统可视为信号叠加端口（符号 $\oplus$ 表示输入量和反馈量在此处叠加），皮下胰岛素注射量可视为开环放大电路 A，血糖监测系统可视为反馈回路中的反馈网络 F。

电子电路中的反馈就是将输出信号量的一部分或全部通过一定的电路形式作用到输入回路，用来增大其输入信号量的过程，称为正反馈；反之，用来减小其输入信号量的过程，称为负反馈。输入量 x_i、输出量 x_o 可视为电压量或电流量。

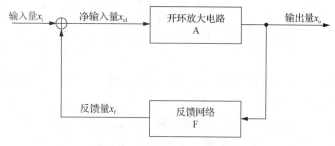

图 5-2　反馈放大电路框图

反馈存在于放大电路的交流通路和直流通路中，因此又分为交流反馈与直流反馈。例如，第 3 章所述 Q 点的稳定性分析中所讨论的负反馈就是直流反馈。直流负反馈主要用于稳定放大电路的静态工作点，本章重点研究交流负反馈。事实上，交流反馈、直流反馈常共存于放大电路中。由图 3-24 可知，当旁路电容 C_e 存在时，该电路只存在直流负反馈，而当 C_e 断路时，该电路同时存在交流反馈和直流反馈。交流通路中是否存在反馈可由图 5-3 中的反馈示例所确定。为便于理解，图中用箭头线表示输入信号走向。图 5-3（a）中，输出信号未能引回到输入回路，未能产生影响净输入信号的量，因此该电路在交流时不存在反馈；图 5-3（b）中，输出信号通过 R_e 引回到输入回路，并影响净输入的量，使净输入的量减少，因此存在反馈，且为负反馈。

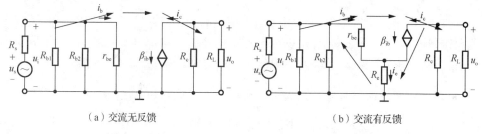

（a）交流无反馈　　　　　　　　　　　　　（b）交流有反馈

图 5-3　图 3-24 中 C_e 存在与否、有无交流反馈的判断

5.2.2　集成运放工作在线性区的电路特征

对于理想运放，由于 $A_{ud} = \infty$，因而即使两个输入端之间加微小电压，输出电压都将超出其线性范围，不是超出正向最大电压 $+U_{OM}$，就是超出负向最大电压 $-U_{OM}$。因此，只有电路引入负反馈使净输入量趋于零，才能保证集成运放工作在线性区。从另一个角度考虑，可以通过电路是否引入了负反馈来判断集成运放是否工作在线性工作区。

对于单个集成运放，通过无源的反馈网络将集成运放的输出端与反相输入端连接起来，就表明电路引入了负反馈，如图 5-4 所示。

反之，若理想运放处于开环状态（无反馈）或仅引入正反馈，则其工作在非线性区。此时，输出电压 u_o 与输入电压净输入量 $(u_P - u_N)$ 之间不再是线性关系，即当 $u_P > u_N$ 时，$u_o = +U_{OM}$；当 $u_P < u_N$ 时，$u_o = -U_{OM}$。

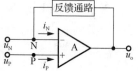

图 5-4　集成运放引入负反馈

5.3 负反馈放大电路的四种组态

通常，引入负反馈的放大电路称为负反馈放大电路。本节讲述交流负反馈放大电路的四种基本组态及其特点。

四种反馈组态是两种输入反馈（串联反馈、并联反馈）与两种输出反馈（电压反馈、电流反馈）的组合，即电压串联负反馈、电流串联负反馈、电压并联负反馈、电流串联负反馈。从反馈组态的名称上看，可将其分为三段进行分析，即 1 段：负反馈；2 段：串联反馈或是并联反馈；3 段：电压反馈或是电流反馈。

1. 采用瞬时极性判定法完成负反馈的判定

瞬时极性法是判断电路中反馈极性的基本方法。其具体做法是：规定电路输入信号在某一时刻对地的极性，并以此为依据，逐级判断电路中各相关点电流的流向和电位的极性，从而得到输出信号的极性；根据输出信号的极性判断反馈信号的极性；若反馈信号使基本放大电路的净输入信号增大，则说明引入了正反馈；若反馈信号使基本放大电路的净输入信号减小，则说明引入了负反馈。

2. 根据输入量、反馈量、净输入量的叠加关系完成串联反馈或并联反馈的判定

串联反馈与并联反馈的区别在于基本放大电路的输入回路与反馈网络的连接方式不同。若反馈量 x_f 与输入量 x_i、x_{id} 是以电压方式相叠加，即 $u_{id} = u_i - u_f$，则为串联反馈。若反馈量 x_f 与输入量 x_i、x_{id} 是以电流方式相叠加，即 $i_{id} = i_i - i_f$，则为并联反馈。

3. 根据反馈网络的取样对象完成电压反馈或电流反馈的判定

从输出端看，反馈量是取自输出电压还是取自输出电流，即反馈的目的是稳定输出电压还是稳定输出电流。

电压反馈与电流反馈的区别在于基本放大电路的输出回路与反馈网络的连接方式不同。如前所述，负反馈电路中的反馈量不是取自输出电压就是取自输出电流，因此只要令负反馈放大电路的输出电压为零，若反馈量也随之为零，则说明电路中引入了电压反馈；反之，若反馈量依然存在，则说明电路中引入了电流反馈。

将负反馈放大电路的基本放大电路与反馈网络均看成两端口网络，并设定四种反馈组态。下面分别对这四种组态负反馈放大电路进行相应的分析。

5.3.1 电压串联负反馈电路

图 5-5（a）所示为电压串联负反馈电路框图。图 5-5（b）所示为电压串联负反馈放大电路的实例。电路各点电位的瞬时极性如图所示，⊕表示极性为正，⊖表示极性为负。由图可知，反馈量为

$$u_f = \frac{R_1}{R_1 + R_2} \cdot u_o \tag{5-1}$$

上式表明反馈量 u_f 取自输出电压 u_o，且与 u_o 成正比，并将与输入电压 u_i 叠加后，确定净输入电压为

$$u_{id} = u_i - u_f \tag{5-2}$$

　　由上式可知，反馈的结果使电路净输入量 u_{id} 减小，电路引入了负反馈；同时，输入量、净输入量、反馈量以电压方式相叠加，因此引入了串联负反馈。

　　在图 5-5（c）所示电路中，令输出电压为 0，由图可知反馈网络中 R_2 接地，则反馈量也随之为 0，因此可以确定为电压反馈。

　　综上，图 5-5（b）所示电路引入的交流反馈组态为电压串联负反馈。

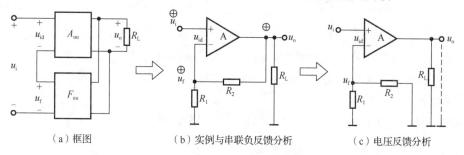

（a）框图　　　　　　（b）实例与串联负反馈分析　　　　　　（c）电压反馈分析

图 5-5　电压串联负反馈电路

5.3.2　电压并联负反馈电路

　　图 5-6（a）所示为电压并联负反馈电路框图。图 5-6（b）所示为电压并联负反馈放大电路的实例。相关电位及电流的瞬时极性和电流流向如图 5-6（b）所示。由图可知，反馈量为

$$i_f = -\frac{u_o}{R_2} \tag{5-3}$$

上式表明反馈量 i_f 取自输出电压 u_o，且转换为反馈电流 i_f，并将与输入电流 i_i 叠加后，确定净输入电流

$$i_{id} = i_i - i_f \tag{5-4}$$

　　由上式可知，反馈的结果使电路净输入量 i_{id} 减小，电路引入了负反馈；同时，输入量、净输入量、反馈量以电流方式相叠加，因此引入了并联负反馈。

　　同理，在图 5-6（c）所示电路中，令输出电压为 0，由图可知反馈网络中 R_2 接地，则反馈量也随之为 0，因此可以确定为电压反馈。

　　综上，图 5-6（b）所示电路引入的交流反馈组态为电压并联负反馈。

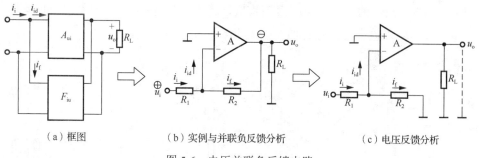

（a）框图　　　　　　（b）实例与并联负反馈分析　　　　　　（c）电压反馈分析

图 5-6　电压并联负反馈电路

5.3.3　电流串联负反馈电路

　　图 5-7（a）所示为电流串联负反馈电路框图。图 5-7（b）所示为电流串联负反馈放大

电路的实例。电路中相关电位及电流的瞬时极性和电流流向如图 5-7（b）所示。由图可知，反馈量为

$$u_f = i_o R_1 \qquad (5\text{-}5)$$

上式表明反馈量取自输出电流 i_o，且转换为反馈电压 u_f，并将与输入电压 u_i 叠加后，确定净输入电压

$$u_{id} = u_i - u_f \qquad (5\text{-}6)$$

由上式可知，反馈的结果使电路净输入量 u_{id} 减小，电路引入了负反馈；同时，输入量、净输入量、反馈量以电压方式相叠加，因此引入了串联负反馈。

同理，在图 5-7（c）所示电路中，令输出电压为 0，由图可知反馈网络仍然存在，因此可以确定为电流反馈。

综上，图 5-7（b）所示电路引入的交流反馈组态为电流串联负反馈。

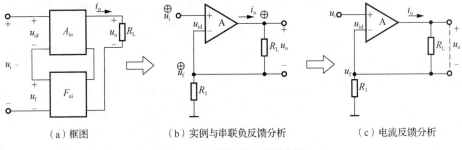

（a）框图　　　　（b）实例与串联负反馈分析　　　　（c）电流反馈分析

图 5-7　电流串联负反馈电路

5.3.4　电流并联负反馈电路

图 5-8（a）所示为电流并联负反馈电路框图。图 5-8（b）所示为电流并联负反馈放大电路的实例。各支路电流的瞬时极性如图 5-8（b）所示。由图可知，反馈量为

$$i_f = -\frac{R_2}{R_1 + R_2} \cdot i_o \qquad (5\text{-}7)$$

上式表明反馈量取自输出电流 i_o，且转换为反馈电压 i_f，并将与输入电压 i_i 叠加后，确定净输入电流

$$i_{id} = i_i - i_f \qquad (5\text{-}8)$$

由上式可知，反馈的结果使电路净输入量 i_{id} 减小，电路引入了负反馈；同时，输入量、净输入量、反馈量以电流方式相叠加，因此引入了并联负反馈。

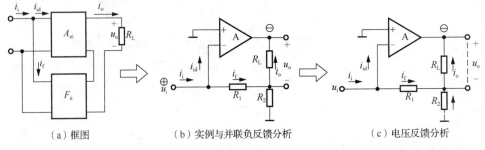

（a）框图　　　　（b）实例与并联负反馈分析　　　　（c）电压反馈分析

图 5-8　电流并联负反馈电路

同理，在图 5-8（c）所示电路中，令输出电压为 0，由图可知反馈网络仍然存在，因此可以确定为电流反馈。

综上，图 5-8（b）所示电路引入的交流反馈组态为电流并联负反馈。

例 5.1 分析如图 5-9（a）和图 5-9（b）所示的电路中引入了哪种组态的交流负反馈。

解： 首先，分析图 5-9（a）。观察电路可知，R_2 将输出回路与输入回路连接起来，因而电路引入了反馈。假设输入电压 u_i 对地为"+"，集成运放的输出端电位（晶体管 VT 的基极电位）为"+"，则集电极电流（输出电流 i_o）的流向如图 5-9（a）所示。i_o 通过 R_3 和 R_2 所在支路分流，在 R_1 上获得反馈电压 u_f，u_f 的极性为上"+"下"−"，使集成运放的净输入电压 u_{id} 减小，电路中引入负反馈。此外，根据 u_i、u_f 和 u_{id} 的关系，说明电路中引入的是串联反馈。令输出电压 $u_o = 0$，即将 R_L 短路，因 i_o 仅受 i_b 的控制而依然存在，u_f 和 i_o 的关系不变，电路中引入电流反馈。

因此，电路中引入了电流串联负反馈。

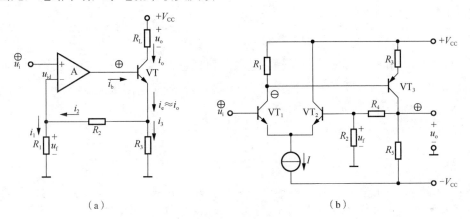

（a）　　　　　　　　　　　　　　（b）

图 5-9 例 5.1 电路图

其次，分析图 5-9（b）。假设输入电压 u_i 对地为"+"，则电路中各点的电位如图 5-9（b）所示，在电阻 R_2 上获得反馈电压 u_f。u_f 使差分放大电路的净输入电压（VT$_1$ 和 VT$_2$ 的基极电位之差）变小，电路中引入了串联反馈。令输出电压 $u_o = 0$，即将 VT$_3$ 的集电极接地，将使 u_f 为零，电路中引入了电压负反馈。

因此，图 5-9（b）所示电路引入了电压串联负反馈。

5.4　负反馈放大电路的放大倍数

5.4.1　放大倍数通用表达式

根据图 5-2 所示反馈放大电路框图，基本放大电路的放大倍数可定义为

$$A = \frac{x_o}{x_{id}} \tag{5-9}$$

反馈系数为

$$F = \frac{x_f}{x_o} \tag{5-10}$$

负反馈放大电路的放大倍数（闭环放大倍数）为

$$A_f = \frac{x_o}{x_i} \tag{5-11}$$

根据式（5-9）和式（5-10）可得

$$AF = \frac{x_f}{x_{id}} \tag{5-12}$$

AF 称为电路的环路放大倍数。

根据式（5-9）～式（5-12），可得 A_f 的一般表达式

$$A_f = \frac{x_o}{x_i} = \frac{x_o}{x_{id} + x_f} = \frac{Ax_{id}}{x_{id} + AFx_{id}} = \frac{A}{1 + AF} \tag{5-13}$$

当电路引入负反馈时，$AF > 0$，表明引入负反馈后电路的放大倍数等于基本放大电路的放大倍数的 $(1 + AF)$ 分之一，而且 A、F 和 A_f 的符号均相同。

若 $1 + AF \gg 1$，则

$$A_f \approx \frac{1}{F} \tag{5-14}$$

此时，放大电路引入了深度负反馈。这表明可以近似认为 A_f 只决定于反馈网络F，而与基本放大电路A无关，由于反馈网络常为无源网络，受环境温度的影响极小，因此深度负反馈放大电路放大倍数的稳定性极高。

根据 A_f 和 F 的定义，则有

$$A_f = \frac{x_o}{x_i} \approx \frac{1}{F} = \frac{x_o}{x_f} \Rightarrow x_i \approx x_f \tag{5-15}$$

上式说明深度负反馈的实质是在近似分析中忽略净输入量。但不同组态可以忽略的净输入量不同。当电路引入深度串联负反馈时，$x_i \approx x_f$ 均为电压量，即

$$u_i \approx u_f \tag{5-16}$$

当电路引入深度并联负反馈时，$x_i \approx x_f$ 均为电流量，即

$$i_i \approx i_f \tag{5-17}$$

由深度负反馈条件可知，反馈网络的参数确定后，基本放大电路的放大能力越强，即 A 的数值越大，反馈越深，A_f 与 $1/F$ 的近似程度越好。

提示：大多数负反馈放大电路，特别是集成运放组成的负反馈放大电路，一般均满足 $1 + AF \gg 1$ 的条件，因而在近似分析中均可认为 $A_f \approx 1/F$。此外，还需要说明本书所讨论的负反馈是指放大电路工作在中频段的反馈极性。

在负反馈放大电路的分析中发现 $AF < 0$，即 $1 + AF < 1$，也即 $|A_f|$ 大于 $|A|$，这说明放大电路处于正反馈状态；而若 $AF = -1$，使 $1 + AF = 0$，则说明电路在输入量为零时就有输出，电路产生了自激振荡。关于正反馈的讨论详见 7.5 节信号转换电路部分。

5.4.2　基于反馈系数的放大倍数分析

确定负反馈放大电路的反馈系统是确定深度负反馈放大电路放大倍数的关键。只要能够确定负反馈放大电路的反馈网络，就可根据定义求出反馈系数。

对应图 5-5 所示电压串联负反馈电路，分析其反馈网络，如图 5-10 所示。对于图 5-10（a）所示反馈网络而言，其反馈系数为

$$F_{uu} = \frac{u_f}{u_o} = \frac{R_1}{R_1 + R_2} \tag{5-18}$$

由此可以确定图 5-10（b）所示电压串联负反馈放大电路的放大倍数就是电压放大倍数，即

$$A_{uuf} = A_{uf} = \frac{u_o}{u_i} \approx \frac{u_o}{u_f} = \frac{1}{F_{uu}} = 1 + \frac{R_2}{R_1} \tag{5-19}$$

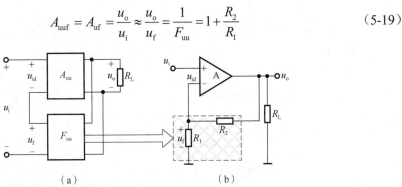

图 5-10　电压串联负反馈电路及反馈网络分析

由式（5-19）可知，电压串联负反馈 A_{uuf} 与负载电阻 R_L 无关，这表明电路引入深度电压负反馈后，电路输出可以近似为受控恒压源。

对应图 5-6 所示电压并联负反馈电路，分析其反馈网络，如图 5-11 所示。对于图 5-11（a）所示反馈网络而言，其反馈系数为

$$F_{iu} = \frac{i_f}{u_o} = \frac{-\dfrac{u_o}{R_1}}{u_o} = -\frac{1}{R_1} \tag{5-20}$$

由此可以确定图 5-11（b）所示电压并联负反馈放大电路的放大倍数，即

$$A_{ui} = \frac{u_o}{i_i} = \frac{u_o}{i_f} = \frac{1}{F_{iu}} \tag{5-21}$$

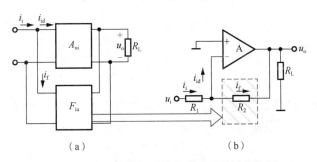

图 5-11　电压并联负反馈电路及反馈网络分析

在电路实际问题的分析过程中，常关注其电压放大倍数。对于电压并联负反馈放大电路来说，分析其电压放大倍数需要先将其输入信号 i_i 转换成 u_i。实际上，并联负反馈电路的输入量通常不是理想的恒流信号 i_i。在绝大多数情况下，输入信号源 i_s 是具有内阻 R_s 的信号源，如图 5-12（a）所示。根据诺顿定理，可将信号源换成内阻为 R_s 的电压源 u_s，

如图 5-12（b）所示。由于 $i_i = i_f$，i_i 趋于零，因此可以认为 u_s 几乎全部降落在电阻 R_s 上，则

$$u_s \approx i_i R_s \approx i_f R_s \qquad (5\text{-}22)$$

由此可得电压放大倍数

$$A_{usf} = \frac{u_o}{u_s} \approx \frac{u_o}{i_f R_s} = \frac{1}{F_{iu}} \cdot \frac{1}{R_s} \qquad (5\text{-}23)$$

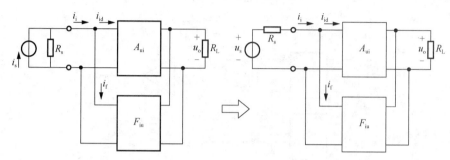

（a）信号源为内阻是 R_s 的电流源　　　　　　（b）将电流源转换成电压源

图 5-12　电压并联负反馈电路的信号源电路框图

将内阻为 R_s 的信号源 u_s 加在图 5-11（b）所示电路的输入端，根据式（5-20），可得出电压放大倍数 $A_{usf} \approx -\dfrac{R_1}{R_s}$。

如前所述，并联负反馈电路适用于恒流源或内阻 R_s 很大的恒压源（近似恒流源），因而在电路测试时，若信号源内阻很小，则应外加一个相当于 R_s 的电阻。

接下来，继续分析图 5-13 所示电流串联负反馈电路的反馈网络及其放大倍数。

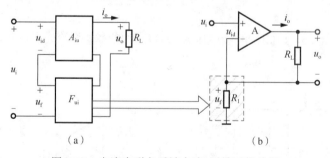

（a）　　　　　　　　　　　　　　　（b）

图 5-13　电流串联负反馈电路-反馈网络分析

对应图 5-7 所示电流串联负反馈电路，分析其反馈网络，如图 5-13 所示。对于图 5-13（b）所示反馈网络而言，其反馈系数为

$$F_{ui} = \frac{u_f}{i_o} = \frac{i_o R_1}{i_o} = R_1 \qquad (5\text{-}24)$$

可以确定电流串联负反馈电路的放大倍数为

$$A_{iuf} = \frac{i_o}{u_i} \approx \frac{i_o}{u_f} = \frac{1}{F_{ui}} = \frac{1}{R_1} \qquad (5\text{-}25)$$

由图 5-13（a）可知，输出电压 $u_o = i_o R_L$，u_o 与 i_o 随负载的变化成线性关系，电压放大倍数为

$$A_{\text{uf}} = \frac{u_{\text{o}}}{u_{\text{i}}} = \frac{i_{\text{o}} R_{\text{L}}}{u_{\text{f}}} = \frac{1}{F_{\text{ui}}} \cdot R_{\text{L}} \qquad (5\text{-}26)$$

根据式（5-24），可确定 $A_{\text{uf}} \approx \dfrac{R_{\text{L}}}{R_{\text{l}}}$。

对应图 5-8 所示电流并联负反馈电路，分析其反馈网络，如图 5-14 所示。对于图 5-14（a）所示反馈网络而言，其反馈系数为

$$F_{\text{ii}} = \frac{i_{\text{f}}}{i_{\text{o}}} = \frac{R_2}{R_1 + R_2} \qquad (5\text{-}27)$$

则图 5-14（b）所示电流并联负反馈电路的放大倍数

$$A_{\text{iif}} = \frac{i_{\text{o}}}{i_{\text{i}}} \approx \frac{i_{\text{o}}}{i_{\text{f}}} = \frac{1}{F_{\text{ii}}} \qquad (5\text{-}28)$$

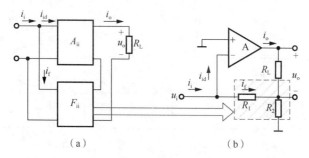

图 5-14　电流并联负反馈电路及反馈网络分析

由图 5-14（a）所示框图可知，输出电压 $u_{\text{o}} = i_{\text{o}} R_{\text{L}}$，当以 R_{s} 为内阻的电压源 u_{s} 为输入信号时，如图 5-15（a）所示。

根据式（5-22），可得电压放大倍数为

$$A_{\text{usf}} = \frac{u_{\text{o}}}{u_{\text{s}}} \approx \frac{i_{\text{o}} R_{\text{L}}}{i_{\text{f}} R_{\text{s}}} = \frac{1}{F_{\text{ii}}} \cdot \frac{R_{\text{L}}}{R_{\text{s}}} \qquad (5\text{-}29)$$

将内阻为 R_{s} 的电压源 u_{s} 加在图 5-14（b）所示电路的输入端，则电路转变为图 5-15（b）所示电路。根据式（5-27），可得电压放大倍数 $A_{\text{usf}} \approx -\left(1 + \dfrac{R_1}{R_2}\right) \cdot \dfrac{R_{\text{L}}}{R_{\text{s}}}$。

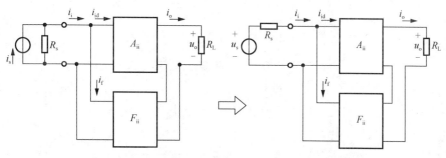

（a）信号源为内阻是 R_{s} 的电流源　　　　　　　　　（b）将电流源转换成电压源

图 5-15　电流并联负反馈电路的信号源电路框图

提示 1：当电路引入并联负反馈时，一般可以认为 $u_{\text{s}} \approx i_{\text{f}} R_{\text{s}}$；当电路引入电流负反馈时，$u_{\text{o}} = i_{\text{o}} R_{\text{L}}'$，其中 R_{L}' 是电路输出端所接总负载，其既可能是若干电阻的并联，也可能是负

载电阻 R_L。

提示 2：求解深度负反馈放大电路的放大倍数一般包括三个步骤：①正确判断反馈组态；②求解反馈系数；③利用 F 求解 A_f、A_{uf} 或 A_{usf}。

综合分析四种组态负反馈放大电路可知，电压负反馈电路中的输出信号 $x_o = u_o$，电流负反馈电路中的输出信号 $x_o = i_o$；串联负反馈电路中，$x_i = u_i$，$x_{id} = u_{id}$，$x_f = u_f$；并联负反馈电路中，$x_i = i_i$，$x_{id} = i_{id}$，$x_f = i_f$。不同的反馈组态，其基本放大电路增益 A、F 和 A_f 的物理意义不同，量纲不同，电路实现的控制关系不同，因而功能也不同。四种组态负反馈放大电路的比较见表 5-1。

表 5-1　四种组态负反馈放大电路的比较

反馈组态	$x_i x_f x_{id}$	x_o	A	F	A_f	A_{uf} 或 A_{usf}	功能
电压串联	$u_i u_f u_{id}$	u_o	$A_{uu} = \dfrac{u_o}{u_{id}}$	$F_{uu} = \dfrac{u_f}{u_o}$	$A_{uuf} = \dfrac{u_o}{u_i}$	$A_{uuf} = \dfrac{u_o}{u_i} = \dfrac{1}{F_{uu}}$	u_i 控制 u_o，电压放大
电流串联	$u_i u_f u_{id}$	i_o	$A_{iu} = \dfrac{i_o}{u_{id}}$	$F_{ui} = \dfrac{u_f}{i_o}$	$A_{iuf} = \dfrac{i_o}{u_i}$	$A_{usf} = \dfrac{1}{F_{ui}} \cdot \dfrac{1}{R_s}$	u_i 控制 i_o，电压转换成电流
电压并联	$i_i i_f i_{id}$	u_o	$A_{ui} = \dfrac{u_o}{i_{id}}$	$F_{iu} = \dfrac{i_f}{u_o}$	$A_{uif} = \dfrac{u_o}{i_i}$	$A_{uf} = \dfrac{1}{F_{iu}} R_L$	i_i 控制 u_o，电流转换成电压，稳定输出电压
电流并联	$i_i i_f i_{id}$	i_o	$A_{ii} = \dfrac{i_o}{i_{id}}$	$F_{ii} = \dfrac{i_f}{i_o}$	$A_{iif} = \dfrac{i_o}{i_i}$	$A_{usf} = \dfrac{1}{F_{ii}} \cdot \dfrac{R_L}{R_s}$	i_i 控制 i_o，电流放大，稳定输出电流

为便于掌握负反馈放大电路分析方法，本节总结归纳了负反馈放大电路分析的一般步骤：

（1）找出放大电路中的基本信号放大电路和反馈通路。

（2）用瞬时极性法判断正反馈和负反馈。

（3）判断交流反馈和直流反馈。

（4）判断交流负反馈的组态。

（5）标出输入量、输出量及反馈量。

（6）估算深度负反馈放大电路的反馈系数、反馈放大倍数、反馈电压放大倍数。

例 5.2　电路如图 5-16 所示。

（1）分析电路处于何种反馈组态。

（2）求解深度负反馈条件下的电压放大倍数 A_{uf}。

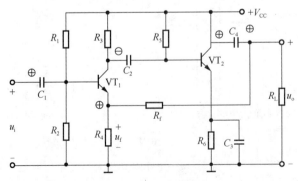

图 5-16　例 5.2 电路图

解：（1）图 5-16 所示电路为两级共射放大电路。假设输入电压 u_i 对地为"+"，则电路中各点的电位如图所示，u_o 与 u_i 同相；R_4 和 R_f 组成反馈网络，u_o 作用于反馈网络，在 R_4 上获得的电压为反馈电压 u_f。u_f 使放大电路的净输入电压变小，电路中引入了串联负反馈。

令输出电压 $u_o = 0$，即将 VT_2 的集电极接地，将使 u_f 为零，电路中引入了电压反馈。

综上，图 5-16 所示电路引入了电压串联负反馈。

（2）因为该电路引入了深度负反馈，所以电压放大倍数为

$$A_{uf} = \frac{u_o}{u_i} = \frac{1}{F_{uu}} = 1 + \frac{R_f}{R_4}$$

例 5.3　电路如图 5-17 所示。

（1）分析电路处于何种反馈组态。

（2）求解深度负反馈条件下的电压放大倍数 A_{uf}。

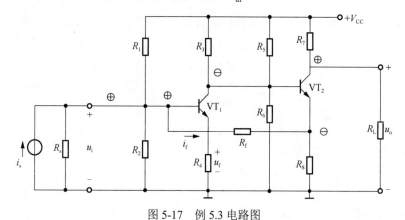

图 5-17　例 5.3 电路图

解：（1）图 5-17 所示电路为两级共射放大电路。假设输入电压 u_i 对地为"+"，则电路中各点的电位如图所示，u_o 与 u_i 反相；R_f 为反馈网络，通过 R_f 产生的反馈电流为 i_f。i_f 使放大电路的净输入电流变小，电路中引入了并联负反馈。

令输出电压 $u_o = 0$，即将 VT_2 的集电极接地，反馈不受影响，电路中引入了电流反馈。

综上，图 5-17 所示电路引入了电流并联负反馈。

（2）该电路的反馈系数为

$$F_{ui} = \frac{i_f}{i_o} = \frac{R_8}{R_f + R_8}$$

因为该电路引入了深度负反馈，即

$$i_f \approx i_s$$

所以电压放大倍数为

$$A_{uf} = \frac{u_o}{u_s} \approx \frac{(R_7 /\!/ R_L)}{F_{ui} R_s} = \frac{(R_f + R_8)(R_7 /\!/ R_L)}{R_8 R_s}$$

例 5.4　电路如图 5-18 所示。

（1）分析电路处于何种反馈组态。

（2）求解深度负反馈条件下的电压放大倍数 A_{uf}。

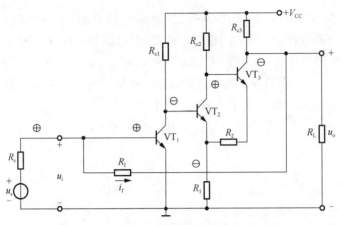

图 5-18　例 5.4 电路图

解：（1）图 5-18 所示电路为三级共射放大电路。假设输入电压 u_i 对地为"+"，则电路中各点的电位如图所示，u_o 与 u_i 反相，R_f 为反馈网络，通过 R_f 产生的反馈电流为 i_f。i_f 使放大电路的净输入电流变小，电路中引入了并联负反馈。

令输出电压 $u_o = 0$，即将 VT_2 的集电极接地，将会使反馈归零，电路中引入了电压反馈。

综上，图 5-18 所示电路引入了电压并联负反馈。

（2）该电路的反馈系数为

$$F_{ui} = \frac{i_f}{u_o} = -\frac{1}{R_f}$$

因为该电路引入了深度负反馈，即

$$i_f \approx i_s$$

所以电压放大倍数为

$$A_{uf} = \frac{u_o}{u_s} \approx \frac{u_o}{i_s R_s} = \frac{1}{F_{ui} R_s} = -\frac{R_f}{R_s}$$

例 5.5　电路如图 5-19 所示。

（1）分析电路处于何种反馈组态。

（2）求解深度负反馈条件下的电压放大倍数 A_{uf}。

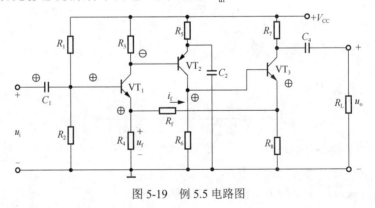

图 5-19　例 5.5 电路图

　　解：（1）图 5-19 所示电路为三级共射放大电路。假设输入电压 u_i 对地为"+"，则电路中各点的电位如图所示，u_o 与 u_i 反相，R_4 和 R_f 构成反馈网络，产生反馈电压 u_f。u_f 使放大电路的净输入电压变小，电路中引入了串联负反馈。

　　令输出电压 $u_o = 0$，即将 VT_3 的集电极接地，反馈不受影响，电路中引入了电流反馈。

　　综上，图 5-19 所示电路引入了电流串联负反馈。

　　（2）该电路的反馈系数为

$$F_{ui} = \frac{u_f}{i_o} = -\frac{R_4 R_8}{R_4 + R_f + R_8}$$

则电压放大倍数为

$$A_{uf} = \frac{u_o}{u_i} \approx \frac{1}{F_{ui}}(R_{c3} /\!/ R_L) = -\frac{R_4 + R_f + R_8}{R_4 R_8} \cdot (R_{c3} /\!/ R_L)$$

5.5　负反馈对放大电路性能的影响

　　放大电路中引入交流负反馈后，其多方面的性能会得到改善。例如，可以稳定放大倍数，改变输入电阻和输出电阻，展宽频带，减小非线性失真等。表 5-2 归纳整理了交流负反馈对放大电路相关性能的影响。

表 5-2　交流负反馈对放大电路性能的影响

影响指标	反馈	影响结论	表达式结论	备注
放大倍数	交流负反馈	**削弱放大电路放大倍数：** 负反馈放大电路放大倍数 A_f 是其基本放大电路放大倍数 A 的 $1/(1+AF)$	$A_f = \dfrac{A}{1+AF}$	不同组态负反馈电路放大倍数的物理意义不同，即对应表达式及其结论所具有的含义也就不同：对于电压串联负反馈电路，A_{uuf} 是 A_{uu} 的 $(1+AF)$ 倍；对于电压并联负反馈电路，A_{uif} 是 A_{ui} 的 $(1+AF)$ 倍；对于电流串联负反馈电路，A_{iuf} 是 A_{iu} 的 $(1+AF)$ 倍；对于电流并联负反馈电路，A_{iif} 是 A_{ii} 的 $(1+AF)$ 倍。当放大电路引入深度负反馈时，$A_f \approx \dfrac{1}{F}$
		增强放大电路放大倍数稳定性： 负反馈放大电路放大倍数 A_f 的稳定性是其基本放大电路放大倍数 A 的 $(1+AF)$ 倍	$\dfrac{dA_f}{A_f} = \dfrac{1}{1+AF}\dfrac{dA}{A}$	反馈网络一般由稳定的线性元件组成，闭环增益 A_f 具有很高的稳定性

影响指标	反馈	影响结论	表达式结论	备注
输入电阻	串联负反馈	**提高放大电路输入电阻:** 串联负反馈放大电路输入电阻 R_{if} 增大到其基本放大电路输入电阻 R_i 的（$1+AF$）倍	$R_{if}=(1+AF)R_i$	负反馈对输入电阻的影响仅限于闭环内，对闭环外不产生影响
	并联负反馈	**减小放大电路输入电阻:** 并联负反馈放大电路输入电阻 R_{if} 减小为其基本放大电路输入电阻 R_i 的 1/（$1+AF$）	$R_{if}=\dfrac{R_i}{1+AF}$	
输出电阻	电压负反馈	**减小放大电路输出电阻:** 电压负反馈放大电路输出电阻 R_{of} 为其基本放大电路输出电阻 R_o 的 1/（$1+AF$）。 当（$1+AF$）趋于无穷大时，R_{of} 趋于零，此时电压负反馈电路的输出具有恒压源特性	$R_{of}=\dfrac{R_o}{1+AF}$	负反馈对输出电阻的影响仅限于闭环内，对闭环外不产生影响
	交流负反馈	**提高放大电路输出电阻:** 电流负反馈放大电路输出电阻 R_{of} 为其基本放大电路输出电阻 R_o 的（$1+AF$）倍。 当（$1+AF$）趋于无穷大时，R_{of} 趋于无穷大，电路的输出具有恒流源特性	$R_{of}=(1+AF)R_o$	
频带	交流负反馈	**拓宽放大电路频带:** 引入负反馈后，放大电路输入电阻上限频率 f_{Hf} 是基本放大电路上限频率 f_H 的（$1+A_mF$）倍。 引入负反馈后，放大电路输入电阻下限频率 f_{Lf} 减小到基本放大电路下限频率 f_L 的 1/（$1+A_mF$）。 一般情况下，由于 $f_H \gg f_L$，$f_{Hf} \gg f_{Lf}$。 引入负反馈使频带展宽到基本放大电路的（$1+A_mF$）倍。 注：A_m 为基本放大电路的中频放大倍数	$f_{Hf}=(1+A_mF)f_H$ $f_{Lf}=\dfrac{f_L}{1+A_mF}$ $f_{bwf}=f_{Hf}-f_{Lf}\approx f_{Hf}$	
改善失真度	交流负反馈	**改善放大电路输出信号的非线性失真:** 信号源有足够的潜力，能使电路闭环后基本放大电路的净输入电压与开环时相等，即输出量在闭环前后保持基波成分不变，非线性失真能够减小到基本放大电路的 1/（$1+AF$）	$X_o''=\dfrac{X_o'}{1+AF}$ 式中，X_o'' 为输出量中的谐波，X_o' 为对应 X_i' 而产生的 X_o'	非线性失真产生于电路内部，引入负反馈后才被抑制。换言之，当非线性信号混入输入量或干扰来自外界时，引入负反馈将无济于事，必须采用信号处理（有源滤波等）或屏蔽等方法解决
增益带宽	交流负反馈	**增益带宽积恒定**	$f_{Hf} \cdot A_f \approx f_H \cdot A$	

5.6　放大电路中引入负反馈的一般原则

通过归纳与总结负反馈对放大电路性能的影响，可知放大电路中引入负反馈可以从多方面改善放大电路的性能，而且反馈组态不同所产生的影响也各不相同。由此可以得出放大电路中引入负反馈的一般原则，见表 5-3。

表 5-3　放大电路中引入负反馈的一般原则

目标		反馈类型	
稳定静态工作点		引入直流负反馈	引入交流负反馈
改善电路的动态性能	稳定输出电压	引入电压负反馈	
	稳定输出电流	引入电流负反馈	
	当信号源为恒压源或内阻较小的电压源时，增大放大电路的输入电阻以减小信号源的输出电流和内阻上的压降	引入串联负反馈	
	当信号源为恒流源或内阻很大的电压源时，减小放大电路的输入电阻，使电路获得更大的输入电流	引入并联负反馈	
信号变换	实现电流信号转换成电压信号	引入电压并联负反馈	
	实现电压信号转换成电流信号	引入电流串联负反馈	
	实现电压信号转换成电压信号	引入电压串联负反馈	
	实现电流信号转换成电流信号	引入电流并联负反馈	

习　题

5.1　判断题。

（1）共集放大电路既能放大电压，也能放大电流。　　　　　　　　　（　）

（2）阻容耦合放大器能够放大交流、直流信号。　　　　　　　　　　（　）

（3）负反馈能够改善放大电路的性能，因此，负反馈越强越好。　　　（　）

（4）为提高放大倍数，可以适当引入正反馈。　　　　　　　　　　　（　）

（5）当放大器负载不变时，引入电压负反馈或电流负反馈均可稳定放大器的电压放大倍数。　　　　　　　　　　　　　　　　　　　　　　　　　　　　　（　）

（6）只要给放大电路加入负反馈，就一定能够改善其性能。　　　　　（　）

（7）在同一个放大电路中可以同时引入正反馈和负反馈。　　　　　　（　）

（8）两个单级放大电路的空载放大倍数均为-50，将它们构成一个两级阻容耦合放大器后，总的放大倍数为 2500。　　　　　　　　　　　　　　　　　　　（　）

（9）电路中引入负反馈后，只能减小非线性失真，而不能消除失真。　（　）

（10）放大电路中的负反馈对在反馈中产生的干扰、噪声和失真有抑制作用，但对输入信号中含有的干扰信号等没有抑制能力。　　　　　　　　　　　　　　（　）

5.2　选择题。

（1）当反馈深度 $|1+AF|<1$ 时，放大电路工作在（　）状态。

　　A．正反馈　　　　　　B．负反馈　　　　　C．自激振荡　　　　D．无反馈

（2）当反馈深度 $|1+AF|=0$ 时，放大电路工作在（　）状态。

　　A．正反馈　　　　　　B．负反馈　　　　　C．自激振荡　　　　D．无反馈

（3）能使输出电阻降低的是（　）负反馈；能使输出电阻提高的是（　）负反馈。

　　A．电压　　　　　　　B．电流　　　　　　C．串联　　　　　　D．并联

（4）能使输入电阻提高的是（　）反馈；能使输入电阻降低的是（　）反馈。

　　A．电压负　　　　　　B．电流负　　　　　C．串联负　　　　　D．并联负

（5）能使输出电压稳定的是（　）负反馈，能使输出电流稳定的是（　）负反馈。

　　　A．电压　　　　　　　　B．电流　　　　　　　　C．串联　　　　　　　　D．并联

（6）能够提高放大倍数的是（　）反馈，能够稳定放大器增益的是（　）反馈。

　　　A．电压　　　　　　　　B．电流　　　　　　　　C．正　　　　　　　　　D．负

（7）能够稳定静态工作点的是（　）反馈，能够改善放大器性能的是（　）反馈。

　　　A．直流负　　　　　　　B．交流负　　　　　　　C．直流电流负　　　　D．交流电压负

（8）为了提高反馈效果，对串联负反馈应使信号源内阻 R_s（　）。

　　　A．尽可能大　　　　　　B．尽可能小　　　　　　C．大小适中

（9）对于电压负反馈而言，要求负载电阻（　）。

　　　A．尽可能大　　　　　　B．尽可能小　　　　　　C．大小适中

（10）串联负反馈可使（　）的输入电阻增大到开环时的（　）倍。

　　　A．反馈环路内　　　　　B．反馈环路外　　　　　C．反馈环路内与外

（11）电压负反馈可使（　）的输出电阻减小到开环时的（　）倍。

　　　A．反馈环路内　　　　　B．反馈环路外　　　　　C．反馈环路内与外

（12）要想得到一个由电流控制的电流源，应选（　）负反馈放大电路。

　　　A．电压串联　　　　　　B．电压并联　　　　　　C．电流串联　　　　　D．电流并联

（13）需要一个阻抗变换电路，要求 R_i 小，R_o 大，应选（　）负反馈放大电路。

　　　A．电压串联　　　　　　B．电压并联　　　　　　C．电流串联　　　　　D．电流并联

（14）多级放大电路的通频带比单级放大电路的通频带（　）。

　　　A．宽　　　　　　　　　B．窄　　　　　　　　　C．一样　　　　　　　D．无法确定

（15）多级放大电路的输入电阻等于（　）。

　　　A．第一级输入电阻　　　　　　　　　　　　B．最后一级输出电阻

　　　C．增益最高的那一级电阻　　　　　　　　　D．无法确定

（16）为了放大缓慢变化的非周期信号或直流信号，放大器之间应采用（　）。

　　　A．阻容耦合电路　　　　　　　　　　　　B．变压器耦合电路

　　　C．直接耦合电路　　　　　　　　　　　　D．二极管耦合电路

（17）当两级放大器中的各级电压增益分别是 20dB 和 40dB 时，总的电压增益应为（　）。

　　　A．60dB　　　　　　　　B．80dB　　　　　　　　C．800dB　　　　　　D．20dB

（18）若输入信号的频率很低，则最好采用（　）放大器。

　　　A．变压器耦合　　　　　B．直接耦合　　　　　　C．阻容耦合　　　　　D．电感耦合

（19）在阻容耦合放大器中，耦合电容的作用是（　）。

　　　A．隔断直流，传送交流　　　　　　　　　B．隔断交流，传送直流

　　　C．传送交流和直流　　　　　　　　　　　D．隔断交流和直流

（20）直接耦合多级放大电路与阻容耦合多级放大电路之间的主要区别是（　）。

　　　A．放大的信号不同　　　B．直流通路不同　　　　C．交流通路不同

5.3　填空题。

（1）反馈放大电路由_____和反馈电路两部分组成。反馈电路跨接在_____端和_____端之间。

（2）负反馈对放大电路有几方面的影响：使放大倍数_____，放大倍数的稳定性_____，

输出波形的非线性失真＿＿＿＿，通频带宽度＿＿＿＿，并且＿＿＿＿了输入电阻和输出电阻。

（3）对共射极电路来说，反馈信号引入输入端晶体管的发射极上，与输入信号串联起来，称为＿＿＿＿反馈；反馈信号引入输入端晶体管的＿＿＿＿极上，与输入信号并联起来，称为＿＿＿＿反馈。

（4）设一个三级放大电路，各级电压增益均为 20dB。输入的信号电压 $u_i = 3mV$，求得输出电压 $u_o =$ ＿＿＿＿。

（5）使放大电路净输入信号减小的反馈称为＿＿＿＿；使放大电路净输入信号增大的反馈称为＿＿＿＿。

（6）判别反馈极性的方法是＿＿＿＿。

（7）放大电路中，引入直流负反馈，可以稳定＿＿＿＿；引入交流负反馈，可以稳定＿＿＿＿。

（8）为了提高电路的输入电阻，可以引入＿＿＿＿；在负载变化时，为了稳定输出电流，可以引入＿＿＿＿；在负载变化时，为了稳定输出电压，可以引入＿＿＿＿。

5.4　各电路如图 5-20 所示。

（1）判断各电路中是否引入了反馈，是直流反馈还是交流反馈，是正反馈还是负反馈。设图中所有电容对交流信号均可视为短路。

（2）估算图 5-20（d）～图 5-20（g）所示各电路在深度负反馈条件下的电压放大倍数。

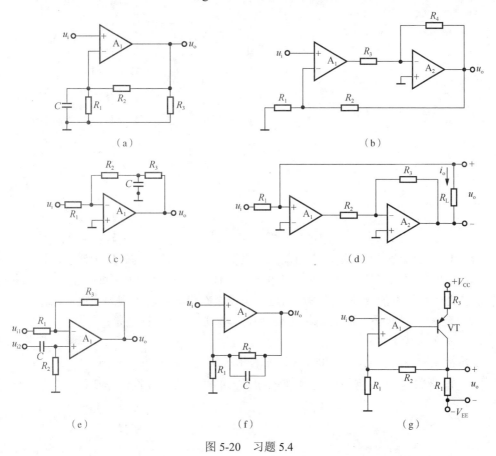

图 5-20　习题 5.4

5.5　各电路如图 5-21 所示。

（1）判断各电路中是否引入了反馈。若引入了反馈，则判断其是直流反馈还是交流反馈，是正反馈还是负反馈。

（2）分别说明图 5-21 所示各电路引入交流负反馈后放大电路的输入电阻和输出电阻所产生的变化（只需说明是增大还是减小即可）。

（3）计算图 5-21 所示放大电路的反馈系数。

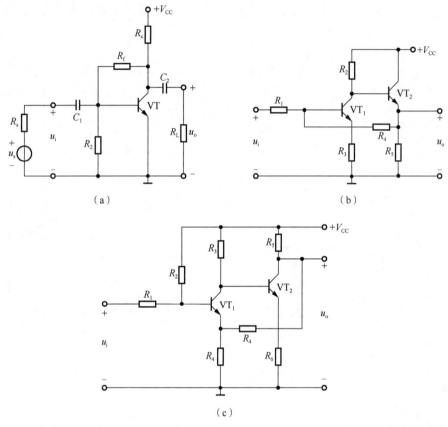

图 5-21　习题 5.5

5.6　电路如图 5-22 所示，它的最大跨级反馈可从晶体管的集电极或发射极引出，接到的基极或发射极共有四种接法（①和③、①和④、②和③、②和④相连）。试判断这四种接法各为何种组态的反馈？是正反馈还是负反馈？设各电容可视为交流短路。

5.7　已知一个负反馈放大电路的 $A = 10^5$，$F = 2 \times 10^{-3}$。请确定：

（1）A_f 为多少？

（2）若 A 的相对变化率为 20%，则 A_f 的相对变化率为多少？

5.8　电路如图 5-23 所示。试说明电路引入的是共模负反馈，即反馈仅对共模信号起作用。

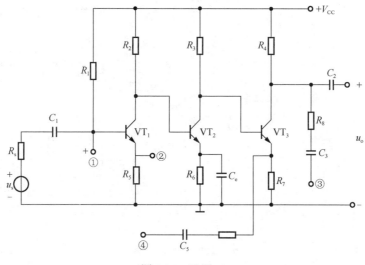

图 5-22　习题 5.6

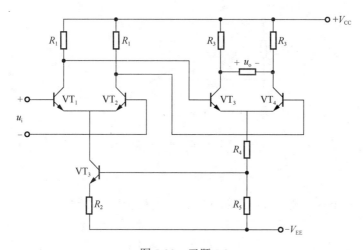

图 5-23　习题 5.8

5.9　电路如图 5-24 所示。

（1）请合理连线，接入信号源和反馈，使电路的输入电阻增大，输出电阻减小。

（2）若 $|A_\mathrm{u}| = \dfrac{u_\mathrm{o}}{u_\mathrm{i}} = 20$，则 R_f 应取多少千欧？

5.10　已知一个电压串联负反馈放大电路的电压放大倍数 $A_\mathrm{uf} = 20$，其基本放大电路的电压放大倍数 A_u 的相对变化率为 10%，A_uf 的相对变化率小于 0.1%，试问：F 和 A_u 各为多少？

5.11　电路如图 5-25 所示。试问：若以稳压管的稳定电压 U_Z 作为输入电压，则当 R_2 滑动端的位置发生变化时，输出电压 u_o 的调节范围为多少？

5.12　已知负反馈放大电路的 $A = \dfrac{10^4}{\left(1 + \mathrm{j}\dfrac{f}{10^4}\right)\left(1 + \mathrm{j}\dfrac{f}{10^5}\right)^2}$，试分析：为了使放大电路能够

稳定工作（不产生自激振荡），反馈系数的上限值应为多少？

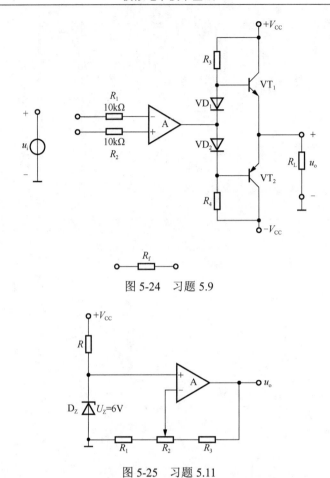

图 5-24　习题 5.9

图 5-25　习题 5.11

5.13　已知一个负反馈放大电路的基本放大电路的对数幅频特性如图 5-26 所示，反馈网络由纯电阻组成。试问：若要求电路稳定工作，即不产生自激振荡，则反馈系数的上限值应为多少分贝？简述理由。注：在研究放大电路的频率响应时，输入信号（即加在放大电路输入端的测试信号）的频率范围常常设置在几赫兹到上百兆赫兹，甚至更宽。而放大电路的放大倍数可从几倍到上百万倍。为了在同一坐标系中表示如此宽的变化范围，在画频率特性曲线时常采用对数坐标，称为波特图，详见 6.3.1 节中的讲述。

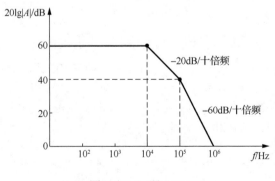

图 5-26　习题 5.13

5.14　图 5-27（a）所示放大电路 AF 的波特图如图 5-27（b）所示。

（1）请判断该电路是否会产生自激振荡并简述理由。

（2）若电路产生了自激振荡，则应采取什么措施消振？要求在图 5-27（a）中画出来。

（3）若仅有一个 50pF 电容，将其分别接在三个晶体管的基极和地之间均未能消振，则将其接在何处有可能消振？为什么？

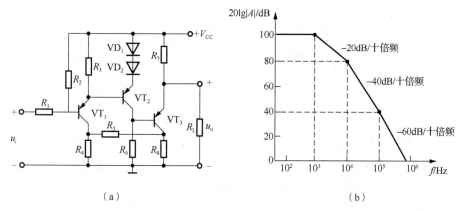

（a）　　　　　　　　　　　　（b）

图 5-27　习题 5.14

5.15　以集成运放作为放大电路引入合适的负反馈，分别达到下列目的，要求画出电路图。

（1）实现电流－电压转换电路。

（2）实现电压－电流转换电路。

（3）实现输入电阻高、输出电压稳定的电压放大电路。

（4）实现输入电阻低、输出电流稳定的电流放大电路。

5.16　分析图 5-28 所示电路，说明电路中有哪些级间交、直流反馈？各是什么极性、类型？起什么作用？并计算电路的闭环电压放大倍数。

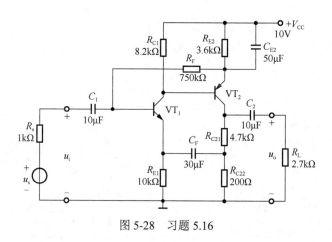

图 5-28　习题 5.16

5.17　电路如图 5-29 所示，在深度负反馈条件下，分析图中各电路的闭环电压放大倍数。

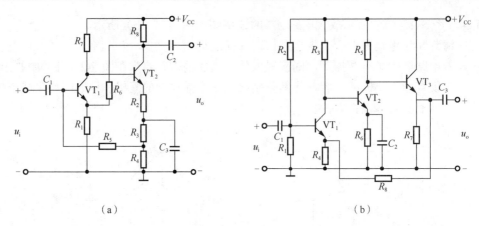

（a）　　　　　　　　　　　（b）

图 5-29　习题 5.17

5.18　三级放大电路如图 5-30 所示。为使放大电路具有较大的带负载能力且能够向信号源索取较小的信号电流，该放大器中应当引入什么类型的反馈。要求在电路图上画出反馈支路，但反馈支路不能影响原电路的静态工作点。

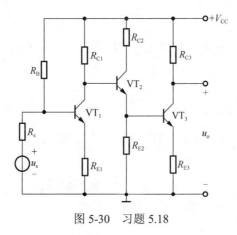

图 5-30　习题 5.18

5.19　试分析如图 5-31 所示的各电路中是否引入了正反馈（构成自举电路）。若引入了正反馈，则在电路中标出，并简述正反馈所起的作用。设电路中所有电容对交流信号均可视为短路。

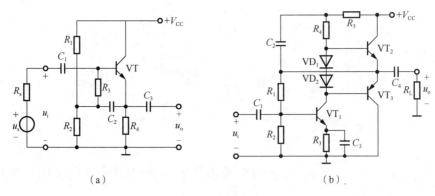

（a）　　　　　　　　　　　（b）

图 5-31　习题 5.19

5.20　在图 5-32 所示电路中，已知 A 为电流反馈型集成运放，试分析该电路：

（1）中频电压放大倍数。

（2）上限截止频率。

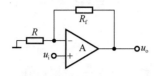

图 5-32　习题 5.20

5.21　已知集成运放的开环差模增益 $A_{od} = 2 \times 10^5$，差模输入电阻 $R_{id} = 2M\Omega$，输出电阻 $R_o = 200\Omega$，试用框图法分别求解图 5-33 所示各电路的 A、F、A_f、R_{if}、R_{of}。

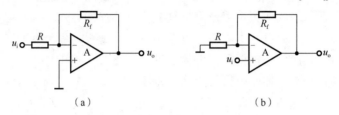

（a）　　　　　　　　　　　　（b）

图 5-33　习题 5.21

第 6 章　运算电路与信号处理

导读

6.1　课例引入——人体心电信号的测量

运算电路让神奇的电子世界变得五彩缤纷。本节以人体心电信号测量为例阐释运算电路的神奇力量。现实中有许多测量人体心电信号的方法。在心电图的专业术语中，将记录心电图时电极在人体体表的放置位置及电极与放大器的连接方式称为心电图的导联。记录体表心电图必须解决两个问题：①电极的放置位置；②电极与放大器的连接形式。

图 6-1（a）所示为人体心电信号测量的一种导联方式：aVR 导联。在现实生活中，手机、运动手环都具备测量人体心电信号的功能 ［图 6-1（b）］。为完成人体心电信号测量系统的设计，首先要确定人体心电信号的特点。人体心电信号属于生物医学信号，其特点包括以下几点：

（1）心电信号具有近场检测的特点，一旦离开人体表面微小的距离，将检测不到心电信号。

（2）心电信号通常较为微弱，至多为 mV 量级。

（3）心电信号属于低频信号，且能量主要在几百赫兹以下。

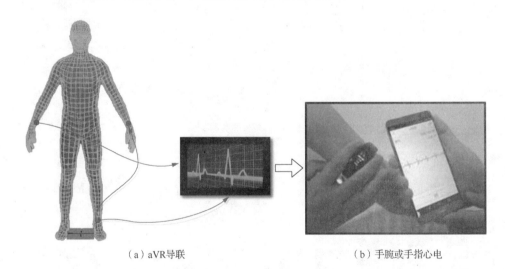

（a）aVR导联　　　　　　　　　　　　　（b）手腕或手指心电

图 6-1　人体心电信号测量示意图

基于上述分析，可以确定人体心电信号测量电路的设计思想（图 6-2）如下：①在人体心电信号测量系统设计中，可以通过心电电极将人体的心跳生理信号转变成微弱的电信号。②考虑在心电信号的测量过程中包含强烈干扰，其中来自生物体内的，如肌电干扰、呼吸干扰等；来自人体外的，如工频干扰、信号拾取时因不良接地等引入的其他外来干扰等。因此，在设计中采用集成运算放大器构成的差分放大器处理干扰信号。③心电信号虽然属于低频信号，但也具有一定的带宽限制，因此在电路设计中应有由集成运放构成的带通滤波器。④为了防止集成运放出现阻塞现象，考虑增加单独的集成运放信号放大器来承担微弱心电信号的放大。

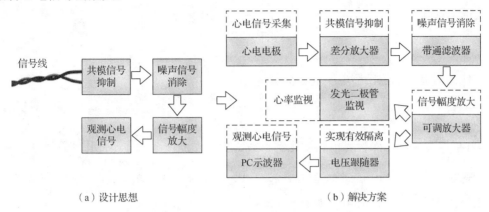

图 6-2　人体心电信号测量电路设计思想

6.2　运　算　电　路

6.2.1　比例运算电路

比例运算电路是将输入信号按比例放大输出的电路。若输出信号与输入信号的相位相同，则该运算电路称为同相比例运算电路；若输出信号与输入信号的相位相反，则该运算电路称为反相比例运算电路。

1.　同相比例运算电路

同相比例运算电路如图 6-3 所示，输入电压 u_i 经电阻 R_1 接到集成运放的同相输入端，运放的反相输入端经电阻 R_2 接地。输出电压 u_o 经反馈电阻 R_f 引回到反相输入端。

为了使集成运放外围电路能够配合其内部输入级，差分放大电路的两个差分对管基极对地的电阻保持相等以提升对共模信号的抑制，因此要保证集成运放的反相输入端与同相输入端对地的电阻一致，即 R_1 的阻值应满足

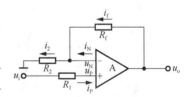

图 6-3　同相比例运算电路图

$$R_1 = R_2 \mathbin{/\mkern-5mu/} R_f$$

根据交流负反馈四种反馈组态的分析方法可知，同相比例运算电路中的反馈组态是电压串联负反馈，因此该电路输入电阻 $R_{id} \to \infty$，输出电阻 $R_{od} \to 0$。由于集成运放的开环差模增益 A_d 很高，因此容易满足深度负反馈 $AF \gg 1$ 的条件，可以认为集成运放工作在线性区。

可以利用第 5 章所述深度负反馈下的反馈增益分析方法来分析同相比例运算电路的电压放大倍数；还可以利用理想运放工作在线性区时"虚短"和"虚断"的特点来分析同相比例运算电路输出与输入的关系。本节采用第二种分析方法进行分析。

在图 6-3 中，根据"虚断"的特点可知 $i_N = i_P = 0$，则有

$$u_N = \frac{R_2}{R_2 + R_f} u_o \qquad (6\text{-}1)$$

根据"虚短"的特点，可以确定 $u_N = u_P = u_i$，结合式（6-1）可以确定输出信号与输入信号之间的关系为

$$u_o = \left(1 + \frac{R_f}{R_2}\right) u_i \qquad (6\text{-}2)$$

则同相比例运算电路的闭环电压放大倍数为

$$A_{uf} = \frac{u_o}{u_i} = 1 + \frac{R_f}{R_2} \qquad (6\text{-}3)$$

式中，$1 + \frac{R_f}{R_2}$ 为同相比例运算电路的比例系数。由式（6-3）可知，同相比例运算电路的电压放大倍数（比例系数）总是大于或者等于 1。而当 $R_f = 0$ 或 $R_2 = \infty$ 时，同相比例运算电路的比例系数等于1，此时电路如图6-4所示。

同理，由图6-4可知，根据"虚短"的特点，则有

$$u_o = u_N = u_P = u_i \qquad (6\text{-}4)$$

由于这种电路的输出电压与输入电压不仅幅值相等，而且相位相同，二者之间是一种"跟随"关系，因此又称为电压跟随器。

2. 反相比例运算电路

将图6-3所示电路中的输入端和接地端互换，就得到反相比例运算电路，如图6-5所示。

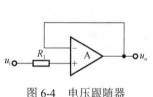

图6-4　电压跟随器

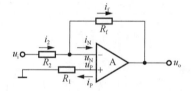

图6-5　反相比例运算电路图

为了使集成运放的反相输入端与同相输入端对地的电阻一致，R_1 的阻值仍应满足 $R_1 = R_2 \mathbin{/\mkern-5mu/} R_f$。

同理，由交流负反馈四种反馈组态的分析方法可知，反相比例运算电路中的反馈组态是电压并联负反馈，因此该电路输入电阻 R_{id} 很小，且 R_{id} 由 R_2 决定，即 $R_{id} = R_2$，而输出电阻 $R_{od} \to 0$。由于集成运放的开环差模增益 A_d 很高，因此容易满足深负反馈 $AF \gg 1$ 的条件，可以认为集成运放工作在线性工作区。

同样，可以利用第5章所述深度负反馈下的反馈增益分析方法来分析反相比例运算电路的电压放大倍数；还可以利用理想运放工作在线性区时"虚短"和"虚断"的特点来分析反相比例运算电路输出和输入的关系。本节采用第二种分析方法进行分析。

在图6-5中，由于"虚断"，输入电流 $i_N = 0$，即 R_1 上没有压降，则 $u_P = 0$。又因为"虚短"，可得

$$u_N = u_P = 0 \qquad (6\text{-}5)$$

上式说明，在反相比例运算电路中，集成运放的反相输入端与同相输入端两点的电位不仅相等，而且均等于零，如同该两点接地一样，这种现象称为"虚地"。"虚地"是反相比例运算电路的一个重要特点。

由于 $i_N = 0$，因此以反相输入端"–"列写节点电流方程，则有

$$i_2 = i_f \tag{6-6}$$

即

$$\frac{u_i - u_N}{R_2} = \frac{u_N - u_o}{R_f} \tag{6-7}$$

根据式（6-5）可以确定反相比例运算电路的输出电压和输入电压的关系为

$$u_o = -\frac{R_f}{R_2} u_i \tag{6-8}$$

则反相比例运算电路的闭环电压放大倍数为

$$A_{uf} = \frac{u_o}{u_i} = -\frac{R_f}{R_2} \tag{6-9}$$

由式（6-9）可知，该电路输出电压与输入电压之间的比例系数为 $-\dfrac{R_f}{R_2}$，即输出电压与输入电压的幅值成正比，但相位相反，电路实现了反相比例运算。比例系数的数值决定于电阻 R_f 和 R_2 之比，而与集成运放内部各项参数无关。只要 R_f 和 R_2 的阻值较为准确和稳定，即可得到准确的比例运算关系。比例系数的数值可以大于或等于1，也可以小于1。

图 6-5 所示反相比例运算电路的输入电阻 $R_{id} = R_2$，因此要提高该电路的输入电阻值就需要增大 R_2 的值。例如，在比例系数为-100 的情况下，若要求 $R_{id} = 100\text{k}\Omega$，则 R_2 应取 $100\text{k}\Omega$，R_f 应取 $10000\text{k}\Omega$。但电路设计的过程中若采用阻值较大的电阻，则会使电路运行的稳定性差、噪声强；同时，当其阻值增大到与集成运放的输入电阻等数量级时，就会使比例系数发生较大的变化，而不仅取决于反馈网络。

实际电路（图 6-6）中采用 T 型网络（R_3、R_4、R_5）取代图 6-5 所示电路的反馈网络 R_f，这既可以在增大输入电阻的同时保证电路运行的稳定性，又可以保证比例系数的精准性。

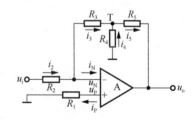

图6-6　具有T型反馈网络-反相比例运算电路图

利用"虚短""虚断"概念，以反相端"–"列写节点电流方程，则有

$$i_2 = i_3 \tag{6-10}$$

即

$$\frac{u_i - u_N}{R_2} = \frac{u_N - u_T}{R_3} \tag{6-11}$$

则可以确定

$$u_T = -\frac{R_3}{R_2} u_i \tag{6-12}$$

同理，以 T 点列节点电流方程，则有

$$i_3 = i_4 + i_5 \tag{6-13}$$

即

$$-\frac{u_T}{R_3} = -\frac{u_T}{R_4} + \frac{u_T - u_o}{R_5} \tag{6-14}$$

最终可以确定输出电压为

$$u_o = -\frac{R_3 + R_5}{R_2}\left(1 + \frac{R_3 // R_5}{R_4}\right)u_i \tag{6-15}$$

上式表明，当 $R_4 \to \infty$ 时，u_o 与 u_i 的关系满足式（6-8）的关系。T 型网络电路的输入电阻 $R_{id} = R_2$。若要求比例系数为-100 且 $R_{id} = 100\text{k}\Omega$，则 R_2 应取 $100\text{k}\Omega$；如果 R_3 和 R_5 也取 $100\text{k}\Omega$，那么只要 R_4 取 $1.02\text{k}\Omega$，即可得到-100 的比例系数。

6.2.2　加法、减法运算电路

1. 加法运算电路

通过简单地调整图 6-5 所示反相比例运算电路输入电阻的阻值，使 $R_{id} = R_2 // R_3 // \cdots // R_{n+1}$，即可使反相比例运算电路的输入由 1 个变成 n 个，并赋予各个输入不同的权重系数，则反相加法运算电路的输出信号与多路输入信号之间的关系为

$$u_o = -\left(\frac{R_f}{R_2}u_{i1} + \frac{R_f}{R_3}u_{i2} + \frac{R_f}{R_4}u_{i3} + \cdots + \frac{R_f}{R_{n+1}}u_{in}\right) \tag{6-16}$$

式中，$\dfrac{R_f}{R_{n+1}}$ 为各输入信号的权重系数。由式（6-16）可知，此运算电路为反相加法运算电路。为便于理解，本节给出一个由 3 个输入信号组成的反相加法运算电路，如图 6-7 所示。

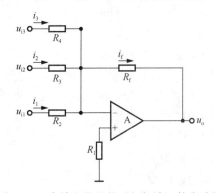

图 6-7　3 个输入信号的反相加法运算电路图

事实上，根据式（6-16）可知，反相加法运算电路的同相输入接地端可以不设置电阻（图 6-7 中的 R_1），但为了保证集成运放的两个输入端对地的电阻平衡，在同相输入端增加了电阻 R_1，此电阻的阻值应当满足

$$R_1 = R_2 // R_3 // R_4 // R_f \tag{6-17}$$

这种反相加法运算电路的优点是，当改变某一输入回路的电阻时，仅仅改变输出电压与该路输入电压之间的比例关系（权重系数），而对其他各路没有影响，因此调节较为灵活方便。另外，由于"虚地"，因此加在集成运放输入端的共模电压很小。在实际工作中，

反相加法运算电路应用较为广泛。

提示：由式（6-16）可知，当 $R_2 = R_3 = \cdots = R_{n+1} = R_f$ 时，$u_o = -(u_{i1} + u_{i2} + \cdots + u_{in})$，此时该反相求和运算电路即为单位增益求和运算电路；当 $R_2 = R_3 = \cdots = R_{n+1} = R$，且 $\dfrac{R_f}{R} = \dfrac{1}{n}$ 时，$u_o = -\dfrac{(u_{i1} + u_{i2} + \cdots + u_{in})}{n}$，此时该反相求和运算电路即为均值运算电路。

同理，对于同相运算电路来说，也可以通过简单地调整图 6-3 所示同相比例运算电路的输入端个数，即构成了同相加法运算电路 [图 6-8（a）]。

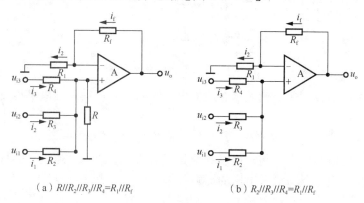

（a）$R / / R_2 / / R_3 / / R_4 = R_1 / / R_f$　　　　　　　（b）$R_2 / / R_3 / / R_4 = R_1 / / R_f$

图 6-8　同相加法运算电路图

同样，为了保证集成运放的两个输入端对地的电阻平衡，同相输入端电阻与反相输入端电阻的阻值应当满足

$$R / / R_2 / / R_3 / / R_4 = R_1 / / R_f \tag{6-18}$$

利用集成运放"虚断""虚短"的特点可以确定

$$u_o = \frac{R_f}{R_2} u_{i1} + \frac{R_f}{R_3} u_{i2} + \frac{R_f}{R_4} u_{i3} \tag{6-19}$$

若图 6-8（a）中考虑 $R_2 / / R_3 / / R_4 = R_1 / / R_f$，则在电路的设计中可以省略 R [图 6-8（b）]。

从赋予各个输入端信号不同权重系数的角度来说，同相加法运算电路的输出信号与多路输入信号之间的关系为

$$u_o = \frac{R_f}{R_2} u_{i1} + \frac{R_f}{R_3} u_{i2} + \frac{R_f}{R_4} u_{i3} + \cdots + \frac{R_f}{R_{n+1}} u_{in} \tag{6-20}$$

式中，$\dfrac{R_f}{R_{n+1}}$ 为各输入信号的权重系数。

2. 加减混合运算电路

从对同相求和运算电路、反相求和运算电路的分析可知，若想实现不同极性输出信号的和，则需要多个信号同时作用于集成运放的两个输入端，这也就实现了加减混合运算。例如，将图 6-7 所示反相加法运算电路、图 6-8 所示同相加法运算电路合二为一，构成加减混合运算电路，如图 6-9 所示。

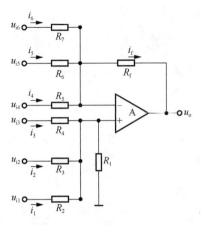

图 6-9　加减混合运算电路图

为了保证集成运放的两个输入端对地的电阻平衡，同相输入端电阻与反相输入端电阻的阻值应当满足

$$R_1 /\!/ R_2 /\!/ R_3 /\!/ R_4 = R_5 /\!/ R_6 /\!/ R_7 /\!/ R_f \tag{6-21}$$

对于多输入的电路而言，同样可以利用集成运放"虚断""虚短"的特点，确定所有信号共同作用时输出电压与输入电压的运算关系。但此种方法计算分析较为复杂，本节介绍一种新的方法——叠加原理分析方法。利用叠加原理分析法，首先分别求出同相加法、反相加法单独作用时的输出电压，然后将它们相加得到所有信号共同作用时输出电压与输入电压的运算关系。利用叠加原理求解加减混合运算电路，如图 6-10 所示。

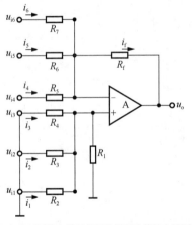
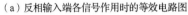
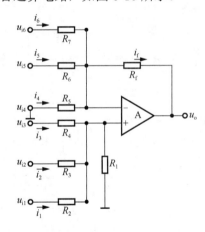

（a）反相输入端各信号作用时的等效电路图　　　（b）同相输入端各信号作用时的等效电路图

图 6-10　利用叠加原理求解加减混合运算电路

图 6-10（a）所示电路为反相求和运算电路，输出电压为

$$u_{o1} = -\left(\frac{R_f}{R_5} u_{i4} + \frac{R_f}{R_6} u_{i5} + \frac{R_f}{R_7} u_{i6} \right) \tag{6-22}$$

图 6-10（b）所示电路为同相求和运算电路，输出电压为

$$u_{o2} = \frac{R_f}{R_2} u_{i1} + \frac{R_f}{R_3} u_{i2} + \frac{R_f}{R_4} u_{i3} \tag{6-23}$$

因此，所有输入信号同时作用时的输出电压为

$$u_o = u_{o1} + u_{o2} = \frac{R_f}{R_2}u_{i1} + \frac{R_f}{R_3}u_{i2} + \frac{R_f}{R_4}u_{i3} - \frac{R_f}{R_5}u_{i4} - \frac{R_f}{R_6}u_{i5} - \frac{R_f}{R_7}u_{i6} \tag{6-24}$$

从赋予各个输入端信号不同权重系数的角度来说，混合加减运算电路的输出信号与多路输入信号之间的关系为

$$u_o = \frac{R_f}{R_2}u_{i1} + \frac{R_f}{R_3}u_{i2} + \frac{R_f}{R_4}u_{i3} + \cdots + \frac{R_f}{R_{n+1}}u_{in}$$
$$- \frac{R_f}{R_{n+2}}u_{i(n+1)} - \frac{R_f}{R_{n+3}}u_{i(n+2)} - \frac{R_f}{R_{n+4}}u_{i(n+3)} - \cdots - \frac{R_f}{R_{2n+1}}u_{i2n} \tag{6-25}$$

式中，$\dfrac{R_5}{R_2}, \dfrac{R_5}{R_3}, \cdots \dfrac{R_5}{R_{n+1}}, \dfrac{R_5}{R_{n+2}} + \cdots + \dfrac{R_f}{R_{2n+1}}$ 为各输入信号的权重系数。

例 6.1　设计一个运算电路，要求输出电压和输入电压的运算关系为 $u_o = 5u_{i1} - 5u_{i2}$。

解：根据已知的运算关系，当采用单个集成运放构成电路时，u_{i1} 应该作用于同相输入端，而 u_{i2} 应该作用于反相输入端，如图 6-11（a）所示。

考虑 $R_1 \parallel R_2 = R_3 \parallel R_f$，因此可以确定 u_{i1} 输入信号的权重系数为 $\dfrac{R_f}{R_2} = 5$，u_{i2} 输入信号的权重系数为 $\dfrac{R_f}{R_1} = -5$。为便于选取合适的电阻，令 $R_2 = R_3$，$R_1 = R_f$。因此，若选择 $R_f = 100\text{k}\Omega$，则 $R_2 = 20\text{k}\Omega$。

但这种由单个集成运放构成的运算电路存在着每个信号源的输入电阻均较小的缺点。因此，必要时可以采用两级电路［图 6-11（b）］，该电路的第一级电路为同相比例运算电路，则有

$$u_{o1} = \left(1 + \frac{R_{f1}}{R_1}\right)u_{i1}$$

把 u_{o1} 作为第二级运算电路的输入信号，则有

$$u_o = -\frac{R_{f2}}{R_3}u_{o1} + \left(1 + \frac{R_{f2}}{R_3}\right)u_{i2}$$

若 $R_1 = R_{f2}$，$R_3 = R_{f1}$，则有

$$u_o = \left(1 + \frac{R_{f2}}{R_3}\right)(u_{i2} - u_{i1})$$

由此，若选择 $R_{f2} = 100\text{k}\Omega$，则 $R_1 = 100\text{k}\Omega$、$R_3 = R_{f1} = 25\text{k}\Omega$。

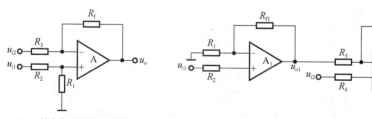

（a）单个集成运放电路图　　　　　　（b）两个集成运放设计电路图

图 6-11　减法运算电路设计

从电路的组成可以看出，无论是对于 u_{i1} 还是对于 u_{i2}，均可认为输入电阻无穷大。

6.2.3　积分、微分运算电路

1.　积分运算电路

积分运算本质上是加法运算。从积分曲线上看，积分的值是函数曲线下覆盖的总面积。为增强对积分电路的理解，本节以非线性曲线 $y=\sqrt{x}$ 为例，对其进行积分运算。为便于计算，将曲线 $y=\sqrt{x}$ 下方对应的面积分割成 n 个等宽的长方形（图 6-12），则每个小长方形面积可表示为

$$S_n = \sqrt{x_n} \cdot (x_{n+1} - x_n) \tag{6-26}$$

由上式可知，当 $n \to \infty$ 时，所有小长方形面积的和无限接近于曲线 $y=\sqrt{x}$ 下方对应的面积，即

$$S_{总} = \sum_{i=1}^{n} \sqrt{x_i} \cdot (x_{i+1} - x_i) \tag{6-27}$$

可用积分表示为

$$S_{总} = \int \sqrt{x} \mathrm{d}x \tag{6-28}$$

图 6-13 所示为一个理想集成运放积分电路，其与反相比例运算电路的区别是反馈电阻 R_f 由电容 C 替代，形成 RC 电路。

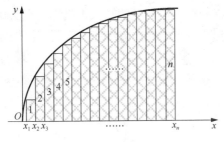

图 6-12　积分计算面积

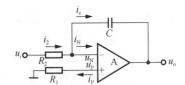

图 6-13　理想积分运算电路图

为确定输出信号与输入信号的积分关系，仍可以从集成运放"虚短""虚断"特点入手。首先，图 6-13 中集成运放同相输入端通过 R_1 接地，有 $u_P = u_N = 0$，即"虚地"存在。以集成运放反相输入端"−"列写节点电流方程，则有

$$i_2 = i_c = \frac{u_i}{R_2} \tag{6-29}$$

考虑 u_o 与 u_c 的关系，则有

$$u_o = -u_c = -\frac{1}{C} \int i_c \mathrm{d}t = -\frac{1}{R_2 C} \int u_i \mathrm{d}t \tag{6-30}$$

当输入信号是一个常量电压 V_{CC} 时，输入电流 I_2 同样为常量值。考虑 $I_2 = I_c$，则 I_c 向电容 C 线性充电，此时电容 C 上产生线性电压 [图 6-14（a）]，积分电路输出电压 $u_o = -u_c$。同理可知，当积分电路输入脉冲信号时，输出信号为锯齿波 [图 6-14（b）]；当输入信号为正弦信号时，输出信号为产生移相的正弦信号 [图 6-14（c）]。

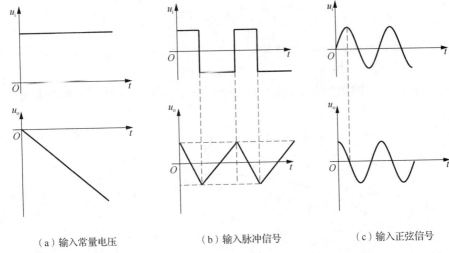

（a）输入常量电压　　　　　　　　（b）输入脉冲信号　　　　　　　　（c）输入正弦信号

图 6-14　三种输入信号下积分运算电路的输出波形图

　　上述积分电路为理想状态下的积分运算电路。实际工作中，若积分运算电路的输入端存在直流失调问题，或者直流电源作用于电容，则电容隔直通交，相当于一个无穷大的电阻，此时直流电压放大倍数极大，会使该运算电路输出端达到饱和状态。因此，在实际应用电路中，常在反馈回路的电容上并联一个电阻加以限制。修正后的积分运算电路称为运行平均电路，又称米勒积分电路（图 6-15）。该电路在高频时对电阻的影响很小或无影响，在低频时为电容器提供放电通路，能够有效地减小积分器的直流放大倍数。

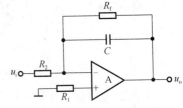

图 6-15　米勒积分电路图

　　2. 微分运算电路

　　微分运算是对一个函数局部变化率的一种线性描述，变化率是因变量对自变量的导数。为便于理解微分电路，本节仍以非线性曲线 $y = \sqrt{x}$ 为例，对其进行微分运算。首先将该曲线进行无限分割，共分割成 n 段（图 6-16）。

　　y 对 x 求导，等于函数上某一点切线的斜率，即

$$dy = \frac{1}{2}\sqrt{x}dx \tag{6-31}$$

则函数 dy 相对于 dx 的变化率为

$$\frac{dy}{dx} = \frac{1}{2}\sqrt{x} \tag{6-32}$$

　　图 6-16 中，A、B、C 三段为曲线无限分割出的小段中的三段，显然这三段的变化率不同（三条线性化直线 A、B、C 的斜率不同），有

$$\frac{dy_1}{dx_1} > \frac{dy_2}{dx_2} > \frac{dy_3}{dx_3} \tag{6-33}$$

即

$$\frac{1}{2}\sqrt{x_1} > \frac{1}{2}\sqrt{x_2} > \frac{1}{2}\sqrt{x_3} \tag{6-34}$$

式中，$\mathrm{d}x$、$\mathrm{d}y$ 分别对应图 6-16 中的 Δx、Δy。若取 $x_1 = 4$，$x_2 = 9$，$x_3 = 16$，则 A、B、C 三条线的斜率分别为 1、1.5、2。

图 6-17 所示为一个理想集成运放微分电路，其电路构成就是将积分电路中的 R 和 C 的位置对调。

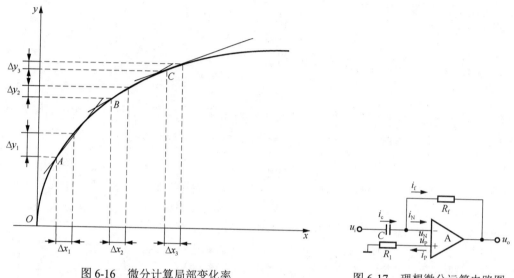

图 6-16　微分计算局部变化率　　　　　图 6-17　理想微分运算电路图

为确定输出信号与输入信号的微分关系，仍可从集成运放"虚短""虚断"特点入手。首先，图 6-17 中集成运放同相输入端通过 R_1 接地，有 $u_\mathrm{P} = u_\mathrm{N} = 0$，即"虚地"存在。以集成运放反相输入端"−"列写节点电流方程，则有

$$i_\mathrm{f} = i_\mathrm{c} = C\frac{\mathrm{d}u_\mathrm{i}}{\mathrm{d}t} \tag{6-35}$$

由图可得输出电压

$$u_\mathrm{o} = -i_\mathrm{f}R_\mathrm{f} = -R_\mathrm{f}C\frac{\mathrm{d}u_\mathrm{i}}{\mathrm{d}t} \tag{6-36}$$

由此可知，该电路输出电压与输入电压的变化率成比例。

同理，理想微分电路中也存在集成运放阻塞的风险。例如，当输入电压产生阶跃变化或者产生脉冲式大幅值干扰时，均会造成集成运放阻塞，电路无法正常工作。与此同时，从理想微分电路结构可知，其反馈网络为滞后环节，这与集成运放内部的滞后环节相叠加，易于形成正反馈而产生自激振荡，造成电路工作不稳定。因此，在实际应用电路中，常在输入端串联一个小电阻 R_2 以限制输入电流；与此同时，在反馈回路上与 R_f 并联一个稳压管 VD_z，稳定输出电压的幅度，从而确定集成运放不进入阻塞状态；此外，为了提高电路工作的稳定性，还需在反馈回路上与 R_f 并联一个电容 C_f（图 6-18）。

若输入电压为方波，且 $RC \ll \dfrac{T}{2}$（T 为方波的周期），则此微分电路输出信号为尖顶波。

图 6-19 展示了实用微分电路输入为方波时相应产生尖顶波输出的过程。

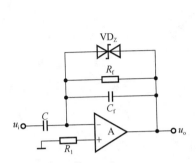

图 6-18　实用微分电路图

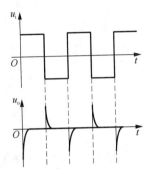

图 6-19　实用微分电路输入为方波，输出为尖顶波波形图

例 6.2　理想积分电路如图 6-20（a）所示，外加输入波形如图 6-20（b）所示。

（1）请分析输出电压变化率（设输出电压初始值为 0）。

（2）绘制输出波形。

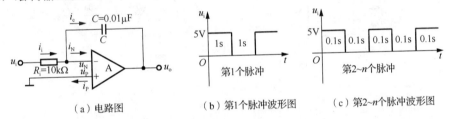

（a）电路图　　　　　（b）第 1 个脉冲波形图　　　（c）第 2~n 个脉冲波形图

图 6-20　例 6.2 电路图及输入波形图

解：（1）当第 1 个脉冲作用于图 6-20（a）所示电路的输入端时，根据式（6-30），此时输出电压的变化率可确定为

$$\frac{\mathrm{d}u_\mathrm{o}}{\mathrm{d}t} = -\frac{u_\mathrm{i}}{R_\mathrm{i}C} = -\frac{5\mathrm{V}}{10\mathrm{k\Omega} \times 0.01\mathrm{\mu F}} = -50\mathrm{mV/\mu s}$$

（2）在图 6-20（a）所示电路的输入端外加如图 6-20（b）所示的第 1 个脉冲时，其变化率为 $-50\mathrm{mV/\mu s}$，即当输入电压为+5V 时，输出为负向的斜坡信号。当输入电压是 0V 时，输出为常量，即维持前一个脉冲高电平输入信号对应的输出信号的幅值。

当第 2 个脉冲作用于 6-20（a）所示电路的输入端时，输出电压为

$$u_\mathrm{o2} = (-50\mathrm{mV/\mu s}) \times 0.1\mathrm{s} = -5\mathrm{V}$$

当第 3 个脉冲作用于 6-20（a）所示电路的输入端时，输出电压继续输出负向的斜坡信号，并达到 $(-5\mathrm{V}) + (-5\mathrm{V}) = -10\mathrm{V}$，其后输出波形电压可以此类推。

基于上述分析，该积分电路输出信号波形如图 6-21 所示。

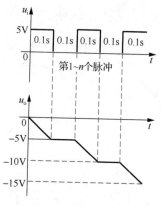

图 6-21　例 6.2 输出波形图

例 6.3　理想微分电路如图 6-22（a）所示，外加输入波形如图 6-22（b）所示。试分析该微分电路输出电压，并绘制输出波形。

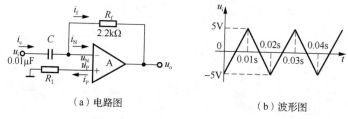

（a）电路图　　　　　　　　　　（b）波形图

图 6-22　例 6.3 电路图及波形图

解：已知输入信号为一个三角波，其周期为 0.02s，正向峰值为 +5V。当输入信号作用于微分电路输入端时，在最初 0～0.02s，输入电压经历了由 -5V 到 +5V（正斜坡）再到 -5V（负斜坡）的变化。因此，根据式（6-36），可得

$$u_{o正斜坡} = -R_f C \frac{du_i}{dt} = -\left[\frac{5V-(-5V)}{0.01s}\right] \times 2.2k\Omega \times 0.001\mu F = -2.2V$$

$$u_{o负斜坡} = -R_f C \frac{du_i}{dt} = -\left[\frac{-5V-5V}{0.01s}\right] \times 2.2k\Omega \times 0.001\mu F = 2.2V$$

基于上述分析，可以确定该微分电路输出波形如图 6-23 所示。

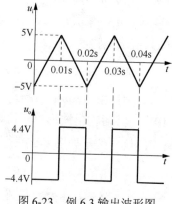

图 6-23　例 6.3 输出波形图

6.2.4 对数运算电路与指数运算电路

1. 对数运算电路

从 PN 结电流方程 $i_D \approx I_S e^{\frac{u_D}{u_T}}$ 可知，PN 结伏安特性具有的指数规律，因此可将反相比例运算电路的反馈网络中的反馈电阻替换为 VD 或 VT，同时外加输入电压保证 VD 或 VT 处于导通状态，即理想状态下输入电压 $u_i > 0$。图 6-24 给出了采用 VD 或 VT 实现的两种理想对数运算电路。

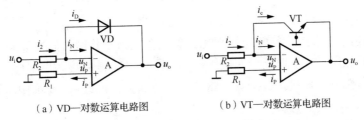

（a）VD—对数运算电路图　　　　（b）VT—对数运算电路图

图 6-24　理想对数运算电路图

对图 6-24（a）所示二极管—对数运算电路来说，其反馈回路中采用 VD 建立输出与输入回路之间的联系。$u_i > 0$，保证了导通。

因为二极管电流方程与 PN 结电流方程相同，所以有

$$u_D \approx u_T \ln \frac{i_D}{I_S} \tag{6-37}$$

由"虚地"可知，$u_N = u_P = 0$，$i_D = i_2 = \dfrac{u_i}{R_2}$，进而确定输出电压为

$$u_o = -u_D \approx -u_T \ln \frac{u_i}{I_S R_2} \tag{6-38}$$

对图 6-24（b）所示晶体管—对数运算电路来说，其反馈回路中采用 VT 建立输出与输入回路之间的联系。$u_i > 0$，保证了 VT 发射结正偏、集电结反偏，其所在电路构成了共基组态，即

$$i_c \approx i_e \approx I_S e^{\frac{u_{BE}}{u_T}} \tag{6-39}$$

式中，$u_{BE} \approx u_T \ln \dfrac{i_e}{I_S}$。

由"虚地"可知，$u_N = u_P = 0$，$i_c = i_2 = \dfrac{u_i}{R_2}$，进而确定输出电压为

$$u_o = -u_D \approx -u_T \ln \frac{u_i}{I_S R_2} \tag{6-40}$$

需要说明的是，VD 构成的对数运算电路适用于小电流工作状态，而 VT 构成的对数运算电路适用于大电流工作状态。事实上，无论是 VD 或 VT，都是温度敏感器件，因此相应的运算精度受温度的影响。在设计实用的运算电路时，还需要采取相应的措施，减小温度对运算精度的影响。集成对数运算电路解决了这个问题。例如，可以通过查阅 ICL8084 型对数运算电路相关器件手册，很好地理解其提高精度的措施。

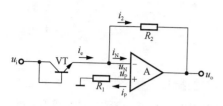

图 6-25　理想指数运算电路图

2. 指数运算电路

将图 6-24（b）所示对数运算电路的反馈回路中的 VT 与输入回路中的 R_2 交换位置，就可得到如图 6-25 所示的理想指数运算电路。

由"虚地"可知，$u_{BE} = u_i$，$i_2 \approx i_e \approx I_S e^{\frac{u_i}{u_T}}$，进而确定输出电压为

$$u_o = -i_2 R_2 \approx -I_S R e^{\frac{u_i}{u_T}}$$

需要说明的是，对于图 6-25 所示理想指数运算电路，其输入信号 $u_i > 0$ 以保证 VT 发射结正偏导通，但仅限于发射结导通电压 u_{BE} 范围内。VT 是温度敏感器件，因此相应的运算精度也受温度影响。集成指数运算电路解决了该问题。可以自行查阅相关器件手册，加深对集成指数运算电路的理解。

6.2.5　乘法运算电路与除法运算电路

利用对数、指数、加法和减法运算电路可以实现乘法运算电路或除法运算电路。相应设计框图如图 6-26 所示，电路图如图 6-27、图 6-28 所示。

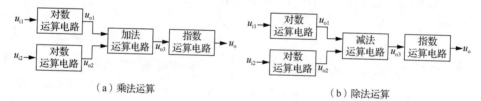

（a）乘法运算　　　　　　　　　　　　　　　　（b）除法运算

图 6-26　乘法运算电路与除法运算电路框图

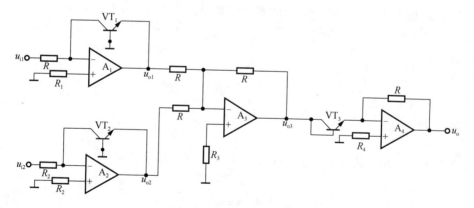

图 6-27　理想乘法运算电路图

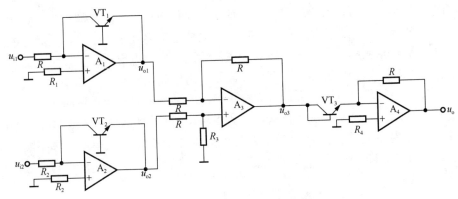

图 6-28　理想除法运算电路图

6.3　信号处理电路

模拟电子技术中的信号处理电路主要是指滤波电路，其作用是实现放大电路对不同频率信号的响应能力。为便于理解滤波电路的设计原理，本节首先介绍放大电路的基本频率响应。

6.3.1　基本频率响应

1.　频率响应的基本概念

放大电路的输入信号一般包含一系列的频率分量，即信号具有一定的频率范围。其中，音频信号的频率范围为 20Hz～20kHz；语音信号的频率范围为 300～3400Hz；射频（RF）信号的频率范围为 30kHz～3000GHz〔长波：30～300kHz；中波：300kHz～3MHz；短波：3～30MHz；超短波：30～300MHz；微波（分米波）：300MHz～3GHz；微波（厘米波）：3～30GHz；微波（毫米波）：30～300GHz；微波（亚毫米波）：300～3000GHz〕。由于放大电路中一般都有电抗元件（耦合电容、旁路电容、晶体管的结电容及电路的分布电容等），因此当输入信号的频率过低或过高时，不但放大电路的放大倍数会变小，还会产生超前或滞后的相移，即放大电路对不同频率的信号具有不同的放大能力。放大电路的放大倍数与信号频率之间的函数关系称为频率响应或频率特性。

2.　放大电路的幅频特性和相频特性

一般来说，放大倍数的幅值是频率的函数，其相位也是频率的函数。电压放大倍数可用复数表示，即

$$|A_u| = A_u(f) \angle \varphi(f) \tag{6-41}$$

式中，$|A_u|$ 为幅频特性，表示电压放大倍数的模与频率 f 的关系；$\varphi(f)$ 为相频特性，表示输出电压与输入电压之间的相位差与频率 f 的关系。

3.　下限截止频率、上限截止频率和通频带

在中频段，电压放大倍数基本与频率无关，其幅值基本不变，相位差约等于 180°。这是因为在此频率范围内，耦合电容、旁路电容的阻抗很小，可以看作短路；同时，晶体管

结电容的阻抗又很大，可以看作开路。电抗性元件的作用可以忽略，即极间电容相当于开路，耦合电容相当于短路。模拟电子技术所分析的信号大多处于中频段，因此，放大电路的电压放大倍数也相应称为中频电压增益。在低频段，极间电容相当于开路，需要考虑耦合电容；在高频段，耦合电容相当于短路，需要考虑极间电容。

在低频段和高频段，电压放大倍数都将减小，同时产生超前或滞后的附加相位移；当信号频率减小或增大，且电压放大倍数约降为中频电压放大倍数的 $\sqrt{2}/2 \approx 0.707$ 倍时，对应的两个频点即为下限截止频率 f_L 或上限截止频率 f_H。衡量放大电路的频率响应能力的参数称为频带宽度，即通频带 f_{BW}，可以通过放大电路的上限截止频率 f_H 与下限截止频率 f_L 之差确定，即

$$f_{BW}=f_H - f_L \tag{6-42}$$

4. 波特图

在电子技术领域，信号频率一般为几赫兹到几百兆赫兹，但电路的频率特性在很大的频率范围内变化并不明显，因此可以通过图例的方式来分析放大电路的幅频特性。在绘制幅频特性时常采用对数坐标，这种采用对数坐标绘制的放大电路的幅频特性曲线称为波特图。波特图由对数幅频特性和对数相频特性两部分组成。幅频特性的横坐标频率采用对数坐标 $\lg f$ 表示，纵坐标增益采用对数 $20\lg|A_u|$ 表示，单位是分贝（dB）。相频特性的纵坐标是相角 φ，不取对数。采用波特图分析放大电路的频率特性，可以在较小的坐标范围内表示宽广频率范围的变化情况。

5. 频率失真

放大电路的通频带有限，当输入信号包含谐波分量超出通频带时，由于放大电路对信号的各次谐波的放大倍数不同，相移也不同，输出波形将产生频率失真。频率失真包含幅度失真和相位失真。频率失真是由于放大电路的通频带不够宽，对不同频率的信号响应不同而产生的失真，因此又称为线性失真。非线性失真是由放大器件的非线性特性产生的。二者均存在输出畸变，不能如实反映输入信号的波形。二者的区别是，线性失真不产生新的频率分量，非线性失真产生新的频率分量。

6.3.2　无源滤波电路

滤波器通常允许某些频段的信号通过，而阻止或衰减其他频率的信号通过。滤波器主要分为低通滤波器、高通滤波器、带通滤波器、带阻滤波器及全通滤波器五种类型。图 6-29 所示以幅频特性曲线解释了五类滤波器的定义。

如图 6-29（a）所示的低通滤波器（LPF）展示了非理想状态下的幅频特性曲线。图中的通带与阻带之间存在着过渡带，理想状态下过渡带宽度为 0。因此，实际滤波器的设计中应当注重减小过渡带宽度，即提高下降速度。滤波器的输出电压与输入电压之比，称为通带放大倍数 A_{up}。理想状态下 $A_{up}=1$，使电压放大倍数降低 $0.707 A_{up}$ 时的频率称为截止频率 f_p，对应下限频率称为下限截止频率 f_L，对应上限频率称为上限截止频率 f_H。图 6-29（b）～（d）给出了高通滤波器（HPF）、带通滤波器（BPF）、带阻滤波器（BEF）三种常见滤波器在理想状态下的频率特性。对 BPF、BEF 存在的频带宽度（简称带宽）可用字母 f_{BW} 表示。BPF、BEF 的带宽由其上下限截止频率的差所决定，即

$$f_{BW} = f_H - f_L \tag{6-43}$$

通带中心的频率称为中心频率，一般用 f_o 表示，定义为两个截止频率的几何平均值，即

$$f_o = \sqrt{f_L f_H} \tag{6-44}$$

图 6-29（e）给出了 APF 在理想状态下的角频特性，f_o 表示其中心频率。

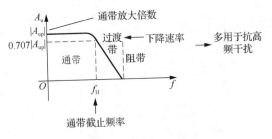

（a）低通滤波器(LPF)–非理想状态

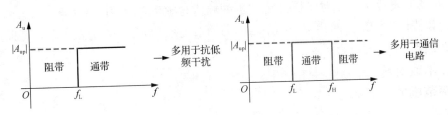

（b）高通滤波器(HPF)–理想状态　　（c）带通滤波器(BPF)–理想状态

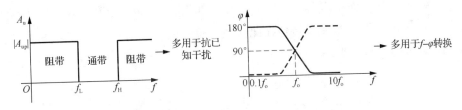

（d）带阻滤波器(BEF)–理想状态　　（e）全通滤波器(APF)–理想状态

图 6-29　五类滤波电路幅频特性曲线

1. 低通滤波电路

简单无源滤波电路是一个简单的 RC 网络，即由一个 R 和一个 C 构成。基本 RC 串联低通滤波电路如图 6-30（a）所示，其输出端取自电容 C。设输出电压 u_o 与输入电压 u_i 之比为 A_u，则电路的电压放大倍数为

$$A_u = \frac{u_o}{u_i} = \frac{\frac{1}{j\omega C}}{R + \frac{1}{j\omega C}} = \frac{1}{1 + j\omega RC} \tag{6-45}$$

式中，RC 为回路时间常数 τ，令 $\omega_H = \dfrac{1}{\tau} = \dfrac{1}{RC}$，则上限截止频率 f_H 可定义为

$$f_H = \frac{\omega_H}{2\pi} = \frac{1}{2\pi\tau} = \frac{1}{2\pi RC} \tag{6-46}$$

根据式（6-45）和式（6-46），可得

$$A_u = \frac{1}{1 + \dfrac{\omega}{j\omega_H}} = \frac{1}{1 + j\dfrac{f}{f_H}} \tag{6-47}$$

此外，A_u 可以通过其幅值及相角表示为

$$|A_u| = \frac{1}{\sqrt{1 + \left(j\dfrac{f}{f_H}\right)^2}} \tag{6-48}$$

$$\varphi = -\arctan\frac{f}{f_H} \tag{6-49}$$

式（6-48）表示 A_u 的幅频特性，反映 A_u 的幅值与频率之间的函数关系；式（6-49）表示 A_u 的相频特性，反映 A_u 的相位与频率之间的函数关系。利用对数方法来表示低通滤波电路的幅频特性，则

$$20\lg|A_u| = -20\lg\sqrt{1 + \left(\frac{f}{f_H}\right)^2} \tag{6-50}$$

由式（6-49）和式（6-50）可知，当 $f \ll f_H$ 时，$20\lg|A_u| \approx 0\text{dB}$，$\varphi \approx 0°$；当 $f = f_H$ 时，即 $20\lg|A_u| \approx -3\text{dB}$ 时，$\varphi \approx -45°$；当 $f \gg f_H$ 时，$20\lg|A_u| \approx 20\lg|f/f_H|$，表明 f 每下降 10 倍，增益下降 20dB，即对数幅频特性在此区间可等效成斜率为-20dB/十倍频的直线。相应的波特图如图 6-30（b）所示。

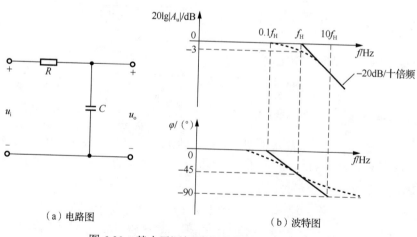

（a）电路图　　　　　　　　　　　（b）波特图

图 6-30　基本无源低通滤波电路图及其波特图

2. 高通滤波电路

基本 RC 串联高通滤波电路如图 6-31（a）所示，其输出端取自电阻 R。设输出电压 u_o 与输入电压 u_i 之比为 A_u，则电路的电压放大倍数为

$$A_u = \frac{u_o}{u_i} = \frac{R}{R + \dfrac{1}{j\omega C}} = \frac{1}{1 + \dfrac{1}{j\omega RC}} \tag{6-51}$$

式中，RC 为回路时间常数 τ，令 $\omega_L = \dfrac{1}{\tau} = \dfrac{1}{RC}$，则上限截止频率 f_L 可定义为

$$f_L = \frac{\omega_L}{2\pi} = \frac{1}{2\pi\tau} = \frac{1}{2\pi RC} \tag{6-52}$$

根据式（6-51）和式（6-52），可得

$$A_u = \frac{1}{1 + \dfrac{\omega_L}{j\omega}} = \frac{j\dfrac{f}{f_L}}{1 + j\dfrac{f}{f_L}} \tag{6-53}$$

此外，A_u 可以通过其幅值及相角表示为

$$|A_u| = \frac{\dfrac{f}{f_L}}{\sqrt{1 + \left(j\dfrac{f}{f_L}\right)^2}} \tag{6-54}$$

$$\varphi = 90° - \arctan\frac{f}{f_L} \tag{6-55}$$

式（6-54）表示 A_u 的幅频特性，反映 A_u 的幅值与频率之间的函数关系；式（6-55）表示 A_u 的相频特性，反映 A_u 的相位与频率之间的函数关系。利用对数方法来表示高通滤波电路的幅频特性，则有

$$20\lg|A_u| = 20\lg\frac{f}{f_L} - 20\lg\sqrt{1 + \left(\frac{f}{f_L}\right)^2} \tag{6-56}$$

由式（6-55）和式（6-56）可知，当 $f \gg f_L$ 时，$20\lg|A_u| \approx 0\text{dB}$，$\varphi \approx 0°$；当 $f = f_L$ 时，即 $20\lg|A_u| \approx -3\text{dB}$ 时，$\varphi \approx +45°$；当 $f \ll f_L$ 时，$20\lg|A_u| \approx 20\lg|f/f_H|$，$\varphi \approx 90°$，表明 f 每下降 10 倍，增益下降 20dB，即对数幅频特性在此区间可等效成斜率为 +20dB/十倍频的直线。相应的波特图如图 6-31（b）所示。

3. 无源滤波电路缺点

如图 6-32 所示的电路是图 6-31（a）所示无源高通滤波电路和图 6-30（a）所示无源低通滤波电路带负载时的情况，这是实际信号处理中不可避免的。增加负载后，图 6-31（a）所示无源高通滤波电路的下限截止频率 f_L 升高为

$$f_L = \frac{1}{2\pi(R /\!/ R_L)} \tag{6-57}$$

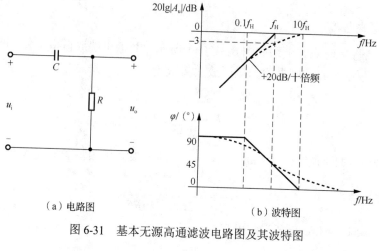

（a）电路图　　　　　　　　　　　（b）波特图

图 6-31　基本无源高通滤波电路图及其波特图

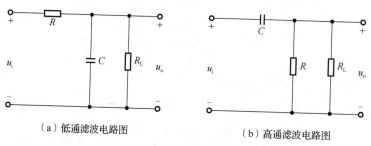

（a）低通滤波电路图　　　　　　　　（b）高通滤波电路图

图 6-32　带负载无源滤波电路图

通带电压放大倍数 A_{up} 减小为

$$A_{up} = \frac{R_L}{R_L + R} \tag{6-58}$$

图 6-30（a）所示无源低通滤波电路的上限截止频率与通带电压放大倍数受到同样的影响，f_H 频率升高为

$$f_H = \frac{1}{2\pi(R /\!/ R_L)C} \tag{6-59}$$

通带电压放大倍数 A_{up} 减小为

$$A_{up} = \frac{R_L}{R_L + R}$$

图 6-30（b）的分析同上，R_2 的存在，使得 f_H 和 A_{up} 均发生变化。

6.3.3　有源滤波电路

1. 有源低通滤波电路

1）一阶有源低通滤波电路

一阶有源低通滤波电路由一个无源 RC 低通滤波电路及跟随其后的缓冲电路构成（图 6-33）。

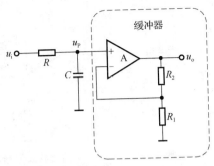

图 6-33　一阶有源低通滤波电路图

由图可知，该缓冲电路为一个同相比例放大电路，其存在电压串联负反馈。在理想状态下，该反馈组态决定了其输入电阻无穷大、输出电阻无限小等特点。这种特点决定了其作为缓冲级时，该滤波电路对输入信号无任何影响，即无源 RC 低通滤波电路的输出作为同相比例放大电路的输入。此时，该电路的输出为

$$A_{\mathrm{u}} = \frac{1+\dfrac{R_2}{R_1}}{1+\mathrm{j}\dfrac{f}{f_{\mathrm{H}}}} = \frac{A_{\mathrm{up}}}{1+\mathrm{j}\dfrac{f}{f_{\mathrm{H}}}} \tag{6-60}$$

式中，$A_{\mathrm{up}} = 1+\dfrac{R_2}{R_1}$，$f_{\mathrm{H}} = \dfrac{1}{2\pi RC}$。本节给出一个新定义：阻尼系数 σ。阻尼系统由缓冲器（同相比例放大器）的反馈网络决定，并定义为

$$\sigma = 2 - \frac{R_2}{R_1} \tag{6-61}$$

阻尼系数通过负反馈的作用影响滤波电路的频率响应，任何试图增加或减小输出端电压的行为都将被负反馈抑制。只要有阻尼系数的大小设定合理，就会让滤波电路通带内的响应曲线趋于平稳。通过数学分析，可以推导出不同阶数滤波电路的阻尼系数，确保过渡带的宽度减小。

一阶有源滤波电路克服了无源滤波电路的缺点，保证了滤波效果不受影响，同时提升了通带电压放大倍数和驱动负载的能力。但该电路的滤波效果，即它的幅频特性仍以-20dB/十倍频的速度缓慢下降，这与理想期望的过渡带宽度为 0 相差甚远。

2）多阶有源低通滤波电路

由图 6-30（b）可知，一阶滤波电路的幅频特性下降速度为-20dB/十倍频。事实上，滤波电路每增加一阶，其幅频特性下降速度就提升-20dB/十倍频。例如，二阶滤波电路的幅频特性下降速度为-40dB/十倍频，三阶滤波电路的幅频特性下降速度为-60dB/十倍频，以此类推。

图 6-34 所示为一个典型的 Sallen-Key 二阶低通滤波电路，又称压控电压源二阶低通滤波电路。由图可知，其包括二阶 RC 无源低通网络，当 u_{i} 输入信号频率高于上限截止频率 f_{H} 时，该滤波电路的幅频特性将以-40dB/十倍频的速度下降。该电路通过 C_{A} 提供正反馈，保证在接近通带边缘可以调整输出信号的响应。

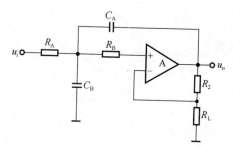

图 6-34　典型 Sallen-Key 二阶低通滤波电路图

Sallen-Key 二阶低通滤波电路上限截止频率为

$$f_H = \frac{1}{2\pi\sqrt{R_A R_B C_A C_B}} \tag{6-62}$$

通常为了获得多阶滤波电路，可采用单级或多级滤波电路级联的方式。图 6-35 所示为 1 个二阶低通滤波电路与 1 个一阶低通滤波电路级联而成的三阶低通滤波电路（此时其幅频特性衰减速度为-60dB/十倍频）。图 6-36 所示为 2 个二阶低通滤波电路与 1 个一阶低通滤波电路级联而成的五阶低通滤波电路（此时其幅频特性衰减速度为-100dB/十倍频）。

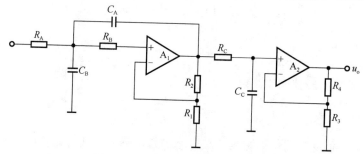

图 6-35　三阶低通有源滤波电路图

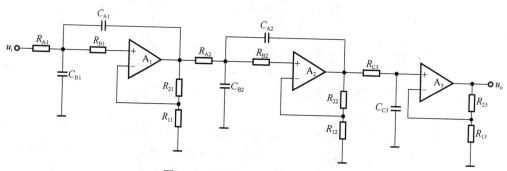

图 6-36　五阶低通有源滤波电路图

2. 多阶有源高通滤波电路

从组成结构上看，有源高通滤波电路与有源低通滤波电路两者具有完美的对偶性，即对换每阶 RC 反馈网络中 R 与 C 的位置。一阶有源高通滤波电路、二阶有源高通滤波电路分别如图 6-37、图 6-38 所示。恰当选择阻尼系统，即选择合适的阻尼电阻 R_1、R_2，可以有效实现幅频特性响应曲线的进一步优化。

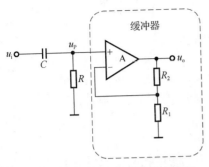

图 6-37　一阶有源高通滤波电路图

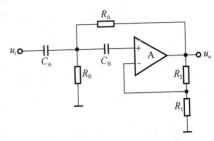

图 6-38　典型 Sallen-Key 二阶高通滤波电路图

图 6-39 所示为 2 个二阶高通滤波电路级联而成的四阶高通滤波电路（此时其幅频特性衰减速度为-80dB/十倍频）。

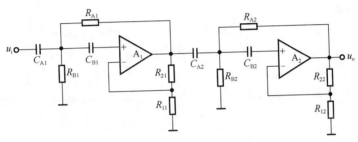

图 6-39　四阶高通滤波电路图

3. 有源带通滤波电路

1）级联带通滤波电路

简单的带通滤波电路由一个高通滤波电路与一个低通滤波电路级联而成，如图 6-40（a）所示。这种结构的带通滤波电路需要注意高通滤波电路的下限截止频率 f_L 远小于低通滤波电路的上限截止频率 f_H。两个滤波器的幅频特性衰减速度分别为 $\pm 20\text{dB}/$ 十倍频，图 6-40（b）为带通滤波电路的幅频特性响应曲线。

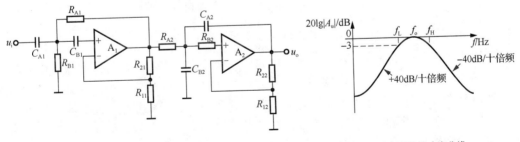

（a）带通滤波电路图　　　　　　　　　　（b）幅频特性响应曲线

图 6-40　带通滤波电路图及其幅频特性响应曲线

根据电路截止频率及中心频率的确定方法，则有

$$f_L = \frac{1}{2\pi\sqrt{R_{A_1} R_{B_1} C_{A_1} C_{B_1}}}$$

（6-63）

$$f_H = \frac{1}{2\pi\sqrt{R_{A_2}R_{B_2}C_{A_2}C_{B_2}}} \tag{6-64}$$

$$f_o = \frac{1}{\sqrt{f_H f_L}} \tag{6-65}$$

为衡量滤波电路对频率的识别能力，本节引出滤波电路品质因数 Q，可定义为

$$Q = \frac{f_o}{f_{BW}} \tag{6-66}$$

由上式可知，Q 无量纲，它描述了滤波电路分离信号中相邻频率成分的能力。对于给定的 f_o，Q 值越大，说明该滤波电路的带宽越窄，表明滤波器的分辨能力越强。通常情况下，$Q>10$，说明该滤波电路为窄带；$Q<10$，说明该滤波电路为宽带。此外，Q 还可由阻尼系数的倒数确定。

2）状态可变带通滤波电路

在实际应用中，状态可变带通滤波电路较受欢迎。图 6-41 给出了一个结构简单的状态可变带通滤波电路，它是一个反相加法运算放大电路与两个反相积分运算电路通过级联的方式构成的。从电路的组成结构看，其主体功能是带通滤波，但当其设定有多个输出端子时，便可分别实现高通频率信号输出和低通频率信号输出。该带通滤波电路的中心频率由两个积分电路的 RC 网络所决定。当两个积分电路的截止频率相等时，确定了中心频率，该滤波电路就实现了带通滤波的功能。

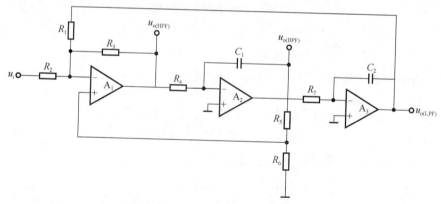

图 6-41　状态可变带通滤波电路图

为便于理解，简述状态可变带通滤波电路的工作原理：当输入信号频率低于中心频率 f_o 时，输入信号经过加法放大电路与积分电路实现了 180° 的相位反馈。也就是说，当输入信号小于 f_o 频率时，反馈信号将与输入信号抵消为 0。随着积分电路的低频响应下降，反馈信号逐渐减小，因此允许输入信号通过带通输出。反之，当输入信号频率高于 f_o 时，低通响应逐渐消失，因此阻止输入信号通过积分电路，带通输出在 f_o 点达到峰值。这种类型的滤波电路可使 Q 值达到 100 的稳定值。Q 可以通过阻尼系数确定，即

$$Q = \frac{1}{3}\left(1 + \frac{R_5}{R_6}\right) \tag{6-67}$$

需要说明的是，状态可变滤波电路不能同时优化高通、低通、带通滤波电路的性能，因为高通、低通滤波电路要求 Q 值小，而带通滤波电路要求 Q 值大。

4. 有源带阻滤波电路

简单的带阻滤波电路的组成结构：将同一个输入信号同时作用于高通滤波电路与低通滤波电路，并将二者的输出加至一个加法电路。状态可变带阻滤波电路如图 6-42 所示。

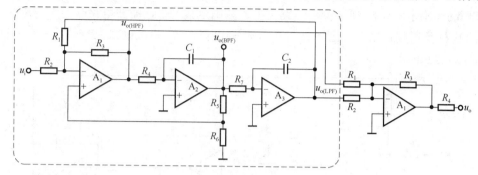

图 6-42　状态可变带阻滤波电路图

例 6.4　确定图 6-43 所示滤波电路类型，并确定当 $R_A = R_B = R_1 = 1\text{k}\Omega$，$C_A = C_B = 0.01\mu\text{F}$ 时，R_2 应取多大值，可使该滤波电路具有巴特沃思滤波器的特点。

提示：巴特沃思滤波器是电子滤波器的一种，其特点是通频带内的频率响应曲线最大限度平坦，没有起伏，而在阻频带则逐渐下降为零。也就是说，通带内所有频率必须具有相同的增益。

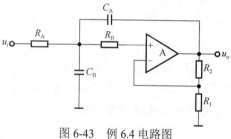

图 6-43　例 6.4 电路图

解： 该滤波电路为典型 Sallen-Key 二阶低通滤波电路。其上限截止频率为

$$f_H = \frac{1}{2\pi R_A C_A} = \frac{1}{2\pi \times 1\text{k}\Omega \times 0.01\mu\text{F}} = 15.92\text{kHz}$$

查阅巴特沃思滤波器手册，当其为二阶滤波器时，阻尼系数 $\sigma = 2 - \dfrac{R_2}{R_1} = 1.414$，即 $\dfrac{R_2}{R_1} = 0.586$。为使其满足巴特沃思滤波器的幅频特性响应，则

$$R_2 = 0.586 \times 1\text{k}\Omega = 0.586\text{k}\Omega$$

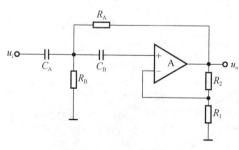

图 6-44　例 6.5 电路图

例 6.5　针对图 6-44 所示典型 Sallen-Key 二阶高通滤波电路，设计合适的电路参数值，使其成为下限截止频率 $f_L = 15\text{kHz}$ 的二阶巴特沃思滤波器。

解： 为便于选取合适的电路参数，令 $R_A = R_B = 2\text{k}\Omega$，则

$$f_L = \frac{1}{2\pi R_A C_A} = 15\text{kHz}$$

可以确定

$$C_A = C_B = 2\pi R_A f_L = 2\pi \times 2\text{k}\Omega \times 15\text{kHz} = 0.001884\mu\text{F}$$

查阅巴特沃思滤波器手册，阻尼系数 $\sigma = 2 - \dfrac{R_2}{R_1} = 1.414$，即 $\dfrac{R_2}{R_1} = 0.586$。为使该典型 Sallen-Key 二阶高通滤波电路满足巴特沃思滤波器的幅频特性响应，若选取 $R_1 = 2\text{k}\Omega$，则应选取 $R_2 = 0.586 \times 2\text{k}\Omega = 1.172\text{k}\Omega$。

例 6.6　确定图 6-45 所示滤波电路类型，并确定其为带通滤波电路时的中心频率 f_o、品质因数 Q 及通频带 f_BW。已知 $R_1 = R_2 = R_3 = 10\text{k}\Omega$、$R_5 = 100\text{k}\Omega$、$R_4 = R_6 = R_7 = 1\text{k}\Omega$、$C_1 = C_2 = 0.22\mu\text{F}$。

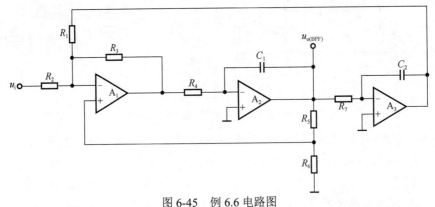

图 6-45　例 6.6 电路图

解：该滤波电路为状态可变滤波器，目前选择输出端为带通滤波电路。

对于 A_2、A_3 两个积分电路来说，由于参数设定相同，因此该带通滤波电路的中心频率由积分器截止频率确定，即

$$f_\text{o} = \frac{1}{2\pi R_4 C_1} = \frac{1}{2\pi R_7 C_2} = \frac{1}{2\pi \times 1\text{k}\Omega \times 0.22\mu\text{F}} \approx 0.72\text{kHz}$$

根据式（6-67）计算品质因素 Q 为

$$Q = \frac{1}{3}\left(1 + \frac{R_5}{R_6}\right) = \frac{1}{3} \times \left(1 + \frac{100\text{k}\Omega}{1\text{k}\Omega}\right) \approx 33.67$$

根据式（6-66）计算通频带 f_BW 为

$$f_\text{BW} = \frac{f_\text{o}}{Q} = \frac{0.72\text{kHz}}{33.67} \approx 0.02\text{kHz}$$

例 6.7　为如图 6-46 所示的带阻滤波电路选取合适的电路参数，使其中心频率 $f_\text{o} = 0.06\text{kHz}$，品质因数 $Q = 10$。

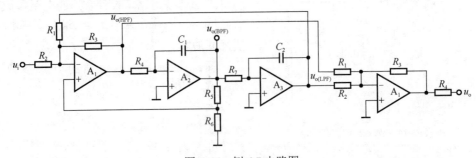

图 6-46　例 6.7 电路图

解： 为便于选取合适的电路参数，令 A_2、A_3 两个积分电路的参数完全相同，则该带阻滤波电路的中心频率由积分器截止频率确定，即

$$f_o = \frac{1}{2\pi R_4 C_1} = \frac{1}{2\pi R_7 C_2} = 0.06\text{kHz}$$

若假定

$$R_4 = R_7 = 12\text{k}\Omega$$

则可确定

$$C_1 = C_2 \approx 0.22\mu\text{F}$$

已知要设计的带阻滤波器的品质因数 $Q = 10$，根据式（6-67）可以确定

$$R_5 = (3Q - 1)\,R_6$$

若选取 $R_6 = 3.3\text{k}\Omega$，则

$$R_5 = (3 \times 10 - 1) \times 3.3\text{k}\Omega = 95.7\text{k}\Omega$$

提示： 除重点介绍巴特沃思滤波器外，以下简略介绍切比雪夫滤波器与贝塞尔滤波器。

（1）切比雪夫滤波器又名车比雪夫滤波器，是在通带或阻带上频率响应幅度等波纹波动的滤波器。与巴特沃思滤波器相比，切比雪夫滤波器在过渡带信号衰减更快，但频率响应的幅频特性不如巴特沃思滤波器平坦。

（2）贝塞尔滤波器是具有最大平坦群延迟（线性相位响应）的线性滤波器。与相同阶数的巴特沃思滤波器和切比雪夫滤波器相比，贝塞尔滤波器在信号衰减方面有劣势，其阻带下降响应速度过慢，因此一般将其设计成高阶数的滤波器以达到相应的阻带衰减水平。

6.4　运算放大器与滤波器的应用实例

RFID 技术的出现为供应链管理领域带来了一场巨大的变革。RFID 智能仓储系统是在现有仓库管理中引入 RFID 技术，对仓库到货检验、入库、出库、调拨、移库移位、库存盘点等各个作业环节的数据进行自动化采集，保证仓库管理各个环节数据输入的速度和准确性，确保企业及时准确地掌握库存的真实数据，合理保持和控制企业库存。根据图 6-47（a）所示仓储管理系统示意图，可以确定一个典型的 RFID 系统包括 RFID 标签、RFID 读卡器和数据处理器三个部分。RFID 标签是一个附在跟踪目标上的 IC 芯片；RFID 读卡器接收标签传输的数据；数据处理器处理和存储 RFID 读卡器发送的数据。仓储管理系统设计框图如图 6-47（b）所示。

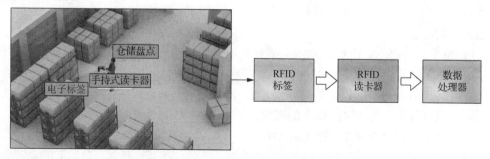

（a）示意图　　　　　　　　　　　（b）设计框图

图 6-47　仓储管理系统

存储在 RFID 标签上的数据是数字形式的。当查询时，标签通过射频通信的方式将数

据信号发送给读卡器。假设系统使用幅移键控调制方式，载波能够将有效信号传送到接收机。接收机的功能包括：①采用带通滤波器抑制高频噪声及其他干扰信号，允许设定频带的信号通过。②利用放大器对采集到的有用信号进行幅度放大，以便后续电路对信号进行有效处理。③采用整流电路去除信号传送过程中调制信号的负部。④采用低通滤波器去除低频载波信号，但需要允许数字调制信号通过。⑤采用电压比较器将数字信号还原为可用的数据流，为后续的信号处理提供保证。RFID 读卡器设计框图如图 6-48 所示。

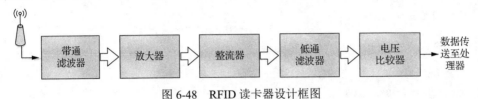

图 6-48　RFID 读卡器设计框图

习　　题

6.1　判断题。

（1）运算电路中一般均引入负反馈。　　　　　　　　　　　　　　　　　　　（　）

（2）在运算电路中，集成运放的反相输入端均为虚地。　　　　　　　　　　（　）

（3）凡是运算电路都可利用"虚短"和"虚断"的概念求解运算关系。　　　（　）

（4）各种滤波电路的通带放大倍数的数值均大于 1。　　　　　　　　　　　（　）

6.2　选择题。

（1）（　）运算电路可实现 $A_u>1$ 的放大器。

　　　A．同相比例　　　B．反相比例　　　　　C．微分　　　　　　D．同相求和

（2）（　）运算电路可实现 $A_u<0$ 的放大器。

　　　A．同相比例　　　B．反相比例　　　　　C．微分　　　　　　D．同相求和

（3）（　）运算电路可将三角波电压转换成方波电压。

　　　A．同相比例　　　B．反相比例　　　　　C．微分　　　　　　D．同相求和

（4）（　）运算电路可实现函数 $Y=aX_1+bX_2+cX_3$，a、b 和 c 均大于零。

　　　A．同相比例　　　B．反相比例　　　　　C．反相求和　　　　D．同相求和

（5）（　）运算电路可实现函数 $Y=aX^2$。

　　　A．微分　　　　　B．同相求和　　　　　C．反相求和　　　　D．乘方

6.3　填空题。

（1）在下列情况下，应当分别采用哪种类型的滤波电路（低通、高通、带通、带阻）。

① 从输入信号中提取 100～200kHz 的信号：＿＿＿＿＿。

② 抑制频率为 1MHz 以上的高频噪声信号：＿＿＿＿＿。

③ 有用信号频率为 1GHz 以上的高频信号：＿＿＿＿＿。

④ 干扰信号频率介于 1～10kHz 之间：＿＿＿＿＿。

（2）在下列情况下，应当分别采用哪种类型（低通、高通、带通、带阻）的滤波电路。

① 抑制 50Hz 交流电源的干扰：＿＿＿＿＿。

② 处理具有 1Hz 固定频率的有用信号：＿＿＿＿＿。

③ 从输入信号中提取低于 2kHz 的信号：_____。

④ 抑制频率为 100kHz 以上的高频干扰：_____。

（3）现有电路如下：

A．反相比例运算电路　　　B．同相比例运算电路

C．积分运算电路　　　　　D．微分运算电路

E．加法运算电路　　　　　F．乘方运算电路

选择一个合适的答案填入空内。

① 欲将正弦波电压移相+90°，应选用_____。

② 欲将正弦波电压转换成二倍频电压，应选用_____。

③ 欲将正弦波电压叠加上一个直流量，应选用_____。

④ 欲实现 $A_u = -100$ 的放大电路，应选用_____。

⑤ 欲将方波电压转换成三角波电压，应选用_____。

⑥ 欲将方波电压转换成尖顶波电压，应选用_____。

（4）一阶无源 RC 低通滤波电路的截止频率决定于_____的倒数，在截止频率处输出信号比通带内输出信号小_____dB。

（5）一阶滤波电路阻带幅频特性以_____/十倍频斜率衰减，二阶滤波电路则以_____/十倍频斜率衰减。阶数越_____，阻带幅频特性衰减的速度就越快，滤波电路的滤波性能就越好。

6.4　试求图 6-49 所示各电路的输出电压与输入电压的运算关系式。

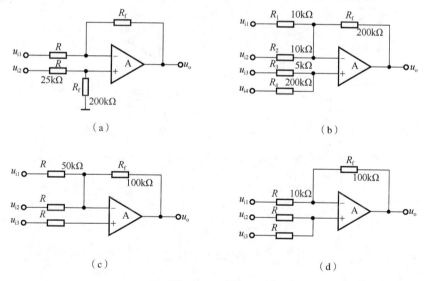

（a）　　　　　　　　　　　　　　　　（b）

（c）　　　　　　　　　　　　　　　　（d）

图 6-49 习题 6.4

6.5　电路如图 6-50 所示。

（1）写出 u_o 与 u_{i1}、u_{i2} 的运算关系式。

（2）当 R_W 的滑动端在最上端时，若 $u_{i1} = 10\text{mV}$，$u_{i2} = 20\text{mV}$，则 u_o 为多少？

（3）若 u_o 的最大幅值为±14V，输入电压最大值分别为 $u_{i1max} = 10\text{mV}$，$u_{i2max} = 20\text{mV}$，输入电压最小值均为 0V，则为了保证集成运放工作在线性区，R_2 的最大值应为多少？

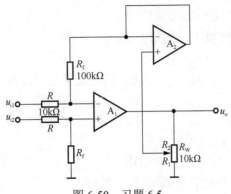

图 6-50 习题 6.5

6.6 分别求解图 6-51 所示各电路的运算关系。

(a)

(b)

(c)

图 6-51 习题 6.6

6.7 在图 6-52（a）所示电路中，已知输入电压 u_i 的波形如图 6-52（b）所示，当 $t=0$ 时 $u_o=0$，试画出输出电压 u_o 的波形。

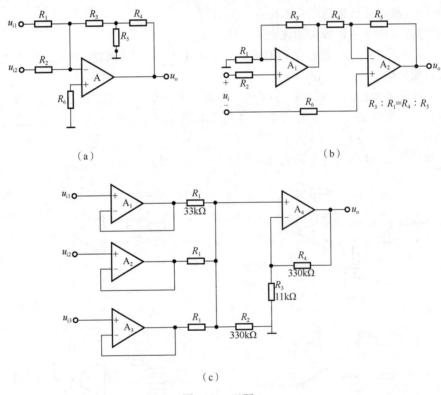

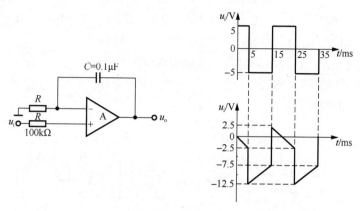

图 6-52　习题 6.7

6.8　试分别求解图 6-53 所示各电路的运算关系。

6.9　在图 6-54 所示电路中，已知 $R_1 = R = R' = 100\text{k}\Omega$ ， $R_2 = R_f = 100\text{k}\Omega$ ， $C = 1\mu\text{F}$ 。

（1）试求 u_o 与 u_i 的运算关系。

（2）设 $t = 0$ 时 $u_o = 0$ ，且 u_i 由零跃变为-1V，试求输出电压由零上升到+6V 所需要的时间。

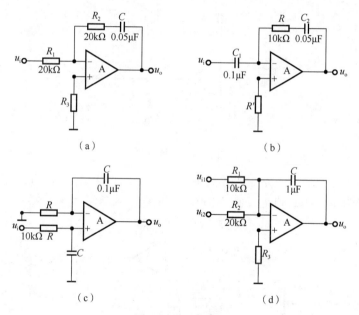

图 6-53　习题 6.8

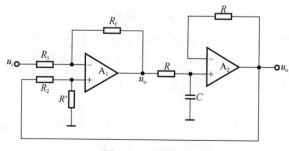

图 6-54　习题 6.9

6.10　在图 6-55 所示电路中，已知 $R_f = 1M\Omega$，$C = 1\mu F$，$R_1 = R_2 = R_3 = R_4 = R_5 = 1.2k\Omega$，输入信号 u_{i1} 为锯齿波，u_{i2} 为直流信号，试问：

（1）集成运放 A_1、A_2 各组成何种基本应用电路？

（2）写出 u_{o1} 和 u_{o2} 的表达式。

（3）画出 u_{o2} 的波形图。

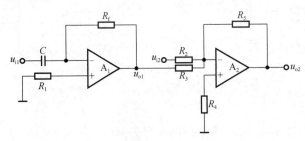

图 6-55　习题 6.10

6.11　试求图 6-56 所示电路的运算关系。

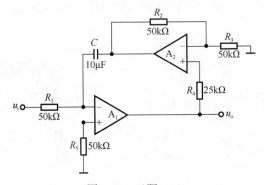

图 6-56　习题 6.11

6.12　理想运放组成的电路如图 6-57 所示。试分别指出 A_1、A_2 和 A_3 各构成何种基本电路，并分别写出 u_{o1}、u_{o2} 和 u_o 与输入信号 u_{i1} 和 u_{i2} 的关系式。

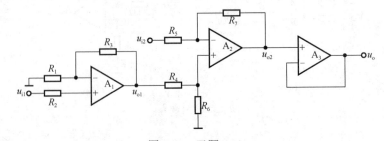

图 6-57　习题 6.12

6.13　在图 6-58 所示电路中，已知 $u_{i1} = 4V$，$u_{i2} = 1V$，回答下列问题：

（1）当开关 S 闭合时，分别求解 A、B、C、D 和 u_o 的电位。

（2）设 $t = 0$ 时开关 S 打开，问经过多长时间 $u_o = 0$？

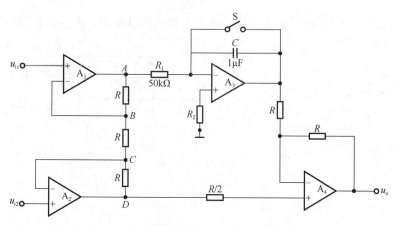

图 6-58 习题 6.13

6.14 在图 6-59 所示电路中,设所有运放为理想器件。其中,$R_1 = 4k\Omega$,$R_2 = R_5 = 6k\Omega$,$R_3 = R_7 = 24k\Omega$,$R_8 = R_9 = R_{10} = R_{11} = 10k\Omega$,$R_{12} = 100k\Omega$,$C = 1\mu F$。$U_{I1} = 0.6V$,$U_{I2} = 0.4V$,$U_{I3} = -1V$。

(1)写出 U_{O1}、U_{O2} 及 U_{O3} 与输入电压 U_{I1}、U_{I2}、U_{I3} 的关系式。

(2)设电容的初始电压值为 2V,求使输出电压 $U_O = -6V$ 所需要的时间 t。

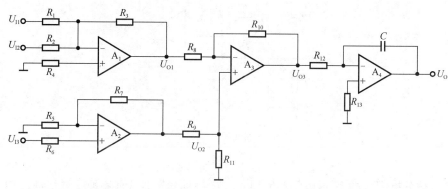

图 6-59 习题 6.14

6.15 试用集成运放组成一个运算电路,要求实现运算关系: $u_o = 2u_{i1} - 5u_{i2} + 0.1u_{i3}$。

6.16 设一阶 LPF 和二阶 HPF 的通带放大倍数均为 2,通带截止频率分别为 2Hz 和 100kHz,试用它们构成一个带通滤波电路,并画出幅频特性。

6.17 分别推导出图 6-60 所示各电路的传递函数,并说明它们属于哪种类型的滤波电路。

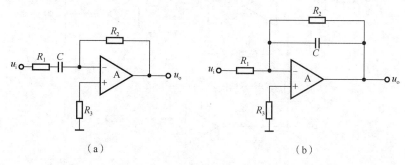

(a)   (b)

图 6-60 习题 6.17

6.18 试说明图 6-61 所示各电路属于哪种类型的滤波电路，是几阶滤波电路？

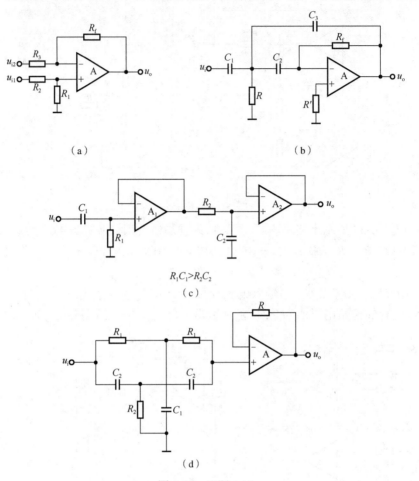

（a）　　　　　　　　　　（b）

$R_1C_1>R_2C_2$

（c）

（d）

图 6-61　习题 6.18

6.19 试分析图 6-62 所示电路的输出 u_{o1}、u_{o2} 和 u_{o3} 分别具有哪种滤波特性（LPF、HPF、BPF、BEF）。

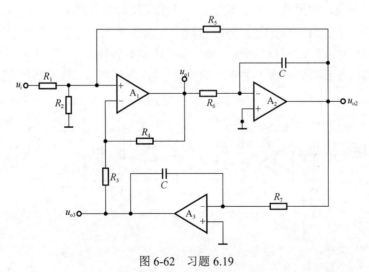

图 6-62　习题 6.19

6.20 图 6-63 所示电路为一个一阶低通滤波器电路，试推导其输入与输出之间的函数关系，并计算截止频率 f_H。

6.21 图 6-64 所示电路是一个一阶全通滤波器电路。

（1）计算电路的转移函数。

（2）根据转移函数计算幅频响应和相频响应，并说明当 ω 由 $0 \to \infty$ 时相角的变化范围。

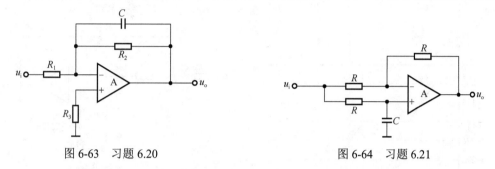

图 6-63 习题 6.20   图 6-64 习题 6.21

6.22 电路如图 6-65 所示。计算截止频率 f_p，并指出它是何种类型的滤波器。

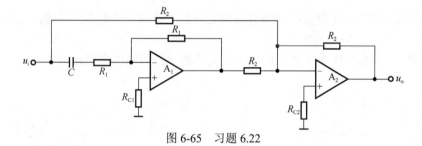

图 6-65 习题 6.22

6.23 计算图 6-66 所示电路的转移函数，并指出它属于何种类型的滤波器。

6.24 电路如图 6-67 所示。

（1）试求放大电路电压放大倍数。

（2）根据转移函数指出它属于何种类型的滤波器。

（3）画出幅频特性曲线。

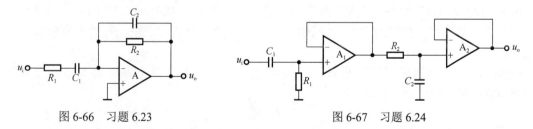

图 6-66 习题 6.23   图 6-67 习题 6.24

6.25 某电压放大器电路的理想波特图如图 6-68 所示。

（1）当输入 100kHz 正弦波时，指出 u_o 和 u_i 的相位关系。

（2）求通带放大倍数 A_{up}、下限截止频率 f_L、上限截止频率 f_H 和 3dB 带宽 f_{BW}。

6.26 低通滤波器电路如图 6-69 所示。已知截止频率为 6180Hz，通带增益为 1.586，求滤波器电路的参数。

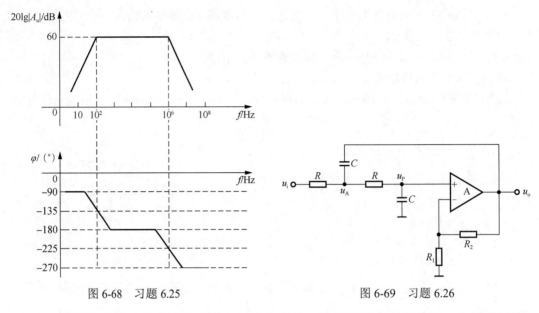

图 6-68　习题 6.25　　　　　　　　　图 6-69　习题 6.26

6.27　推导出图 6-70 所示电路的电压放大倍数，说明滤波电路的功能，求截止频率和通带增益。

6.28　推导出图 6-71 所示电路的电压放大倍数，说明滤波电路的功能，求截止频率和通带增益。

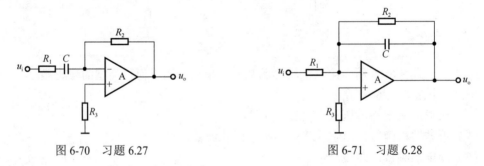

图 6-70　习题 6.27　　　　　　　　　图 6-71　习题 6.28

6.29　设一阶 HPF 的通带放大倍数为 2，通带截止频率为 100Hz；二阶 LPF 的通带放大倍数为 2，通带截止频率为 2kHz。试用它们构成一个带通滤波电路，并画出幅频特性曲线。

6.30　设计一个四阶巴特沃思低通滤波器电路，选择并计算电路中的参数，要求 $f_H = 500Hz$，通带增益为 2.5 倍。

第7章 波形发生与信号转换

导读

7.1 课例引入——温度检测电路的应用

现实生活中有许多对温度严格监控的场所。例如，对温度有严格要求的药品类或某类食品加工等都需要生产环境或保存环境处于某一个温度范围内。图7-1（a）给出了某一场所温度监测系统结构图，其中的温度监测电路示意图如图7-1（b）所示。该温度监测电路采用温度检测信号传感器，将获得的信号进行放大处理后，通过电压比较器产生脉冲信号，编码器对此脉冲信号进行采样处理，产生二进制数字代码。这种二进制数字代码表示前述温度检测信号传感器采集到的温度信号强弱。这样就可以通过数据管理系统实现对现场温度情况的显示与报警。本章首先阐述电压比较器的工作原理。

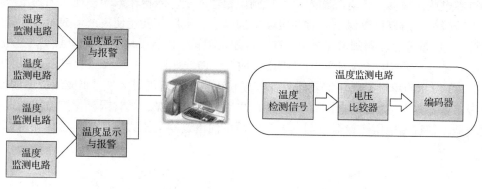

（a）温度监测系统结构图　　　　　　（b）含电压比较器的温度监测电路示意图

图 7-1　温度监测系统

7.2 电压比较器

本书 4.2.1 节中对集成运放理想工作区进行了阐述，其工作区包括线性工作区和非线性工作区两部分。电压比较器是使集成运放电路工作在非线性工作区。集成运放处于非线性工作区的条件是使集成运放处于开环状态或正反馈工作状态。这涉及放大电路中的正反馈的定义。本书在第 5 章中表述过正反馈定义：电子电路中的正反馈就是将输出信号的一部分或全部通过一定的电路形式作用到输入回路，用来增大其输入或输出信号量的过程。

电压比较器是利用集成运放的非线性特性，实现两个电压幅值比较的电路。在这个电路中，若集成运放处于开环状态，则两个输入端中，一个为输入端电压，另一个为参考电压。若集成运放处于闭环状态，则通过正反馈的形式，分别等效设定两个输入端为输入端电压和参考电压。

为便于后续对电压比较器电压的分析与理解，需要明确理想运放工作在非线性区的两个如下特点：

（1）若集成运放的输出电压 u_o 的幅值为 $\pm U_{OM}$，则当 $u_P > u_N$ 时，$u_o = +U_{OM}$；当 $u_N > u_P$ 时，$u_o = -U_{OM}$。

（2）由于理想运放的差模输入电阻无穷大，因此净输入电流为零，即 $i_P = i_N = 0$。

本节介绍三种常见的电压比较器：单限电压比较器、滞回电压比较器和窗口电压比较器。

7.2.1 单限电压比较器

单限电压比较器只有一个阈值电压 U_T，在输入电压 u_i 逐渐增大或减小的过程中，当通过 U_T 时，输出电压 u_o 产生跃变，从高电平 U_{OH} 跃变为低电平 U_{OL}，或者从低电平 U_{OL} 跃变为高电平 U_{OH}。根据 U_T 是否为零，将单限电压比较器分为过零电压比较器（$U_T = 0$）和非过零电压比较器（$U_T \neq 0$）。

1. 过零电压比较器

图 7-2 给出了两种过零电压比较器，且集成运放均处于开环状态。图 7-2（a）所示为简单过零电压比较器，该电路输入信号接到反相输入端，同相输入端接地。因为集成运放开环增益极高，所以可以保证此时的电路外加极小的电压差就能使集成运放工作在非线性工作区。根据过零比较器阈值电压 $U_T = 0V$ 可知，当输入电压 $u_i < 0$ 时，$u_o = +U_{OM}$；当 $u_i > 0$ 时，$u_o = -U_{OM}$。图 7-2（a）所示电路电压传输特性曲线如图 7-3 所示。考虑实际应用情况，图 7-2（a）所示简单过零电压比较器外加差模输入电压有可能过大，对集成运放造成损害，因此考虑增加输入级保护，图 7-2（b）所示电路为带输入级二极管限幅保护电路的过零电压比较器，该过零电压比较器与图 7-2（a）所示简单过零电压比较器的电压传输特性曲线相同。

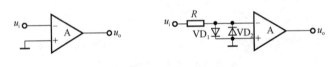

（a）简单电路图　　　　　（b）带输入级保护电路图

图 7-2　过零电压比较器

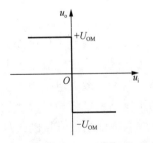

图 7-3　图 7-2 比较器电压传输特性曲线

在实用电路中为了满足负载的需要，对过零电压比较器的输出端电压也有限幅需求。输出限幅电路常可通过以下两种方式解决：

（1）在集成运放的输出端加稳压管限幅电路，从而获得合适的 $\pm U_{OM}$，如图 7-4 所示。图 7-4（a）中 R 为限流电阻，两个稳压管的稳定电压均应小于集成运放的最大输出电压 U_{OM}。设两个稳压管的稳定电压均为 U_Z，其正向导通电压均为 U_D。当 $u_i < 0$ 时，VD_{Z1} 工作在稳压状态，VD_{Z2} 工作在正向导通状态，理想状态下集成运放的输出电压 $u_o = +U_Z$；当 $u_i > 0$ 时，VD_{Z2} 工作在稳压状态，VD_{Z1} 工作在正向导通状态，理想状态下集成运放的输出电压 $u_o = -U_Z$。

（2）将稳压管跨接在集成运放的输出端和反相输入端之间，如图 7-4（b）所示。假设稳压管截止，则集成运放必然工作在开环状态，输出电压不是 $+U_{\text{OM}}$，就是 $-U_{\text{OM}}$，这样必将导致稳压管击穿而工作在稳压状态，VD_{Z} 构成负反馈通路，使反相输入端为"虚地"，限流电阻上的电流 i_{R} 等于稳压管的电流 i_{Z}，输出电压 $u_{\text{o}} = \pm U_{\text{Z}}$。可见，虽然图 7-4（b）所示电路中引入了负反馈，但它仍具有电压比较器的基本特征。

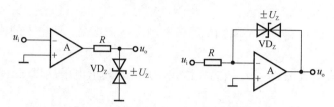

（a）限幅电路在输出端　　　　（b）限幅电路在反馈回路中

图 7-4　带输出限幅电路的过零电压比较器

此时，图 7-4 所示带输出限幅电路的过零电压比较器的电压传输特性曲线，如图 7-5 所示。

需要总结说明的是，图 7-4（b）所示电路具有如下两个优点：①由于集成运放的净输入电压和净输入电流均近似为零，从而保护了输入级。②由于集成运放并没有工作在非线性区，因而在输入电压过零时，其内部的晶体管不需要从截止区逐渐进入饱和区，或从饱和区逐渐进入截止区，提高了输出电压的变化速度。

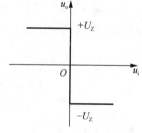

2. 非过零电压比较器

图 7-5　电压传输特性曲线

相对于过零电压比较器来说，非过零电压比较器则是改变阈值电压的值，使其偏离零电位，即 $U_{\text{T}} \neq 0$。图 7-6 所示为通过其同相端接入一个固定参考电压的非过零电压比较器。

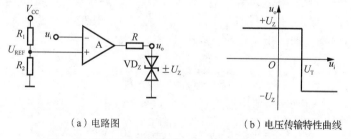

（a）电路图　　　　　　（b）电压传输特性曲线

图 7-6　非过零电压比较器及其电压传输特性曲线

由图 7-6（a）所示电路可知，此时该电路的阈值电压 U_{T} 即外加参考电压 U_{REF}，则有

$$U_{\text{T}} = U_{\text{REF}} = \frac{R_2}{R_2 + R_1} V_{\text{CC}} \tag{7-1}$$

当 $u_{\text{i}} < U_{\text{T}}$ 时，即 $u_{\text{N}} < u_{\text{P}}$，因此 $u_{\text{o}} = U_{\text{OH}} = +U_{\text{Z}}$；当 $u_{\text{i}} > U_{\text{T}}$ 时，即 $u_{\text{N}} > u_{\text{P}}$，因此 $u_{\text{o}} = U_{\text{OL}} = -U_{\text{Z}}$。若 $U_{\text{REF}} > 0$，则图 7-6（a）所示电路的电压传输特性曲线如图 7-6（b）所示。

根据式（7-1）可知，调整阈值电压的大小可以通过调整电阻 R_1 和 R_2 的阻值来实现；

改变阈值电压的极性可以通过改变 V_{CC} 的极性来实现。若改变 u_i 过 U_T 的跃变方向，则可通过互换集成运放的同相输入端和反相输入端所接外电路来实现。

需要说明的是，单限电压比较器有多种形式，而分析单限电压比较器的关键点在于确定阈值电压 U_T、输入信号 u_i 过阈值电压 U_T 时 u_i 的跃变方向，以及输出电压 u_o 的高电平 U_{OH}、低电平 U_{OL} 的值。为便于理解与掌握，本节给出分析电压比较器电压传输特性三个要素的一般步骤如下：

（1）确定电压比较器输出端限幅电路，并确定其输出高、低电平的值，即确定 U_{OH} 和 U_{OL} 的值。

（2）确定集成运放 u_P 端、u_N 端的表达式，并确定阈值电压 U_T 即 $u_P = u_N$ 所对应的输入电压 u_i 值。

（3）u_o 在 u_i 过 U_T 时的跃变方向决定于 u_i 作用于集成运放的哪一个输入端。当 u_i 从反相输入端通过电阻输入时，若 $u_i < U_T$，则 $u_o = U_{OH}$；若 $u_i > U_T$，则 $u_o = U_{OL}$。当 u_i 从同相输入端通过电阻输入时，若 $u_i < U_T$，则 $u_o = U_{OL}$；若 $u_i > U_T$，则 $u_o = U_{OH}$。

例 7.1 图 7-7（a）所示电路为单限电压比较器，其稳压管的稳定电压 $U_Z = \pm 6V$，$R_1 = 10k\Omega$，$R_2 = 20k\Omega$，$U_{REF} = \pm 0.5V$。请确定其阈值电压 U_T 的值，绘制其电压传输特性曲线。若其输入电压波形为图 7-7（b）所示的三角波，试画出该电路输出电压的波形。

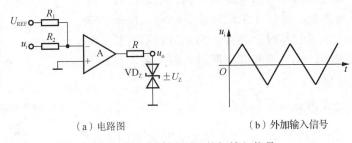

（a）电路图　　　　　　　　　（b）外加输入信号

图 7-7　例 7.1 电路图及外加输入信号

解： 图 7-7（a）所示电路为单限电压比较器，可以通过确定其阈值电压来判定其是否为过零电压比较器。根据图示可知 U_{REF} 为外加参考电压。根据电压比较器三要素确定方法，可知集成运放同相输入端电位 $u_P = 0$，反相输入端电位为

$$u_N = \frac{R_1}{R_1 + R_2} u_i + \frac{R_2}{R_1 + R_2} U_{REF}$$

令 $u_N = u_P = 0$，则所求阈值电压为

$$U_T = -\frac{R_2}{R_1} U_{REF} = -\frac{20k\Omega}{10k\Omega} \times (\pm 0.5V) = \mp 1V$$

因为 $U_T \neq 0$，所以该单限电压比较器为一种非过零电压比较器。因为 u_i 通过 R_2 作用于集成运放的反相输入端，存在 $u_N < u_P$ 或 $u_N > u_P$，所以当 $u_i < U_T$ 时，$u_o = U_Z$；当 $u_i > U_T$ 时，$u_o = -U_Z$。由此可以确定图 7-7（a）所示电压比较器电压传输特性曲线。若 $U_{REF} = -0.5V$，则图 7-7（a）所示电路的电压传输特性曲线如图 7-8（a）所示；若 $U_{REF} = 0.5V$，则图 7-7（a）所示电路的电压传输特性曲线如图 7-8（b）所示。

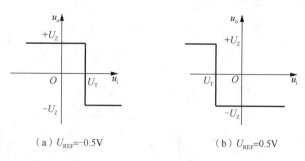

（a）$U_{REF}=-0.5V$　　　　　　（b）$U_{REF}=0.5V$

图 7-8　图 7-7（a）所示电路的电压传输特性曲线

在 U_{REF} 不同取值条件下，根据图 7-7（b）所示输入信号波形可以画出其对应的输出电压 u_o 的波形，如图 7-9 所示。

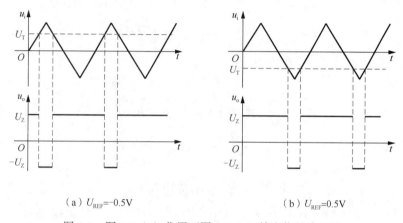

（a）$U_{REF}=-0.5V$　　　　　　（b）$U_{REF}=0.5V$

图 7-9　图 7-7（b）作用下图 7-7（a）输出信号波形图

在实际应用中，单限电压比较器对噪声的影响非常敏感。也就是说，对于单限电压比较器而言，一旦外加输入信号融入噪声，其输出信号将无规律地在高低电平之间来回切换。

7.2.2　滞回电压比较器

滞回电压比较器可以解决单限电压比较器对噪声敏感所导致的输出信号不稳定的问题。其设计思路是在设定阈值电压时，不是固定于某一个点的电压，而是让其具备一定的宽度，这个宽度称为回差。这个过程类似于现实生活中办公室常见的恒温饮水机，当其温度低于某一个温度时，开启加热装置；当其温度高于某一个温度时，关闭加热装置。

由此可知，对于滞回电压比较器来说，电路有两个阈值电压 U_{T1}、U_{T2}，在输入电压 u_i 单调变化（单调增或单调减）的过程中，u_i 过阈值电压时，输出电压 u_o 只跃变一次。对于回差（$\Delta U = U_{T1} - U_{T2}$）内产生的噪声，其输出电压 u_o 不受影响。为便于说明，以图 7-10 所示滞回电压比较器为例进行讲述。

图 7-10（a）所示滞回电压比较器输入信号 u_i 作用于集成运放的反相输入端，该滞回电压比较器又叫作反相输入滞回电压比较器。需要明确在图 7-10（a）所示滞回电压比较器中引入正反馈，可以保证集成运放在运行中处于非线性工作区，可使 u_o 快速地在 $+U_Z$ 与 $-U_Z$ 之间转换。依据电压比较器电压传输特性的三个要素可知该电压比较器输出端的限幅电路使 $u_o = \pm U_Z$。令 $u_P = u_N$，对应的 u_i 即为确定的阈值电压 U_T，则有

$$U_T = u_i = u_N = u_P = \frac{R_2}{R_1 + R_2} U_{REF} \pm \frac{R_1}{R_1 + R_2} u_Z \qquad (7\text{-}2)$$

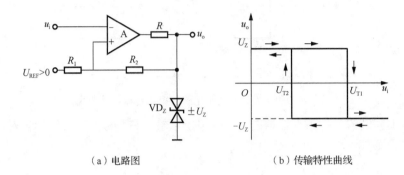

（a）电路图　　　　　　　　　　（b）传输特性曲线

图 7-10　滞回电压比较器及其电压传输特性曲线

即滞回电压比较器存在两个阈值电压：

$$U_{T1} = \frac{R_2}{R_1 + R_2} U_{REF} + \frac{R_1}{R_1 + R_2} u_Z \qquad (7\text{-}3)$$

$$U_{T2} = \frac{R_2}{R_1 + R_2} U_{REF} - \frac{R_1}{R_1 + R_2} u_Z \qquad (7\text{-}4)$$

　　接下来讨论 u_i 在单调变化过程中，过阈值电压 U_T 时，输出信号 u_o 的状态。假设 $u_i < U_{T2}$，则 u_N 一定小于 u_P，因而 $u_o = +U_Z$，所以 $u_i = U_{T1}$。只有当输入电压 u_i 增大到 U_{T1}，再增大一个无穷小量时，输出电压 u_o 才会从 $+U_Z$ 跃变到 $-U_Z$。同理，假设 $u_i > U_{T1}$，那么 u_N 一定大于 u_P，因而 $u_o = -U_Z$，所以 $u_i = U_{T2}$。只有当输入电压 u_i 减小到 U_{T2}，再减小一个无穷小量时，输出电压 u_o 才会从 $-U_Z$ 跃变到 $+U_Z$。可见，u_o 从 $+U_Z$ 跃变到 $-U_Z$ 和 u_o 从 $-U_Z$ 跃变到 $+U_Z$ 的阈值电压是不同的，电压传输特性曲线如图 7-10（b）所示。

　　滞回电压比较器对于噪声的不敏感性可以从电压传输特性曲线上看出，当 $U_{T2} < u_i < U_{T1}$ 时，u_o 可能是 $+U_Z$，也可能是 $-U_Z$。这取决于 u_i 处于单调增的过程还是单调减的过程。若 u_i 处于单调增的过程，且经过 $U_{T1} \rightarrow U_{T2}$，那么 u_o 应为 $+U_Z$；若 u_i 处于单调减的过程，且经过 $U_{T2} \rightarrow U_{T1}$，那么 u_o 应为 $-U_Z$。图 7-10（b）中标注了电压传输特性曲线的方向。此外，从其电压传输特性曲线上可知，对于滞回电压比较器来说，回差电压 ΔU 越大，抗干扰能力越强，但相应其敏感性也会随之降低。

　　例 7.2　某电压比较器如图 7-11（a）所示。已知 $R_1 = R_2 = 4\text{k}\Omega$，$U_Z = \pm 6\text{V}$。

（1）确定该电压比较器类型，绘制该电压比较器电压传输特性曲线。

（2）若使 $U_{T1} = 2\text{V}$、$U_{T2} = -4\text{V}$，则应如何变动该电路？

（3）在调整后的电路上，测得某电路输入电压 u_i 的波形如图 7-11（b）所示，请绘制此时该电路的输出电压 u_o 的波形。

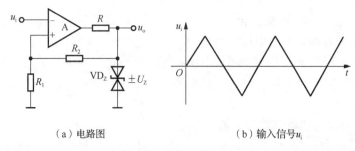

（a）电路图　　　　　　　　　　　　　（b）输入信号 u_i

图 7-11　例 7.2 电路图及输入信号

解：（1）该电路为反相输入滞回电压比较器。依据电压比较器三要素分析方法，从该电路输出限幅电路可知 $u_o = \pm U_Z = \pm 6V$。

令 $u_P = u_N$，对应的 u_i 即为确定的阈值电压 U_T，则有

$$\pm U_T = \pm \frac{R_1}{R_1 + R_2} U_Z = \pm \frac{4k\Omega}{4k\Omega + 4k\Omega} \times 6V \tag{7-5}$$

即 $U_{T1} = 3V$，$U_{T2} = -3V$。因为该电路为反相输入滞回电压比较器，所以可确定该电路的电压传输特性曲线如图 7-12 所示。

（2）若使 $U_{T1} = 2V$、$U_{T2} = -4V$，对比原电路 $U_{T1} = 3V$，$U_{T2} = -3V$，可知它们均在原数值上减1V，说明电压传输特性向左平移1V，考虑在电压比较器同相输入端增加参考电压，因此电路修正为图 7-10（a）所示。依据式（7-2）可知，U_{REF} 数值应满足

$$\frac{R_2}{R_1 + R_2} U_{REF} = 1V \tag{7-6}$$

代入解得 $U_{REF} = -2V$。

（3）在调整后的电路上，测得某电路输入电压 u_i 的波形如图 7-11（b）所示，此时该电路的输出电压 u_o 的波形如图 7-13 所示。

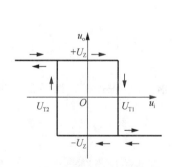

图 7-12　例 7.2 电路电压传输特性曲线

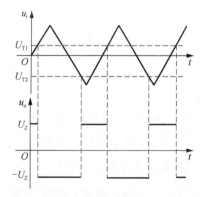

图 7-13　例 7.2 输出电压 u_o 的波形图

7.2.3　窗口电压比较器

人们日常生活中常常会用到电子血压计。通常人体正常血压范围为 80～120mmHg 时，测量血压的结果与之对比就可以确定被测量人的血压是否正常。这就要求电子血压计具有比较上限值 120mmHg 与下限值 80mmHg 的功能。若用电压比较器输出的高低电平来阐述，当被测量的人体血压处于正常范围时，其输出保持低电平，否则无论是血压高于上限值

120mmHg，还是低于下限值 80mmHg，均输出高电平，进行报警提示。具备这种上下限比较功能的电压比较器称为窗口电压比较器。

综上所述，窗口电压具有两个阈值电压，输入电压 u_i 单调变化的过程中，使输出电压 u_o 跃变两次。图 7-14（a）即一种窗口比较器，外加参考电压 $U_{RH} > U_{RL}$。电阻 R_1、R_2 和 VD_Z 构成限幅电路。

U_{RH} 和 U_{RL} 分别为比较器的两个阈值电压。

当输入电压 $u_i > U_{RH}$ 时，有 $u_{o1} = +U_{OM}$，$u_{o2} = -U_{OM}$，所以 VD_1 导通，VD_2 截止，电流通路如图 7-14（a）中实线标注，稳压管 VD_Z 工作在稳压状态，输出电压 $u_o = +U_Z$。

当 $u_i < U_{RL}$ 时，有 $u_{o1} = -U_{OM}$，$u_{o2} = +U_{OM}$，所以 VD_2 导通，VD_1 截止，电流通路如图 7-14（a）中虚线标注，稳压管 VD_Z 工作在稳压状态，u_o 仍为 $+U_Z$。

当 $U_{RH} < u_i < U_{RL}$ 时，有 $u_{o1} = u_{o2} = -U_{OM}$，所以 VD_1 和 VD_2 均截止，稳压管截止，$u_o = 0V$。

若认定 U_{RH} 和 U_{RL} 均大于零，则图 7-14（a）所示电路的电压传输特性曲线如图 7-14（b）所示。

提示：电压比较器是最简单的模/数转换电路，即从模拟信号转换成一位二值信号的电路。

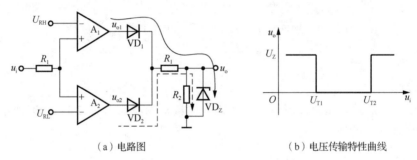

（a）电路图　　　　　　　　　　　　（b）电压传输特性曲线

图 7-14　窗口比较器及其电压传输特性曲线

7.3　正弦波发生电路

正反馈与负反馈相反，会带来放大电路的不稳定性，即产生振荡。恰当合理的处理振荡产生的信号，在实际应用中极为广泛。

7.3.1　产生正弦波振荡的条件

从本质上来讲，所有的振荡电路都是将直流电源的电能转化成周期波形，再被有效地应用。为便于说明振荡产生的条件，此处以正弦波振荡电路为例进行振荡原理说明。振荡电路是由一个同相放大电路与一个选频网络组成，同时，该选频网络还承担着正反馈的任务。为便于说明振荡电路的工作原理，此处给出振荡电路结构图（图 7-15）。振荡电路中，通过正反馈网络将同相放大电路产生的输出信号部分引回到同相放大电路的输入端，由同相比例放大电路不断循环地放大反馈信号，从而产生振荡信号，这个振荡信号的频率由选频网络决定。

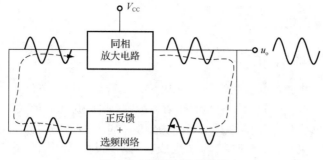

图 7-15　振荡电路结构图

此处需要说明的是，若使振荡电路产生稳定的正弦波，则要求该电路必须具备以下两个条件。

（1）正弦波振荡的平衡条件：令振荡电路中环路放大倍数为 1，也就是同相放大电路电压放大倍数 A 与反馈系数 F 的乘积为 1，即

$$|AF| = 1 \tag{7-7}$$

（2）环路相位移之和为 $2n\pi$（n 为整数），即

$$\varphi_A + \varphi_B = 2n\pi \tag{7-8}$$

图 7-16 所示阐述了上述两个条件必备的原因。

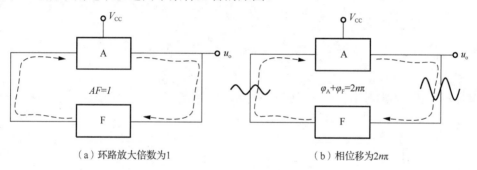

（a）环路放大倍数为1　　　　　　　　　　　（b）相位移为2nπ

图 7-16　正弦波振荡条件示意图

由图 7-16（a）可知，若产生正弦波，但不控制 $|AF| = 1$，将会有两种可能，或者不会产生振荡（$|AF| < 1$），或者使输出与反馈回路的两个峰值处于饱和失真的状态（$|AF| > 1$）。因此，在电路的设计中，要控制 A 使 $|AF|$ 恒定为 1。由图 7-16（b）可知，若保证 $|AF| = 1$，前提是同相放大电路与反馈网络的相位移之和必须精确等于 $2n\pi$（n 为整数）。

为达到上述正弦波振荡电路能够产生稳定的振荡信号，首先要考虑如何让振荡电路产生初始信号起振。正弦波振荡的源信号来源于直流电压源闭合时所带来的扰动。选频网络选定某一定 $f = f_0$ 的信号，并只允许该频率 f_0 的信号通过，且为了使输出量在合闸后能够有一个从小到大直至平衡在一定幅值，电路的起振条件为

$$|AF| > 1 \tag{7-9}$$

细心的读者会发现，这与前述产生正弦波振荡的平衡条件 $|AF| = 1$ 相违背。因此，要想获得稳定的正弦波还需要想办法降低 A，以保证 $|AF| = 1$。

7.3.2　RC 正弦波振荡电路

1. 文氏桥选频网络与工作原理

本节以一类 RC 正弦波振荡电路——文氏桥正弦波振荡电路为例，分析其工作原理。图 7-17（a）所示为文氏桥选频网络，因为 RC 是以串联、并联的形式存在，所以称为 RC 串并联选频网络。文氏桥选频网络对于不同频率的响应处理不同 [图 7-17（b）]，当在处理低频信号时，C_1 为高阻抗，此时 C_1 与 R_1 组成超前网络起主导作用。u_f 超前 u_o，当 $f \to 0$ 时，相位超前趋近于 $\varphi_F \to 90°$，且 $u_f \to 0$；当在处理高频信号时，C_2 为高阻抗，此时 C_2 与 R_2 组成超前网络起主导作用。当 $f \to \infty$ 时，相位滞后趋近于 $\varphi_F \to -90°$，且 $u_f \to 0$ 趋近于零。为便于参数的设置与调整，常选取 $R_1 = R_2 = R$、$C_1 = C_2 = C$。因为文氏桥选频网络具有超前-滞后相位的特性，所以也有文献称其为文氏桥的超前-滞后网络。从图 7-17（b）所示的频率响应曲线中还可以看到该选频网络振荡频率达到中心频率 f_o 时，输出电压达到峰值状态。中心频率 f_o 取决于选频网络 RC 参数的选择，定义为

$$f_o = \frac{1}{2\pi RC} \tag{7-10}$$

此时选频网络的反馈系数 F 为

$$F = \frac{u_f}{u_o} = \frac{R // \dfrac{1}{j\omega C}}{R + \dfrac{1}{j\omega C} + R // \dfrac{1}{j\omega C}} = \frac{1}{3 + j\left(\dfrac{f}{f_0} - \dfrac{f_0}{f}\right)} \tag{7-11}$$

综上，当 $f = f_0$ 时，有 $F = \dfrac{1}{3}$，$\varphi_F = 0°$。

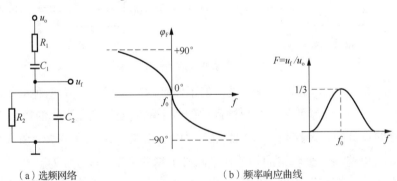

（a）选频网络　　　　　　　　　　　　（b）频率响应曲线

图 7-17　文氏桥选频网络及其频率响应曲线

2. 文氏桥正弦波振荡电路

由 7.3.1 节所阐述的正弦波振荡电路组成以及产生振荡信号的平衡条件、起振条件可以知道，文氏桥选频网络应需要一个同相放大器，且其电压放大倍数应略大于 3。因此，此放大电路需要采用同相比例放大器，其原因主要从以下两个角度考虑：①同相比例放大电路满足同相输出，且放大倍数可满足略大于 3，增益方便可调；②同相比例放大电路引入的负反馈组态为电压串联负反馈，其特点在于输入电阻极大，输出电阻极小，这样可以保

证振荡电路的振荡频率只取决于选频网络。文氏桥正弦波振荡电路如图 7-18（a）所示。

基于同相比例运算电路的分析，可知道图 7-18（a）同相放大电路 A 的电压放大倍数为

$$A = 1 + \frac{R_2}{R_1} \tag{7-12}$$

由图 7-18（b）振荡条件可知 $A = 3$，R_2 与 R_1 参数取值的关系为 $R_2 = 2R_1$。基于振荡电路起振原理的分析，还需要考虑振荡电路环路放大倍数 $|AF| > 1$，所以在图 7-18（b）振荡条件的基础上调整同相放大电路放大倍数 A，使 $A > 3$。调整的方案在于改变同相比例运算放大器的比例系数略大于 3。为保证振荡电路输出建立，当振荡产生的理想正弦波信号产生后，需要振荡电路的同相放大电路放大倍数降低，使 $A = 3$。图 7-19 给出一种能够实现振荡自动回归平衡状态的正弦波振荡电路——二极管自启动文氏桥正弦波振荡电路。

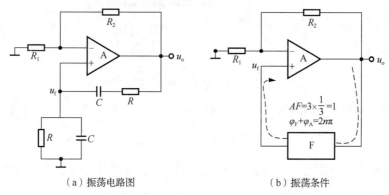

| （a）振荡电路图 | （b）振荡条件 |

图 7-18　文氏桥正弦波振荡电路及振荡条件示意图

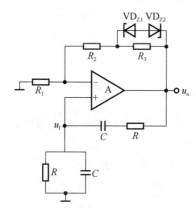

图 7-19　二极管自启动文氏桥正弦波振荡电路图

由图 7-19 可知，同相比例放大电路反馈回路中增加了 R_3 并与两个齐纳击穿二极管并联。当直流电源闭合时，最初状态两个齐纳击穿二极管 VD_{Z1}、VD_{Z2} 开路，R_2、R_3 处于串联状态。此时同相比例放大电路的电压放大倍数为

$$A = 1 + \frac{R_2 + R_3}{R_1} \tag{7-13}$$

此时设定扰动开始，经选频网络选定 f_o 频率的信号通过后，送到同相比例放大电路 A 同相输入端，反馈信号经 A 不断增加，可保证输出 u_o 建立。当 u_o 增至使 VD_{Z1}、VD_{Z2} 击

穿时，VD_{Z1}、VD_{Z2} 导通，R_3 被短路，此时 $A = 3$。

例 7.3　设计一个具备移相功能的正弦波振荡电路，使其具备 $0° \sim 360°$ 相移的正弦波振荡要求。

解：无论是从图 7-17 文氏桥选频网络的频率响应曲线中，还是从 6.3.2 节无源滤波电路中，都可知一个 RC 电路可以提供最大 $90°$ 的相位移。基于此思路，若想实现 $180°$ 的相位移，采用 3 个 RC 网络即可。同时，考虑将图 7-19 中的同相放大电路替换为反相放大电路 $(-180°)$，由此可实现 $0° \sim 360°$ 相移的要求。该电路设计如图 7-20 所示。

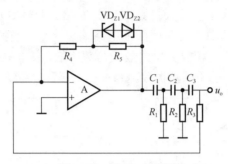

图 7-20　例 7.3 电路图

同 7.2.3 节中关于反馈系数 F 的确定方法一样，三节 RC 反馈网络的反馈系统数 $F = \dfrac{R_3}{R_4} = 29$。因此图 7-20 中放大电路的放大倍数 $A > 29$（由 R_3、R_4 参数的设定来决定）。为参数选择方便，此处令 $R_1 = R_2 = R_3 = R$，$C_1 = C_2 = C_3 = C$，可确定该移相振荡电路输出信号中心频率为

$$f_0 = \frac{1}{2\pi\sqrt{6}RC}$$

提示： RC 正弦波振荡电路只适用于产生振荡频率中低频的信号；若需要产生振荡频率较高的振荡信号，则需要采用 LC 选频网络替代 RC 选频网络，两者的振荡电路结果是一样的。

7.4　非正弦波发生电路

在实用电路中除了常见的正弦波外，还有矩形波、锯齿波、尖顶波和阶梯波等多种信号。大多数的波形可以通过矩形波进行变换产生。本节以矩形波发生电路为起点，探讨多种波形发生电路的原理。

7.4.1　矩形波发生电路

1. 矩形波发生电路的组成及工作原理

矩形波发生电路是一种产生矩形波的振荡电路。其电路构成结构与 RC 正弦波振荡电路的构成相似，即由放大电路与选频网络组成。对于矩形波，读者一定知道矩形波电压只有高低电平两种状态，这与电压比较器的输出信号正好吻合。同时，产生振荡输出的高低电平状态应按一定的时间间隔交替变化，即产生周期性变化，电路中要有延迟环节来确定

每种状态维持的时间。矩形波发生电路的放大电路可考虑选择一类电压比较器，选频网络可考虑一类具备延迟特性的选频网络。图 7-21（a）给出了一种矩形波发生电路，它由反相输入的滞回电压比较器和 RC 电路组成。RC 回路作为延迟环节，C 上电压作为滞回比较器的输入，通过 RC 充放电实现输出状态的自动转换。结合 7.2.2 例 7.1 可确定图 7-21（a）中所采用反相滞回比较器的阈值电压为

$$\pm U_{\mathrm{T}} = \pm \frac{R_1}{R_1 + R_2} \cdot U_{\mathrm{Z}} \tag{7-14}$$

对应电压传输特性曲线如图 7-21（b）所示。

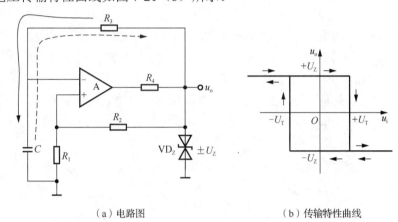

（a）电路图　　　　　　　（b）传输特性曲线

图 7-21　矩形波发生电路及其电压传输特性曲线

矩形波发生电路在电源通电的一瞬间，电容器 C 相当于短路，集成运放反相输入端接地。此时，同相输入端的任何电压均会使集成运放输出电压 $u_{\mathrm{o}} = +U_{\mathrm{Z}}$。此时，对于集成运放的两个输入端电压均有所影响：

① 同相输入端电位 $u_{\mathrm{p}} = +U_{\mathrm{T}}$。

② u_{o} 通过 R_3 对电容 C 正向充电（如图中实线箭头线所示），当 $u_{\mathrm{C}}(u_{\mathrm{N}})$ 点电位逐渐增大到 $+U_{\mathrm{T}}$ 且大于 $+U_{\mathrm{T}}$ 的一瞬间，u_{o} 由 $+U_{\mathrm{Z}}$ 跃变为 $-U_{\mathrm{Z}}$，u_{p} 亦从 $+U_{\mathrm{T}}$ 跃变为 $-U_{\mathrm{T}}$；接下来，u_{o} 通过 R_3 对电容 C 反向充电（如图 7-22 中虚线箭头线所示），当 $u_{\mathrm{C}}(u_{\mathrm{N}})$ 点电位逐渐减小到 $-U_{\mathrm{T}}$ 且小于 $-U_{\mathrm{T}}$ 的一瞬间，u_{o} 从 $-U_{\mathrm{Z}}$ 跃变为 $+U_{\mathrm{Z}}$。上述过程不断循环，电路就可以产生期望的矩形波。相应的分析波形如图 7-22 矩形波发生电路的波形图。

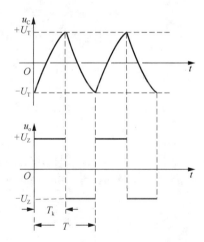

图 7-22　矩形波发生电路的波形图

查阅相关手册或利用一阶 RC 三要素方法均可以确定图 7-21 所示矩形波发生电路产生矩形波的周期为

$$T = 2R_3 C \ln\left(1 + \frac{2R_1}{R_2}\right) \tag{7-15}$$

振荡频率 $f = 1/T$。

通过以上分析可知，调整电压比较器的电路参数 R_1 和 R_2，可以改变 u_{C} 的幅值，调整

电阻 R_1、R_2、R_3 和电压 C 的数值，可以改变电路的振荡频率。而要调整输出电压 u_o 的振幅，则要更换稳压管以改变 U_Z，此时 u_C 的幅值也将随之变化。

由于图 7-21 所示电路中电容正向充电与反向充电的时间常数均为 RC，且 u_o 输出的高低电平幅值相等，u_o 产生的矩形波为方波。

提示：占空比是矩形波的宽度 T_k 与周期 T 之比，方波是占空比为 1/2 的矩形波。

2. 可调占空比矩形波发生电路

采用二极管的单向导电性实现在 $u_o = \pm U_Z$ 两种情况下，通过不同的时间环节实现对电容 C 的充放电。占空比可调的矩形波发生电路如图 7-23（a）所示，u_o 通过 R_{W1}、VD_1、R_3 对电容 C 正向充电（如图中实线箭头线所示）；当 $u_C(u_N)$ 点电位逐渐增大到 $+U_T$ 且大于 $+U_T$ 的一瞬间，u_o 由 $+U_Z$ 跃变为 $-U_Z$，u_P 亦从 $+U_T$ 跃变为 $-U_T$；接下来，u_o 通过 R_{W2}、VD_2、R_3 对电容 C 反向充电（如图中虚线箭头线所示），当 $u_C(u_N)$ 点电位逐渐减小到 $-U_T$ 且小于 $-U_T$ 的一瞬间，u_o 从 $-U_Z$ 跃变为 $+U_Z$。上述过程不断循环，电路可以根据调整 R_{W1}、R_{W2} 串入两个延迟环节的阻值产生期望的矩形波。对应电容电压和输出电压波形如图 7-23（b）所示。

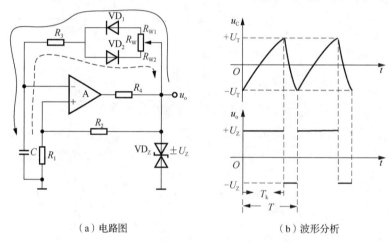

（a）电路图　　　　　　　　　　　（b）波形分析

图 7-23　占空比可调的矩形波发生电路

假设二极管均为理想状态下，因此可确定图 7-23 所示矩形波发生电路产生矩形波的周期宽度 T_k，即高电平持续的时间常数为

$$\tau_1 \approx (R_{W1} + R_3)C \tag{7-16}$$

低电平持续的时间常数为

$$\tau_2 \approx (R_{W2} + R_3)C \tag{7-17}$$

同样通过查阅相关手册，或者利用一阶 RC 三要素方法均可以确定矩形波的周期为

$$T = T_1 + T_2 \approx (R_W + 2R_3)C\ln\left(1 + \frac{2R_1}{R_2}\right) \tag{7-18}$$

式（7-18）表明改变电位器的滑动端可以改变占空比，但周期不变。占空比为

$$q = \frac{T_1}{T} \approx \frac{R_{W1} + R_3}{R_W + 2R_3} \tag{7-19}$$

例 7.4　在图 7-23（a）所示电路中，已知 $R_1 = R_2 = 25\text{k}\Omega$，$R_3 = 5\text{k}\Omega$，$R_W = 100\text{k}\Omega$，

$C = 0.1\mu\text{F}$，$\pm U_Z = \pm 8\text{V}$。试求：（1）输出电压的幅值和振荡频率约为多少？（2）占空比的调节范围约为多少？（3）若 VD_1 断路，则会产生什么现象？

解：（1）输出电压 $u_o = \pm 8\text{V}$，振荡周期为

$$T \approx (R_W + 2R_3)C\ln\left(1 + \frac{2R_1}{R_2}\right)$$

$$= (100\text{k}\Omega + 10\text{k}\Omega) \times 0.1\mu\text{F} \times \ln\left(1 + \frac{2 \times 25\text{k}\Omega}{25\text{k}\Omega}\right)$$

$$\approx 12.1 \times 10^{-3}\text{s}$$

$$= 12.1\text{ms}$$

振荡频率 $f = 1/T \approx 83\text{Hz}$。

（2）根据式（7-19），将 R_{W1} 的最小值 0 代入，可得 q 的最小值为

$$q_{\min} = \frac{T_1}{T} = \frac{R_{w1} + R_3}{R_W + 2R_3} = \frac{5\text{k}\Omega}{100\text{k}\Omega + 10\text{k}\Omega} \approx 0.045$$

将 R_{W1} 的最大值 $100\text{k}\Omega$ 代入，可得 q 的最大值为

$$q_{\max} = \frac{T_1}{T} = \frac{R_{w1} + R_3}{R_W + 2R_3} = \frac{100\text{k}\Omega + 5\text{k}\Omega}{100\text{k}\Omega + 10\text{k}\Omega} \approx 0.95$$

占空比 $T_1/T \approx 0.045 \sim 0.95$。

（3）若 VD_1 断路，则电路不振荡，输出电压 u_o 恒为 $+U_Z$。因为在 VD_1 断路的瞬间，若 $u_o = +U_Z$，电容电压将不变，则 u_o 保持 $+U_Z$ 不变；若 $u_o = -U_Z$，则电容仅有反向充电回路，必将使 $u_N < u_P$，导致 $u_o = +U_Z$。

7.4.2 锯齿波发生电路

1. 锯齿波发生电路的组成及工作原理

在 6.2.3 节中探讨了对于积分电路外加输入脉冲信号时，其输出会产生锯齿波信号。基于此观点，图 7-24（a）给出了一种锯齿波发生电路。该电路由一个矩形波（方波）发生电路与一个积分电路串联而成。

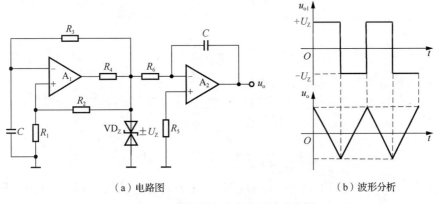

（a）电路图   （b）波形分析

图 7-24 锯齿波发生电路及波形分析

当矩形波发生电路的输出电压 $u_{o1} = +U_Z$ 时，积分运算电路的输出电压 u_o 将线性下降；当 $u_{o1} = -U_Z$ 时，输出电压 u_o 将线性上升；波形图如图 7-24（b）所示。在实际应用电路中，常将图 7-24（a）中存在的 RC 电路和积分电路两个延迟环节"合二为一"。修改后的电路如图 7-25（a）所示。可以发现图 7-25（a）将方波发生电路的输出信号端 u_{o1} 作了如下修改：将原图 7-24（a）中输出信号端 u_{o1} 作用于积分电路的同相输入端，修改为 u_{o1} 作用于反相输入端，即反相滞回电压比较器改为同相滞回电压比较器。究其原因，请读者对比图 7-25 和图 7-24（b）所示波形便知其主要原因在于：前者 RC 回路充电方向与后者积分电路的积分方向相反，这是为了满足极性的需要。考虑实际情况，若比较器产生的输出信号含有直流扰动，在不断的循环往复中，终将使后一个集成运放堵塞。

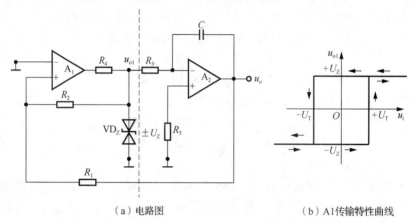

（a）电路图　　　（b）A1传输特性曲线

图 7-25　锯齿波发生电路图及其比较器电压传输特性曲线

为便于读者理解，此处对该锯齿波的工作原理进行简要介绍。在图 7-25（a）所示三角波发生电路中，虚线左边为同相输入滞回比较器，右边为积分运算电路。此处采用先分块后综合的形式对该电路进行工作原理分析。图 7-25（a）中滞回比较器的输出电压 $u_{o1} = \pm U_Z$，它的输入电压是积分电路的输出电压 u_o。根据叠加原理，可确定 A_1 同相输入端的电位为

$$u_{P1} = \frac{R_2}{R_1 + R_2}u_o + \frac{R_1}{R_1 + R_2}u_{o1} = \frac{R_2}{R_1 + R_2}u_o \pm \frac{R_1}{R_1 + R_2}U_Z \tag{7-20}$$

令 $u_{P1} = u_{N1} = 0$，可确定阈值电压为

$$\pm U_T = \pm \frac{R_1}{R_2}U_Z \tag{7-21}$$

因此，滞回比较器的电压传输特性曲线如图 7-25（b）所示。

积分电路的输入电压是滞回比较器的输出电压 u_{o1}，由于稳幅环节的存在，使得 u_{o1} 不是 $-U_Z$，就是 $+U_Z$，输出电压的表达式为

$$u_o = -\frac{1}{R_3C}u_{o1}(t_1 - t_0) + u_o(t_0) \tag{7-22}$$

式中，$u_o(t_0)$ 为初态时的输出电压。设初态时 u_{o1} 正好从 $-U_Z$ 跃变为 $+U_Z$，则式（7-22）应写成

$$u_o = -\frac{1}{R_3C}U_Z(t_1 - t_0) + u_o(t_0) \tag{7-23}$$

积分电路反向积分时，u_o 随时间的增长线性上升，根据图 7-25（b）所示电压传输特性曲线可知，$u_o \to -U_T$ 变化时，一旦过 $-U_T$ 的瞬间，u_{o1} 即刻由 $+U_Z$ 跃变为 $-U_Z$。此时，式（7-23）变化为

$$u_o = \frac{1}{R_3 C} U_Z(t_2 - t_1) + u_o(t_1) \qquad (7\text{-}24)$$

式中，$u_o(t_1)$ 为 u_{o1} 产生跃变时的输出电压。

积分电路正向积分时，u_o 随时间的增长线性下降，根据图 7-25（b）所示电压传输特性曲线可知，$u_o \to +U_T$ 变化时，一旦过 $-U_T$ 的瞬间，u_{o1} 即刻由 $-U_Z$ 跃变为 $+U_Z$，回到初态，积分电路又开始反向积分。如此循环往复，即产生了锯齿波信号。事实上，通过上述分析，可以发现由于 u_{o1} 是方波，幅值为 $\pm U_Z$，同时对于积分电路的正反向积分的时间常数是相等的，所以可以确定 u_o 是一幅值为 $\pm U_T$ 的特殊的锯齿波——三角波。若在 u_{o1} 端引出端口，则可以根据需要引出方波和三角波信号，因此图 7-25（a）所示电路又称为三角波-方波发生电路。此处需要说明的是，由于图 7-25（a）所示积分电路引入了深度电压负反馈，因此在负载电阻相当大的变化范围里，三角波电压几乎不变（图 7-26）。

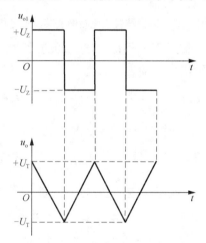

图 7-26　三角波-方波发生电路的波形图

根据图 7-26 所示波形可知，正向积分的起始值为 $-U_T$，终了值为 $+U_T$，积分时间为 1/2 周期，将它们代入式（7-24），得到

$$+U_T = \frac{1}{R_3 C} U_Z \cdot \frac{T}{2} + (-U_T) \qquad (7\text{-}25)$$

式中，$U_T = \frac{R_1}{R_2} U_Z$，经整理可得振荡周期为

$$T = \frac{4 R_1 R_3 C}{R_2} \qquad (7\text{-}26)$$

振荡频率为

$$f = \frac{R_2}{4 R_1 R_3 C} \qquad (7\text{-}27)$$

调节电路中 R_1、R_2、R_3 的阻值和 C 的容量，可以改变振荡频率；调节 R_1 和 R_2 的阻值，可以改变三角波的幅值。

2. 锯齿波发生电路波形分析

若想获得一般锯齿波，则可以考虑令图 7-25（a）所示积分电路的正向积分的时间常数与反向积分的时间常数不相等，即可产生锯齿波。同样利用二极管的单向导电性引导积分电路正反两个方向的积分通路不同，就可得到锯齿波发生电路，如图 7-27（a）所示。

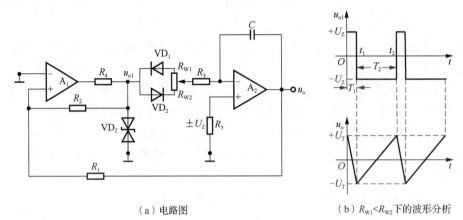

（a）电路图　　　　　　　　　　（b）$R_{W1} < R_{W2}$ 下的波形分析

图 7-27　锯齿波发生电路图及其波形分析

设二极管导通时的等效电阻可忽略不计，电位器的滑动端处于适当位置。当 $u_{o1} = +U_Z$ 时，VD_1 导通，VD_2 截止，输出电压的表达式为

$$u_o = -\frac{1}{R_3 C + R_{W1}} U_Z(t_1 - t_0) + u_o(t_0) \tag{7-28}$$

u_o 随时间线性下降。当 $u_{o1} = -U_Z$ 时，VD_2 导通，VD_1 截止，输出电压的表达式为

$$u_o = -\frac{1}{(R_3 + R_{W2})C} U_Z(t_2 - t_1) + u_o(t_1) \tag{7-29}$$

u_o 随时间线性上升。u_{o1} 和 u_o 的波形如图 7-27（b）所示。

根据三角波发生电路的振荡周期的计算方法，可得出下降时间和上升时间，分别为

$$T_1 = t_1 - t_0 \approx 2 \cdot \frac{R_1}{R_2}(R_3 + R_{W1})C \tag{7-30}$$

$$T_2 = t_2 - t_1 \approx 2 \cdot \frac{R_1}{R_2}(R_3 + R_{W2})C \tag{7-31}$$

振荡周期为

$$T = \frac{2R_1(2R_3 + R_w)C}{R_2} \tag{7-32}$$

事实上，在电路的设计过程中，为了保障产生的锯齿波正反向充电时间的可控性，常令 $R_w \gg R_3$，所以可以认为 $T \approx T_2$。

根据 T_1 和 T 的表达式，可得 u_{o1} 的占空比为

$$\frac{T_1}{T} = \frac{R_3 + R_{W1}}{2R_3 + R_w} \tag{7-33}$$

综上所述，在 $R_w \gg R_3$ 情况下，调整 R_1 和 R_2 的阻值可以改变锯齿波的幅值；调整 R_1、R_2 和 R_w 的阻值以及 C 的容量，可以改变振荡周期；调整电位器滑动端的位置，可以改变 u_{o1} 的占空比以及锯齿波上升和下降的斜率。

7.5　信号转换电路

在实际工程应用中，如遥感测控、医学等领域，均需要将模拟信号进行转换，如将电压信号转换成电流信号，将电流信号转换成电压信号，将直流信号转换成交流信号，将模拟信号转换成数字信号或者产生恒定的电流信号等。本节介绍三种常用的转换电路：恒流源电路、电流-电压转换电路、电压-电流转换电路。

7.5.1　恒流源电路

恒流源电路简称恒流源，该名称源于其驱动的负载电阻变化时，恒流源提供的负载电流仍能保持恒定。图 7-28 所示为一个基本的恒流源电路，此处以其为例进行恒流特性阐述。由于该集成运放同相端接地，因此有 $I_N = I_P = 0$。U_I 通过同相端输入电阻 R_i 提供恒定输入电流 I_I，所以 I_I 可确定为

$$I_I = \frac{U_I}{R_i} = I_L \tag{7-34}$$

由图 7-28 可知，所有的 I_I 通过反馈支路流过负载 R_L，但输出电流 I_L 的大小不会随其参数值大小的改变而改变，完全由 U_I 与 R_i 共同决定，只要两者不变，该电路所产生的输出电流恒定。

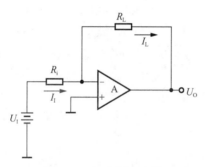

图 7-28　恒流源电路图

7.5.2　电流-电压转换电路

电流-电压转换电路是将变化的输入电流按某种正比例的电压形式输出。图 7-29 所示为一个基本的电流-电压转换电路，此处以其为例进行电流-电压转换特性阐述。该电路的输出电压为

$$u_o = i_L R_f = i_i R_f \tag{7-35}$$

上式表明该电路实现了由输入电流信号到输出电压信号的转变。式中，$i_i = \frac{u_i}{R_i} R_f$，$R_i$ 为一个光敏电阻，流过光敏电阻的电流将随光强度的变化而变化。而式（7-35）输出电压 u_o 将与此电阻值的变化成正比。

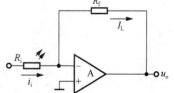

图 7-29　电流-电压转换电路图

7.5.3　电压-电流转换电路

根据实际需要,如实现输入电压控制输出电流,即本节所要讨论的电压-电流转换电路。图 7-30 所示为一个基本的电压-电流转换电路,此处以其为例进行电压-电流转换特性阐述。考虑集成运放"虚短"的特点,有 $u_N = u_P$,同时考虑集成运放"虚断"的特点,有 $i_N = i_P = 0$,可确定 i_L 为

$$i_L = i_1 = \frac{u_i}{R_1} \tag{7-36}$$

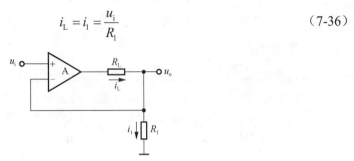

图 7-30　电压-电流转换电路图

提示:无论是电流-电压转换电路还是电压-电流转换电路,这种转换思想实际上已在第 5 章负反馈放大电路的组态中讲述。例如,电压并联负反馈可实现电流-电压信号的转换(图 7-29 所示电路存在的反馈组态为电压并联负反馈);电流串联负反馈可实现电压信号到电流信号的转换(图 7-30 所示电路存在的反馈组态为电流串联负反馈)。

7.6　波形发生与变化电路的应用实例

实验室里最常见的一种仪器就是函数信号发生器。结合本章所阐述的波形发生电路及对应信号间的变化,可以确定一个简易的基于集成运放的函数信号发生器。简单的设计框图如图 7-31 所示。

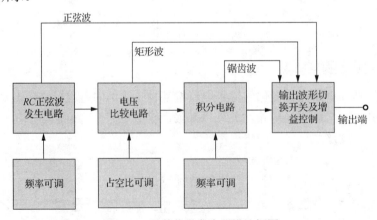

图 7-31　函数信号发生器设计框图

习　题

7.1　判断题。

（1）在图 7-32 所示框图中，若 $\varphi_F = 180°$，则只有当 $\varphi_A = \pm 180°$ 时，电路才能产生正弦波振荡。（　）

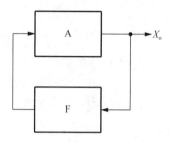

图 7-32　习题 7.1

（2）只要电路引入了正反馈，就一定会产生正弦波振荡。（　）

（3）凡是振荡电路中的集成运放均工作在线性区。（　）

（4）非正弦波振荡电路与正弦波振荡电路的振荡条件完全相同。（　）

（5）在图 7-32 所示框图中，产生正弦波振荡的相位条件是 $\varphi_F = \pm \varphi_A$。（　）

（6）因为 RC 串并联选频网络作为反馈网络时的 $\varphi_F = 0°$，单管共集放大电路的 $\varphi_A = 0°$，满足正弦波振荡的相位条件 $\varphi_A + \varphi_F = 2n\pi$（$n$ 为整数），所以连接它们可以构成正弦波振荡电路。（　）

（7）在 RC 桥式正弦波振荡电路中，若 RC 串并联选频网络中的电阻均为 R，电容均为 C，则其振荡频率 $f_o = 1/RC$。（　）

（8）电路只要满足 $|AF| = 1$，就一定会产生正弦波振荡。（　）

（9）负反馈放大电路不可能产生自激振荡。（　）

（10）只要集成运放引入正反馈，就一定工作在非线性区。（　）

（11）当集成运放工作在非线性区时，输出电压不是高电平，就是低电平。（　）

（12）一般情况下，在电压比较器中，集成运放不是工作在开环状态，就是仅引入了正反馈。（　）

（13）如果一个滞回比较器的两个阈值电压和一个窗口比较器的相同，那么当它们的输入电压相同时，其输出电压波形也相同。（　）

（14）在输入电压从足够低逐渐增大到足够高的过程中，单限比较器和滞回比较器的输出电压均只能跃变一次。（　）

（15）单限比较器比滞回比较器抗干扰能力强，而滞回比较器比单限比较器灵敏度高。

（　）

7.2　选择题。

（1）图 7-35 所示是比较器的电压传输特性曲线，该比较器是（　）。

　　A. 单限比较器　　　　　　　　B. 滞回比较器

　　C. 窗口比较器　　　　　　　　D. 不能确定

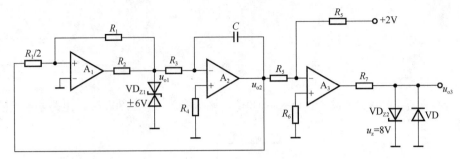

图 7-34　习题 7.2（7）

（2）图 7-36 所示是比较器的电压传输特性曲线，该比较器是（　　）。

A．单限比较器　　　　　　　B．滞回比较器

C．窗口比较器　　　　　　　D．不能确定

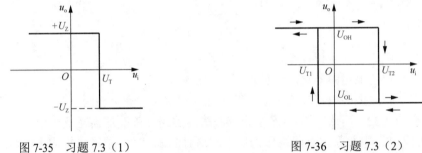

图 7-35　习题 7.3（1）　　　　　　　　　图 7-36　习题 7.3（2）

（3）在图 7-37 所示电路中，A 为理想运算放大器，其输出电压的两个极限值为 12V。在不同情况下，测得该电路的电压传输特性曲线分别如图 7-37（b）、（c）、（d）、（e）所示。请回答下列问题：

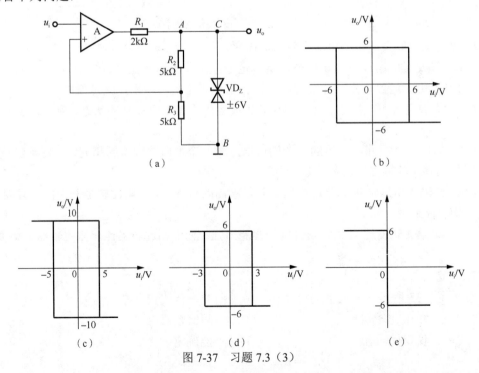

图 7-37　习题 7.3（3）

① 正常工作时，该电路的电压传输特性曲线如图（　）所示。

② 当 A 点断开时，该电路的电压传输特性曲线如图（　）所示。

③ 当 B 点断开时，该电路的电压传输特性曲线如图（　）所示。

④ 当 C 点断开时，该电路的电压传输特性曲线如图（　）所示。

（4）在图 7-38 所示的方波发生器中，已知 A 为理想运算放大器，其输出电压的两个极限值为 ±12V。在不同情况下将得到不同的测试结果，选择正确答案填入空内。

① 正常工作时，输出电压峰-峰值为（　）。

　　A．6V　　　　　　　　　　B．12V　　　　　　　　C．24V

② R_1 断路时，输出电压（　）。

　　A．为直流量　　　　　　　B．峰-峰值为 12V

　　C．峰-峰值为 24V

③ R_3 短路时，（　）。

　　A．输出电压峰-峰值为 12V　　　B．输出电压峰-峰值为 24V

　　C．稳压管因电流过大而损坏

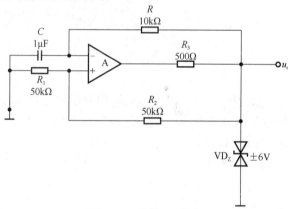

图 7-38　习题 7.3（4）

（5）当信号频率 $f=f_0$ 时，RC 串并联网络呈（　）。

　　A．容性　　　　　　　　　B．阻性　　　　　　　　C．感性

7.3　填空题。

（1）正弦波振荡的相位平衡条件是＿＿＿＿＿＿＿＿＿＿＿＿。

（2）正弦波振荡的幅值平衡条件是＿＿＿＿＿＿＿＿＿＿＿＿。

（3）一个正弦波振荡电路通常包括四个组成部分，分别为＿＿＿＿电路、正反馈电路、选频网络和稳幅电路。

（4）正弦波振荡器的选频网络主要有三种，分别为＿＿＿＿＿、LC 并联选频网络、晶体选频网络。

（5）电压比较器通常分为＿＿＿＿比较器、滞回比较器和窗口比较器。

（6）在图 7-33 所示电路中，已知 A_1、A_2、A_3、A_4 均为理想运算放大器，其输出电压的两个极限值为 14V。请回答下列问题：

① 填入 A 组成的基本电路名称。

A₁ 组成＿＿＿＿＿＿＿＿＿＿，A₂ 组成＿＿＿＿＿＿＿＿＿＿，

A₃ 组成＿＿＿＿＿＿＿＿＿＿；A₄ 组成＿＿＿＿＿＿＿＿＿＿。

② u_{o1} 的上限值为＿＿V，下限值为＿＿V。

③ u_{o2} 的上限值为＿＿V，下限值为＿＿V。

④ 在输出电压 u_{o1}、u_{o2}、u_{o3} 中，＿＿＿＿为矩形波，＿＿＿＿为三角波。

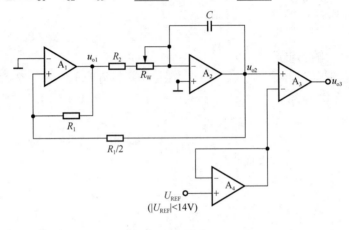

图 7-33　习题 7.2（6）

（7）在图 7-34 所示电路中，已知 A₁、A₂、A₃ 均为理想运算放大器，其输出电压的两个极限值为 14V；二极管正向导通电压为 0.2V。请回答下列问题：

① 填入 A 组成的基本电路名称。

A₁ 组成＿＿＿＿＿＿，A₂ 组成＿＿＿＿＿＿，A₃ 组成＿＿＿＿＿＿。

② u_{o1} 的上限值为＿＿V，下限值为＿＿V。

③ u_{o2} 的上限值为＿＿V，下限值为＿＿V。

④ u_{o3} 的上限值为＿＿V，下限值为＿＿V。

⑤ 在各级输出电压中，＿＿＿＿为矩形波，＿＿＿＿为三角波。

7.4（1）判断图 7-39 所示各电路是否产生正弦波振荡，并简述理由。设图 7-39（b）中 C_4 容量远大于其他三个电容的容量。

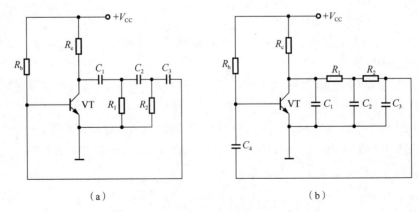

（a）　　　　　　　　　　　　　　（b）

图 7-39　习题 7.4

（2）若去掉两个电路中的 R_2 和 C_3，则两个电路是否产生正弦波振荡？为什么？

（3）若在两个电路中再加一级 RC 电路，则两个电路是否产生正弦波振荡？为什么？

7.5 电路如图 7-40 所示。试求解：

（1）R_W 的下限值。

（2）振荡频率的调节范围。

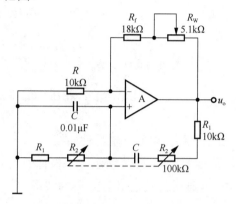

图 7-40 习题 7.5

7.6 电路如图 7-41 所示，稳压管 VD_Z 起稳幅作用，其稳定电压为 $\pm U_Z$。试分析：

（1）输出电压不失真情况下的有效值表达式。

（2）振荡频率表达式。

7.7 电路如图 7-42 所示。请回答下列问题：

（1）为使电路产生正弦波振荡，标出集成运放的"+"和"−"，并说明电路是哪种正弦波振荡电路。

（2）若 R_1 短路，则电路将产生什么现象？

（3）若 R_1 断路，则电路将产生什么现象？

（4）若 R_f 短路，则电路将产生什么现象？

（5）若 R_f 断路，则电路将产生什么现象？

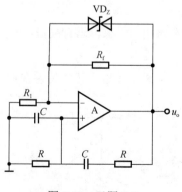

图 7-41 习题 7.6

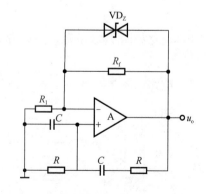

图 7-42 习题 7.7

7.8　试分别画出图 7-43 所示各电路的电压传输特性曲线。

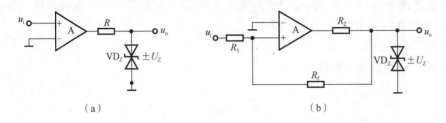

（a）　　　　　　　　　　　（b）

图 7-43　习题 7.8

7.9　在图 7-44 所示电路中，设 A 为理想运放，稳压管的稳定电压 U_Z=4V，正向导通电压为 0.7V。

（1）画出图 7-44（a）所示电路的电压传输特性曲线。

（2）设输入电压 u_i 的波形如图 7-44（b）所示，二极管的伏安特性曲线如图 7-44（c）所示。画出集成运放的净输入电压 u_{AB} 及输出电压 u_o 的波形。

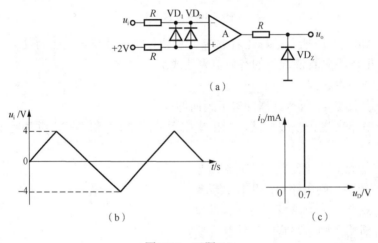

（a）

（b）　　　　　　　　　　（c）

图 7-44　习题 7.9

7.10　电路如图 7-45 所示，试画出其电压传输特性曲线，要求标出有关数值。设 A 为理想运算放大器。

7.11　电路如图 7-46 所示，A 为理想运算放大器，试画出其电压传输特性曲线。

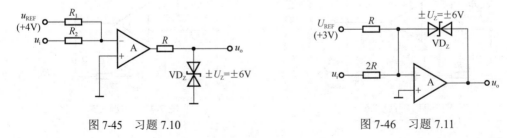

图 7-45　习题 7.10　　　　　　　　　图 7-46　习题 7.11

7.12　在图 7-47 所示的电路中，已知 A_1、A_2 均为理想运算放大器，其输出电压的两个极限值为 $\pm 12V$，试画出该电路的电压传输特性曲线。

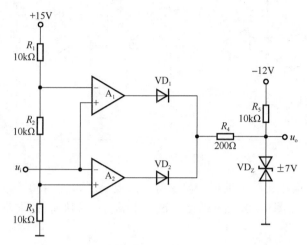

图 7-47　习题 7.12

7.13　电路如图 7-48 所示。

（1）分别说明 A_1 和 A_2 各构成哪种基本电路。

（2）求出 u_{o1} 与 u_o 的关系曲线 $u_{o1}=f(u_o)$。

（3）求出 u_o 与 u_{o1} 的运算关系式 $u_o=f(u_{o1})$。

（4）定性画出 u_{o1} 与 u_o 的波形。

（5）若要提高振荡频率，则可改变哪些电路参数？如何改变？简要说明。

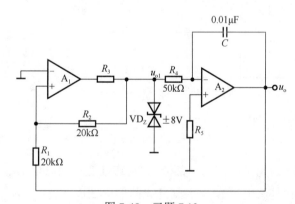

图 7-48　习题 7.13

7.14　图 7-49 所示电路为正交正弦波振荡电路，它可产生频率相同的正弦信号和余弦信号。已知稳压管的稳定电压 $\pm U_Z=\pm 6V$，$R_1=R_2=R_3=R_4=R_5=R$，$C_1=C_2=C$。（1）试分析电路为什么能够满足产生正弦波振荡的条件。（2）求出电路的振荡频率。（3）画出 u_{o1}、u_{o2} 的波形图，要求表示出它们的相位关系，并分别求出它们的峰值。

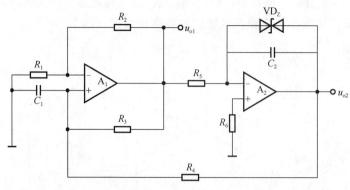

图 7-49　习题 7.14

7.15　已知三个电压比较器的电压传输特性曲线分别如图 7-50（a）、（b）、（c）所示，它们的输入电压波形如图 7-50（d）所示，试画出 u_{o1}、u_{o2} 和 u_{o3} 的波形。

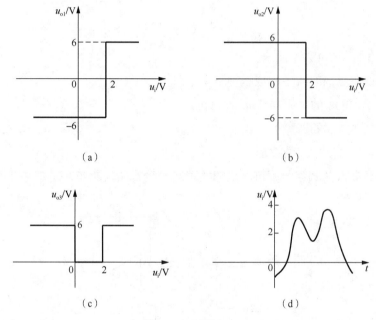

图 7-50　习题 7.15

7.16　图 7-51 所示为光控电路的一部分,它将连续变化的光电信号转换成离散信号(输出电压不是高电平，就是低电平)，电流 I 随光照的强弱而变化。试问：

（1）在 A_1 和 A_2 中，哪一个工作在线性区？哪一个工作在非线性区？为什么？

（2）试画出表示 u_o 与 I 关系的传输特性曲线。

7.17　在图 7-52（a）所示电路中，已知 A_1、A_2 均为理想运算放大器，其输出电压的两个极限值为±12V；该电路的电压传输特性曲线如图 7-52（b）所示。试求稳压管的稳定电压 U_Z 及 R_1、R_2 的阻值。

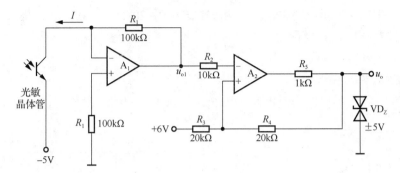

图 7-51　习题 7.16

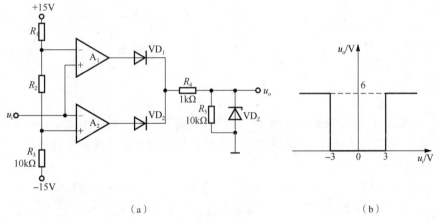

（a）　　　　　　　　　　　　　　（b）

图 7-52　习题 7.17

7.18　图 7-53 所示电路为晶体管筛选电路，欲选出 β 为 $50\sim100$ 的晶体管。已知被测晶体管导通时 $U_{BE}=0.7\text{V}$，A_1、A_2 均为理想运算放大器，发光二极管在正向导通时发光。试问：

（1）阈值电压 U_{RH} 和 U_{RL} 各为多少伏？

（2）发光二极管在 β 为多少时发光？

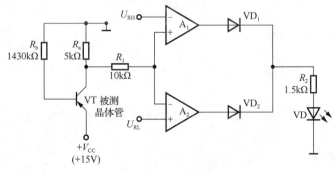

图 7-53　习题 7.18

7.19 在图 7-54 所示电路中，已知 $R_1=10\text{k}\Omega$，$R_2=20\text{k}\Omega$，$C=0.01\mu\text{F}$，集成运放的最大输出电压幅值为 $\pm12\text{V}$，二极管的动态电阻可以忽略不计。

（1）求出电路的振荡周期。

（2）画出 u_o 和 u_c 的波形。

7.20 图 7-55 所示电路为方波发生电路，试找出图中的三个错误，并改正。

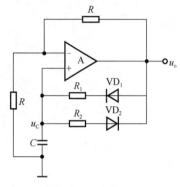
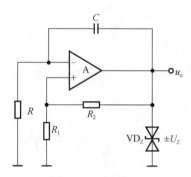

图 7-54　习题 7.19　　　　　　　　　　　　　图 7-55　习题 7.20

7.21 波形发生电路如图 7-56 所示，设振荡周期为 T，在一个周期内 $u_{o1}=U_Z$ 的时间周期为 T_1，则占空比为 T_1/T；在电路的某一个参数发生变化时，其余参数不变。选择①增大、②不变或③减小，填入空内：

（1）当 R_1 增大时，u_{o1} 的占空比将___，振荡频率将___，u_{o2} 的幅值将___。

（2）若 R_{W1} 的滑动端向上移动，则 u_{o1} 的占空比将___，振荡频率将___，u_{o2} 的幅值将___。

（3）若 R_{W2} 的滑动端向上移动，则 u_{o1} 的占空比将___，振荡频率将___，u_{o2} 的幅值将___。

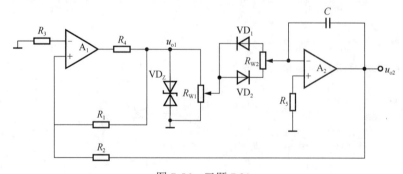

图 7-56　习题 7.21

7.22 电路如图 7-57 所示。已知集成运放的最大输出电压幅值为 $\pm12\text{V}$，u_i 的数值在 u_{o1} 的峰-峰值之间。

（1）求解 u_{o3} 的占空比与 u_i 的关系式。

（2）设 $u_i=2.5\text{V}$，画出 u_{o1}、u_{o2} 和 u_{o3} 的波形图。

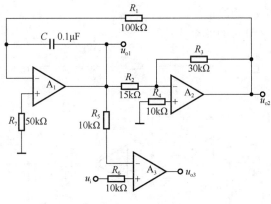

图 7-57　习题 7.22

7.23　试分析图 7-58 所示各电路输出电压与输入电压的函数关系。

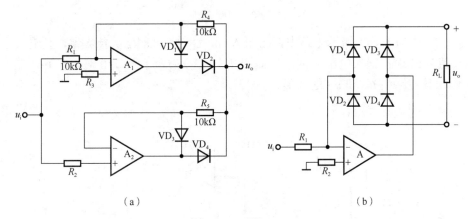

（a）　　　　　　　　　　　　　　　　（b）

图 7-58　习题 7.23

7.24　电路如图 7-59 所示。假设 u_i 为某频率正弦波信号。

（1）定性画出 u_{o1} 和 u_o 的波形。

（2）估算振荡频率与 u_i 的关系式。

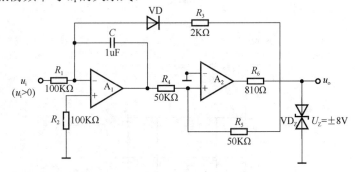

图 7-59　习题 7.24

7.25　已知图 7-60 所示电路为压控振荡电路，晶体管 VT 工作在开关状态，当其截止时相当于开关断开，当其导通时相当于开关闭合，管压降近似为零，$u_i > 0$。

（1）分别求解 VT 导通和截止时 u_{o1} 和 u_i 的运算关系式 $u_{o1} = f(u_i)$。

（2）画出 u_o 和 u_{o1} 的关系曲线 $u_o = f(u_{o1})$。

（3）定性画出 u_o 和 u_{o1} 的波形。

（4）求解振荡频率 f 和 u_i 的关系式。

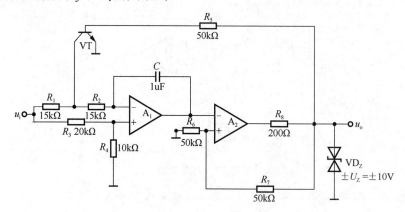

图 7-60　习题 7.25

7.26　在图 7-61（a）所示电路中，已知 A_1 和 A_2 均为理想运算放大器，其输出电压的两个极限值为±12V；输入电压 u_i 的波形如图 7-61（b）所示；当 $t=0$ 时，电容两端电压为 0V。试画出该电路中 u_{o1} 和 u_{o2} 的波形。

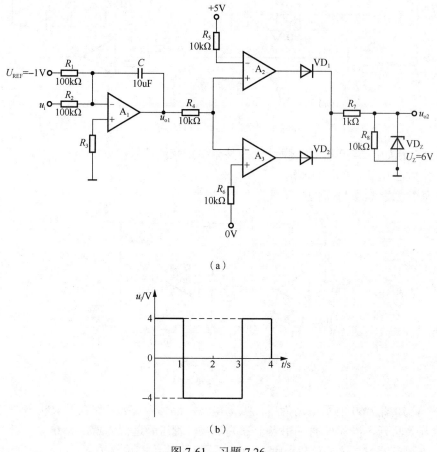

（a）

（b）

图 7-61　习题 7.26

7.27　试将正弦波电压转换为二倍频锯齿波电压，要求画出原理框图，并定性画出各部分输出电压的波形。

7.28　试设计一个交流电压信号的数字式测量电路，要求仅画出原理框图。

7.29　试将直流电流信号转换成频率与其幅值成正比的矩形波，要求画出电路，并定性画出各部分电路的输出波形。

7.30　已知图 7-62 所示电路中 A 为理想运算放大器，合理连接图中各元器件，使之构成方波发生器。

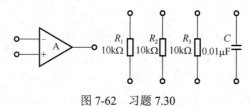

图 7-62　习题 7.30

7.31　已知图 7-63 所示电路中 A 为理想运算放大器，合理连接图中各元器件，使之构成方波发生器。

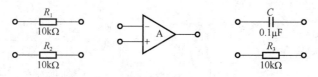

图 7-63　习题 7.31

第8章 直流稳压电源

导读

8.1 课例引入——生活中的电源

电子产品在人们的生活中无处不在，电源更是随处可见。人们根据电子产品的电源需求，选择使用与之相匹配的电源适配器。例如，手机充电时需要一个电源适配器，将220V交流电压转换为适用于手机供电的直流电压。而电源适配器是实现这个过程的"桥梁"，其组成包括四个部分（图8-1）：变压器、整流电路、滤波电路及稳压电路。当手机通过电源适配器连接市电220V（含50Hz工频干扰，波形为正弦波）后，首先通过变压器实现对220V交流电的降压处理，接着通过整流电路将交流转变为直流，然后输送给滤波电路消除交流分量，最后输送给稳压电路。

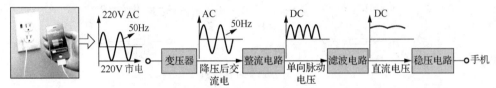

图8-1 手机充电原理及电源适配器组成示意图

事实上，图8-1很好地阐释了直流稳压电源的组成。本章依据直流稳压电源的组成，详述相关电路的设计及其工作原理。

8.2 直流稳压电源的主要指标

直流稳压电源的主要指标分为两种：①特性指标，反映直流稳压电源的固有特性，主要包括输出电压、输入电压、输出电流和输出电压调节范围等。②质量指标，主要用来衡量输出直流电压的稳定程度，包括稳压系数、输出电阻、温度系数及纹波电压等。

1. 特性指标

（1）输出电压范围是指符合直流稳压电源工作条件的情况下，能够正常工作的输出电压范围。

（2）最大输入-输出电压差是指在保证直流稳压电源正常工作条件下，所允许的最大输入-输出之间的电压差值，其值主要取决于直流稳压电源内部调整晶体管的耐压指标。

（3）最小输入-输出电压差是指在保证直流稳压电源正常工作条件下，所需要的最小输入-输出之间的电压差值。

（4）输出电流的调节范围又称输出负载电流范围，是指在这一电流范围内，稳压器能够保证满足指标规范所给出的指标。

2. 质量指标

（1）稳压系数 S_r。该指标是用输出电压和输入电压的相对变化量的比值来描述电源的稳压性能。S_r 的表达式为

$$S_r = \frac{\Delta U_O / U_O}{\Delta U_I / U_I} \tag{8-1}$$

（2）输出电阻 R_o。该指标是指在输入电压和温度不变的情况下，输出电压和负载电流的变化量之比。R_o 的表达式为

$$R_o = -\frac{\Delta U_O}{\Delta I_O} \tag{8-2}$$

式中，负号表示 ΔU_O 与 ΔI_O 变化方向相反。

（3）温度系数 S_T。该指标是指在输入电压和负载电流不变的情况下，单位温度变化引起的输出电压的变化量，也称为温度漂移。S_T 的表达式为

$$S_T = -\frac{\Delta U_O}{\Delta T} \tag{8-3}$$

式中，负号表示 ΔU_O 与 ΔT 变化方向相反。

（4）纹波电压 U_{OP}。该指标是指在额定工作电流的情况下，输出电压中的交流分量值。

需要说明的是，利用上述质量指标对直流稳压器进行质量评估，在有的参考文献中采用百分比调整率（包括线路调整率、负载调整率）。

线路调整率定义为给定的输入电压的变化引起多少输出电压的变化，通常用输出电压变化量与输入电压变化量的百分比表示，即

$$线路调整率 = \frac{\Delta U_O}{\Delta U_I} \times 100\% \tag{8-4}$$

在有的参考文献中，线路调整率描述为输出电压的相对变化量与输入电压变化量的百分比，即

$$线路调整率 = \frac{\Delta U_O / U_O}{\Delta U_I} \times 100\% \tag{8-5}$$

在探讨线路调整率时究竟应当采用上述哪一种表达式，需要依据所分析的直流稳压电源的参数表。查询参数表关键看单位，若其百分比的单位是 mV / V 或无量纲，则采用式（8-4）计算线路调整率；若其百分比的单位是 % / mV 或者 % / V，则采用式（8-5）计算线路调整率。

在直流稳压电源驱动负载时，期望即使存在负载变化引起流过负载的电流发生变化，但稳压器仍可保证在负载上维持恒定的输出电压。负载调整率定义为负载电流在一定范围［从最小电流（空载时）到最大电流（满载时）］变化时，输出电压的变化量。若用 U_{NL} 表示空载时的输出电压，U_{FL} 表示满载时的输出电压，则负载调整率可表示为

$$负载调整率 = \left(\frac{U_{NL} - U_{FL}}{U_{FL}} \right) \times 100\% \tag{8-6}$$

需要特别说明的是，式（8-6）表示仅负载随条件的变化而变化，所有其他因素（输入电压、工作温度等）必须保持不变。

8.3　整　流　电　路

变压器二次侧电压需要通过整流电路将交流电压转换为直流电压，即将正弦波电压转换为单一方向的脉动电压，而将正弦交流电变换为脉动直流电的过程叫作整流。利用二极管的单向导电性可以组成整流电路。整流电路可分为单相整流电路和三相整流电路两类。在小功率直流电源中，经常采用单相半波整流电路、单相全波整流电路和单相桥式整流电路。下面分别介绍单相半波整流电路、单相全波整流电路和单相桥式整流电路的组成、工作原理、工作波形、主要参数。

8.3.1　单相半波整流电路

单相半波整流电路是最简单的一种整流电路。单相半波整流电路如图 8-2（a）所示。为便于分析其工作原理，假设二极管 VD 为理想二极管，即其正偏导通时内阻为 0，反偏截止时内阻无穷大。u_D 为二极管两端电压，u_L 为负载两端电压，i_D 为流过二极管的电流，u_o 为输出电压，i_o 为输出电流。为便于理解，首先对该半波整流电路的工作原理进行描述。

1. 工作原理

假设二次侧电压 $u_2 = \sqrt{2}U_2 \sin\omega t$。当 u_2 处于正半周时，其极性为上正下负，即 A 点为正，B 点为负，此时 VD 处于导通状态，电流方向与图 8-2（a）所示实线电流走向相同，$u_L = u_2$，$i_o = i_D = \dfrac{u_o}{R_L}$；当 u_2 处于负半周时，其极性为下正上负，即 B 点为正，A 点为负，此时 VD 处于截止状态，电路断开，$i_o = i_D = 0$。由此可知，u_2 全部加在 VD 两端，$u_o = 0$，其工作波形如图 8-2（b）所示。

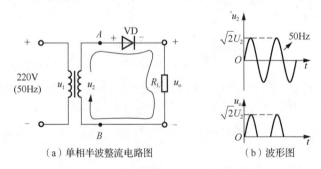

（a）单相半波整流电路图　　　　　　　　（b）波形图

图 8-2　单相半波整流电路及其波形图

2. 主要参数

一般通过输出电压平均值 $U_{O(AV)}$、输出电流平均值 $I_{O(AV)}$、脉动系数 S 和二极管承受的最大反向电压 U_{Rmax} 等参数，对整流电路的性能进行考评。

（1）输出电压平均值 $U_{o(AV)}$ 是输出电压在一个周期内的平均值，即

$$U_{o(AV)} = \frac{1}{2\pi}\int_0^{\pi} \sqrt{2}U_2 \sin\omega t\,\mathrm{d}(\omega t) = \frac{\sqrt{2}U_2}{\pi} \approx 0.45U_2 \qquad (8\text{-}7)$$

（2）输出电流平均值 $I_{O(AV)}$ 是输出电流在一个周期内的平均值，即

$$I_{O(AV)} = \frac{U_{O(AV)}}{R_L} \approx \frac{0.45U_2}{R_L} \tag{8-8}$$

在图 8-2（a）所示的单相半波整流电路中，由于二极管 VD 和负载电阻 R_L 串联，因此通过二极管 VD 的电流平均值与输出电流平均值相等，即

$$I_{D(AV)} = I_{O(AV)} = \frac{U_{O(AV)}}{R_L} \approx \frac{0.45U_2}{R_L} \tag{8-9}$$

（3）脉动系数 S 是衡量整流电路输出电压平滑程度的参数，其定义为整流电路输出电压的基波峰值 U_{O1M} 与输出电压平均值 $U_{O(AV)}$ 之比。如图 8-2（a）所示，输出电压为非正弦周期信号，其傅里叶展开式为

$$U_O = \sqrt{2}U_2\left(\frac{1}{\pi} + \frac{1}{2}\sin\omega t - \frac{2}{3\pi}\cos\omega t + \cdots\right) \tag{8-10}$$

由式（8-7）和式（8-10）联立推导可得

$$U_{O1M} = \frac{\sqrt{2}U_2}{2} \tag{8-11}$$

最终确定脉动系数 S 为

$$S = \frac{U_{O1M}}{U_{O(AV)}} = \frac{\sqrt{2}U_2/2}{\sqrt{2}U_2/\pi} = \frac{\pi}{2} \approx 1.57 \tag{8-12}$$

（4）二极管承受的最大反向电压 U_{Rmax}。在图 8-2（a）所示的单相半波整流电路中，当 u_2 处于负半周时，二极管 VD 外加反向电压。二极管 VD 所承受的最大反向电压就是变压器二次侧电压 u_2 的最大值，即

$$U_{Rmax} = \sqrt{2}U_2 \tag{8-13}$$

单相半波整流电路的优点是接线简单，使用的整流元件少。其明显的缺点是输出的波形脉动大、直流成分较低、交流成分较大，变压器有半个周期不导电，变压器存在直流磁化现象、效率低。因此，这种电路只用在输出电流小的场合。

8.3.2　单相全波整流电路

单相半波整流电路的缺点在于半个周期的信号均被消除了，只适用于对电源要求较低、输出电流小的场合。因此，如果考虑全周期信号的利用率，将负半周的信号对折到正半周，就可以形成一个连续的单向脉动信号。基于上述设计思路，选择中间抽头变压器和两个二极管获取正、负半周信号，组成单相全波整流电路，电路图如图 8-3（a）所示。

1. 工作原理

利用中间抽头变压器和两个二极管获取正、负半周信号。当 u_1 为正半周时，u_2 极性为上正下负，即 A 点为正，B 点为负，此时二极管 VD_1 导通、VD_2 截止，负载电阻 R_L 的电流方向为由上至下［图 8-3（a）所示实线电流走向］；当 u_1 为负半周时，u_2 极性为上负下正，即 A 点为负，B 点为正，此时二极管 VD_2 导通、VD_1 截止，负载电阻 R_L 的电流方向同样为由上至下［图 8-3（a）所示虚线电流走向］。其输出波形如图 8-3（b）所示。在单相全波整流电路中，电源负半周的信号得到利用，整流效率较单相半波整流电路明显提高。

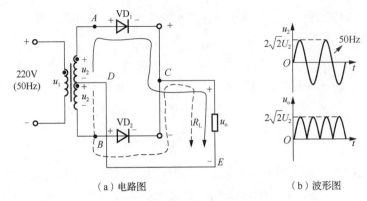

（a）电路图　　　　　　　　　（b）波形图

图 8-3　单相全波整流电路图及其波形图

2. 主要参数

通过输出电压平均值 $U_{O(AV)}$、输出电流平均值 $I_{O(AV)}$、脉动系数 S 和二极管承受的最大反向电压 U_{Rmax} 等参数，对图 8-3（a）所示整流电路的性能进行考评。

（1）输出电压平均值 $U_{O(AV)}$ 为

$$U_{O(AV)} = \frac{2\sqrt{2}U_2}{\pi} \approx 0.9U_2 \tag{8-14}$$

（2）输出电流平均值 $I_{O(AV)}$ 为

$$I_{O(AV)} = \frac{U_{O(AV)}}{R_L} \approx \frac{0.9U_2}{R_L} \tag{8-15}$$

在 u_2 的整个周期内，由于二极管 VD_1、VD_2 均只导通半个周期，因此通过二极管的电流平均值等于输出电流平均值的一半，即

$$I_{D(AV)} = \frac{1}{2}I_{O(AV)} \approx \frac{0.45U_2}{R_L} \tag{8-16}$$

（3）脉动系数 S。假定单相全波整流电路的输出电压 U_O 为非正弦周期信号，则其傅里叶展开式为

$$U_O = \frac{\sqrt{2}U_2}{\pi}\left(2 - \frac{4}{3}\cos 2\omega t - \frac{4}{15}\cos \omega t - \cdots\right) \tag{8-17}$$

式中，2ω 为基波频率，基波最大值是 $U_{OM} = 4\sqrt{2}U_2/3\pi$，最终可得脉动系数

$$S = \frac{U_{OM}}{U_O} = \frac{4\sqrt{2}U_2/3\pi}{2\sqrt{2}U_2/\pi} \approx 0.67 \tag{8-18}$$

（4）二极管承受的最大反向电压 U_{Rmax}。根据图 8-3（a）所示的单相全波整流电路工作原理，在 u_2 的整个周期内，VD_1、VD_2 交替导通，则有

$$U_{Rmax} = 2\sqrt{2}U_2 \tag{8-19}$$

单相全波整流电路克服了单相半波整流电路的缺点，但该电路也存在明显的缺点，如使用的整流元件增多，对整流二极管的耐压要求明显提高，变压器的结构复杂，需要中间抽头变压器等。

8.3.3　改进型全波整流电路

改进型全波整流电路是指单相桥式整流电路。为了提升电源利用率，削弱输出电压脉动，对图 8-3（a）所示单相全波整流电路进行改进。改进电路采用四个二极管构成整流桥，实现了全波整流，因此这种整流电路大多称为单相桥式整流电路［图 8-4（a）］。设定图中构成整流桥的四个二极管 VD_1、VD_2、VD_3、VD_4 为理想二极管，R_L 为负载电阻，u_1 为变压器一次侧电压，u_2 为变压器二次侧电压，u_o 为输出电压，i_o 为输出电流。为便于分析电路工作原理，设定 $u_2 = \sqrt{2}U_2 \sin \omega t$。

1. 工作原理

当 u_2 处于正半周时，其极性为上正下负，即 A 点为正，B 点为负，此时二极管 VD_1、VD_3 导通，VD_2、VD_4 截止，电流方向是从 A 点经过二极管 VD_1、负载电阻 R_L、二极管 VD_3 回到 B 点。因为 VD_1、VD_3 为理想二极管，所以 $u_o = u_2$，$i_o = u_o/R_L$，i_o 经过负载 R_L 时的方向为自上而下［图 8-4（a）所示实线箭头线指向］。

当 u_2 处于负半周时，其极性为上负下正，即 B 点为正，A 点为负，此时二极管 VD_1、VD_3 截止，VD_2、VD_4 导通，电流方向是从 B 点经过二极管 VD_2、负载电阻 R_L、二极管 VD_4 回到 A 点。因为 VD_2、VD_4 为理想二极管，所以 $u_o = u_2$，$i_o = u_o/R_L$，i_o 经过负载时的方向仍然为自上而下［图 8-4（a）所示虚线箭头线指向］。

综上所述，在 u_2 的整个周期内，由于二极管 VD_1、VD_3 和 VD_2、VD_4 轮流导通，负载电阻 R_L 两端始终有电流通过，且方向一致。也就是说，在负载电阻 R_L 两端可以获得单向脉动的直流电，其波形图如图 8-4（b）所示。

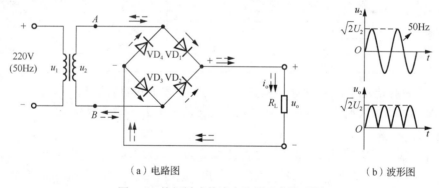

（a）电路图　　　　　　　　　　　（b）波形图

图 8-4　单相桥式整流电路图及其波形图

2. 主要参数

通过输出电压平均值 $U_{O(AV)}$、输出电流平均值 $I_{O(AV)}$、脉动系数 S 和二极管承受的最大反向电压 U_{Rmax} 等参数，对图 8-4（a）所示单相桥式整流电路的性能进行考评。

（1）输出电压平均值 $U_{O(AV)}$ 为

$$U_{O(AV)} = \frac{2\sqrt{2}U_2}{\pi} \approx 0.9U_2 \tag{8-20}$$

（2）输出电流平均值 $I_{O(AV)}$ 为

$$I_{O(AV)} = \frac{U_{O(AV)}}{R_L} \approx \frac{0.9U_2}{R_L} \qquad (8\text{-}21)$$

在 u_2 的整个周期内，由于两组二极管 VD_1、VD_3 和 VD_2、VD_4 轮流导通，因此通过二极管的电流平均值是输出电流平均值的一半，即

$$I_{D(AV)} = \frac{1}{2}I_{O(AV)} \approx \frac{0.45U_2}{R_L} \qquad (8\text{-}22)$$

（3）脉动系数 S。需要说明的是，单相桥式整流电路的脉动系数表达式与单相全波整流电路的脉动系数表达式相同。

（4）二极管承受的最大反向电压 U_{Rmax}。在图 8-4（a）所示电路中，当 u_2 处于正半周时，二极管 VD_1、VD_3 导通，VD_2、VD_4 截止，二极管 VD_2、VD_4 所承受的反向电压就是变压器二次侧电压 u_2 的最大值；同理，当 u_2 处于负半周时，二极管 VD_1、VD_3 截止，VD_2、VD_4 导通，二极管 VD_1、VD_3 所承受的反向电压也为变压器二次侧电压 u_2 的最大值。因此，单相桥式整流电路中的每个二极管所承受的最大反向电压为变压器二次侧电压 u_2 的最大值，即

$$U_{Rmax} = \sqrt{2}U_2 \qquad (8\text{-}23)$$

为便于掌握三种整流电路性能，归纳整理了理想状态下单相整流电路的主要参数对比，见表 8-1。

表 8-1　理想状态下单相整流电路的主要参数对比

电路形式	$\dfrac{U_{O(AV)}}{U_2}$	S	$\dfrac{I_{D(AV)}}{I_{O(AV)}}$	$\dfrac{U_{Rmax}}{U_2}$
半波整流	0.45	157%	100%	1.41
全波整流	0.90	67%	50%	2.83
桥式整流	0.90	67%	50%	1.41

提示：一般情况下，允许电网电压（市电）存在±10%的波动，即电源变压器可为 220V±22V。因此在选用二极管时，对最大平均整流电流 I_F 和最高反向工作电压 U_{Rmax} 至少要留有 10%的余量。

例 8.1　某电子装置要求电源为 9V 的直流电源。已知负载电阻 R_L=100Ω。试问：

（1）若采用单相桥式整流电路［图 8-4（a）］，则变压器二次侧电压 u_2 应为多大？整流二极管的正向平均电流 $I_{O(AV)}$ 和最大反向峰值电压 U_{Rmax} 应为多少？输出电压的脉动系数 S 应为多少？

（2）若采用单相半波整流电路［图 8-2（a）］，则 u_2、$I_{O(AV)}$、U_{Rmax}、S 应为多少？

解：（1）根据式（8-20），变压器二次侧电压

$$U_2 = \frac{U_{O(AV)}}{0.9} = \frac{9V}{0.9} = 10V$$

进一步求得输出的直流电流为

$$I_{O(AV)} = \frac{U_{O(AV)}}{R_L} = \frac{9V}{100\Omega} = 90mA$$

根据式（8-22），可得

$$I_{D(AV)} = \frac{1}{2}I_{O(AV)} = \frac{1}{2} \times 90\text{mA} = 45\text{mA}$$

根据式（8-23），可得

$$U_{Rmax} = \sqrt{2}U_2 = \sqrt{2} \times 10\text{V} \approx 14.14\text{V}$$

若考虑电网电压波动，则

$$U_{Rmax} = 1.1 \times \sqrt{2}U_2 = 1.1 \times \sqrt{2} \times 10\text{V} \approx 15.56\text{V}$$

此时，根据式（8-18），可知脉动系数为

$$S = 0.67 \times 100\% = 67\%$$

（2）若采用单相半波整流电路，则

$$U_2 = \frac{U_{O(AV)}}{0.45} = \frac{9\text{V}}{0.45} = 20\text{V}$$

根据式（8-9），可得

$$I_{D(AV)} = I_{O(AV)} = 90\text{mA}$$

根据式（8-13），可得

$$U_{Rmax} = \sqrt{2}U_2 = \sqrt{2} \times 20\text{V} \approx 28.28\text{V}$$

若考虑电网电压波动，则

$$U_{Rmax} = 1.1 \times \sqrt{2}U_2 = 1.1 \times \sqrt{2} \times 20\text{V} = 31.11\text{V}$$

根据式（8-12），可得

$$S = 1.57 \times 100\% = 157\%$$

8.4　滤　波　电　路

从整流电路的波形分析中可以发现，无论是半波整流还是全波整流，其输出仍然是一个单向脉动的电压信号，这与直流电源的实际要求相违背。因此，在电源电路的设计中需要对整流之后的信号进一步处理，降低或消除脉动，这就是图 8-1 中提及的滤波电路。现有的滤波电路是利用电容的"隔直通交"特性和储能特性或者电感的"隔交通直"特性设计的，主要包括电容滤波电路、电感滤波电路和复式滤波电路。

8.4.1　电容滤波电路

在整流电路负载电阻两端并联一个电容，就构成一个简单的电容滤波电路[图 8-5(a)]。电容滤波电路的工作原理是利用电容的充、放电作用，使输出电压更加平滑。

1. 电容滤波电路的工作原理

在图 8-5（a）所示电路中，未连接电容 C 时，在 u_2 的正半周整流二极管 VD_1 和 VD_3 导通，VD_2 和 VD_4 截止；在 u_2 的负半周整流二极管 VD_2 和 VD_4 导通，VD_1 和 VD_3 截止，输出电压的波形如图 8-5（b）中虚线所示。并联电容 C 后，在 u_2 的正半周二极管 VD_1 和 VD_3 导通，此时流过二极管的电流一部分流过负载 R_L，另外一部分电流 i_C 向电容充电，电容电压 u_C 的极性为上正下负。若忽略二极管两端压降，则在二极管导通时，电容电压 u_C 等于变压器二次侧电压 u_2。当 u_2 达到最大值后开始下降，此时电容电压 u_C 也将因放电而逐

渐下降。当 $u_2 < u_C$ 时，二极管 VD_1 和 VD_3 反向偏置而被关断，u_C 以一定的时间常数按照指数规律下降，直至下一个半周满足 $|U_2| > u_C$ 时，二极管 VD_2 和 VD_4 正偏导通，u_2 再次对电容 C 充电，电容电压 u_C 上升到最大值后又开始下降，下降至 $u_2 < u_C$ 时，二极管 VD_1 和 VD_3 再次反向偏置而被关断，电容 C 再次向负载 R_L 放电，u_C 以指数规律下降，放电至 $u_2 = u_C$ 时，二极管 VD_1 和 VD_3 导通，重复上述过程。并联电容 C 时输出电压的波形如图 8-5（b）中实线所示。

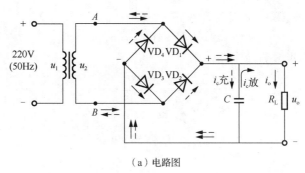

（a）电路图

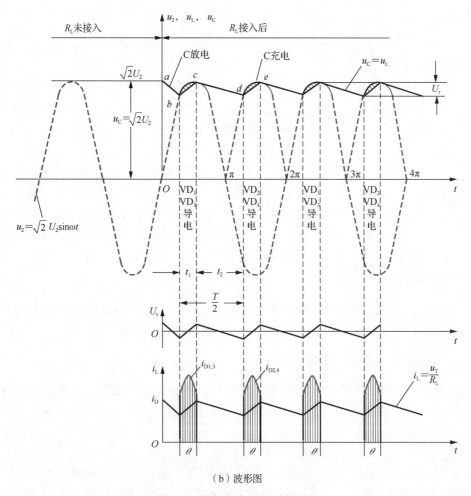

（b）波形图

图 8-5　电容滤波电路及波形图

2. 输出电压平均值

通过上述分析可知，加入滤波电容后，输出电压的直流成分提高了。不接电容时，桥式整流电路的输出电压为半正弦波形状，在负载上并联电容后，输出电压波形包围的面积与原来虚线部分包围的面积相比增大了，这说明输出电压平均值提高了。并联电容 C 时输出电压的波形如图 8-5（b）中实线所示，输出电压 u_o 的波形近似于锯齿波，因而输出电压平均值可以通过下式确定：

$$U_{O(AV)} = \sqrt{2}U_2 \left(1 - \frac{T}{4R_LC} \right) \tag{8-24}$$

式中，T 为电网电压周期。因为市电带有的工频干扰信号的频率 f=50Hz，所以 T=0.02s。此外，由式（8-24）可以看出，输出电压平均值 $U_{O(AV)}$ 的大小与 R_LC 有关，即 R_LC 越大，$U_{O(AV)}$ 越大。当负载开路，即 $R_LC \rightarrow \infty$ 时，$U_{O(AV)} = \sqrt{2}U_2$，输出电压平均值 $U_{O(AV)}$ 最大；当电容 C 开路，相当于未并联电容的情况，$U_{O(AV)} = 0.9U_2$，此时输出电压平均值 $U_{O(AV)}$ 最小。当 $R_LC = (3 \sim 5)T/2$ 时，$U_{O(AV)} = 1.2U_2$。在实际电路中，为了获得较好的滤波效果，应当选择滤波电容的容量满足 $R_LC \geqslant (3 \sim 5)T/2$ 的条件。

3. 脉动系数 S

并联电容 C 时输出电压的波形如图 8-5（b）中实线所示，输出电压 u_o 的波形近似于锯齿波。假设其交流分量的基波的峰-峰值为（U_{Omax}-U_{Omin}），则基波的峰-峰值为

$$U_{Omax} - U_{Omin} = 2 \times U_{Omax} \times \frac{T}{4R_LC} \tag{8-25}$$

脉动系数为

$$S = \frac{1}{4R_LC - 1} \tag{8-26}$$

应当指出，由于图 8-5（b）所示锯齿波所含的交流分量大于滤波电路输出电压实际的交流分量，因而根据式（8-26）计算出的脉动系数大于其实际数值。

4. 整流二极管的导通角

在未加滤波电容之前，无论是哪种整流电路中的二极管都有半个周期处于导通状态，也称二极管的导通角 θ=π，如图 8-6 所示。加滤波电容后，只有当电容充电时，二极管才导通，因此每只二极管的导通角 $\theta < π$，而且二极管平均电流增大，其峰值很大，因此整流二极管在短暂时间内将流过一个很大的冲击电流为电容充电，如图 8-7 所示，这对二极管的使用寿命很不利。综合分析图 8-6 与图 8-7 可知，R_LC 的值越大，滤波效果越好，导通角就越小。因此必须选用较大容量的整流二极管，通常应当选择其最大平均整流电流 I_F 大于负载电流的 2～3 倍。

利用滤波电容实现整流滤波降脉动的应用较为广泛。例如，倍压整流电路就是利用滤波电容的存储作用，由多个电容和二极管可以获得几倍变压器二次侧电压的输出电压。n 倍压整流电路如图 8-8 所示，n 代表电容或二极管的个数。

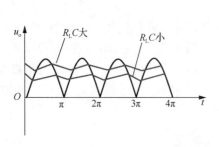

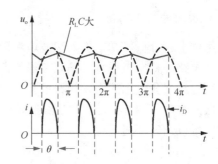

图 8-6　不同 $R_L C$ 值条件下电容滤波电路的　　　图 8-7　电容滤波电路的二极管电流波形及导通角
　　　　　输出电压波形

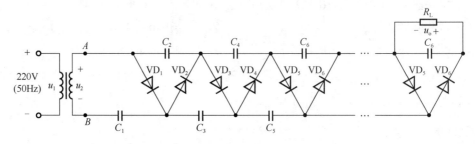

图 8-8　n 倍压整流电路

当 $n=2$ 时，即二倍压整流电路（图 8-9），其工作原理如下：当 u_2 处于正半周时，A 点为"+"，B 点为"−"，使二极管 VD_1 导通，VD_2 截止，C_1 充电，电流如图 8-9 中实线箭头所示。C_1 上电压的极性右为"+"，左为"−"。C_1 充电达峰值电压时，$u_{C_1}=\sqrt{2}U_2$；当 u_2 处于负半周时，A 点为"−"，B 点为"+"，C_1 上电压与变压器二次侧电压相加，使 VD_2 导通，VD_1 截止，C_2 充电，电流如图 8-9 中虚线箭头所示。C_2 上电压的极性下为"+"，上为"−"。C_2 充电达峰值电压时，$U_{C_2}=\sqrt{2}\,U_2+U_{C_1}=2\sqrt{2}\,U_2$，$U_L=U_{C_2}=2\sqrt{2}\,U_2$ 是变压器二次侧电压的 2 倍。当 C_2 的放电时间常数 $R_L C_2$ 远大于电源电压周期，u_2 处于正半周时，C_2 放电很少，负载电压可以基本保持不变。

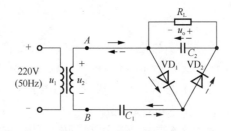

图 8-9　二倍压整流电路

可见，由于 C_1 对电荷的存储作用，使输出电压（电容 C_2 上的电压）为变压器二次侧电压峰值的 2 倍，同理可得图 8-8 所示 n 倍压整流电路的输出电压为 $n\sqrt{2}U_2$。

提示：图 8-8 所示多倍压整流电路已标注带负载 R_L，在非理想状态下，其输出电压不可能达到 u_2 峰值的倍数，而且在多倍压整流电路设计中，选择的元器件要具备耐高压性，并能承受更大的冲击电流。倍压整流电路一般用于高电压、小电流（几毫安以下）和负载变化不大的直流电源中。

例 8.2　桥式整流电容滤波电路如图 8-5（a）所示。已知负载电阻 $R_L=20\Omega$，交流电源频率 f=50Hz，如需 $U_{O(AV)}=12V$。试求：

（1）变压器二次侧电压有效值 U_2 是多少？

（2）请合理选择整流二极管和滤波电容。

解：（1）变压器二次侧电压有效值为

$$U_2 = \frac{U_{O(AV)}}{1.2} = \frac{12V}{1.2} = 10V$$

进一步求得二极管的平均电流为

$$I_{D(AV)} = \frac{1}{2} \times \frac{U_{O(AV)}}{R_L} = \frac{12V}{2 \times 20\Omega} = 0.3A$$

根据式（8-23），可得二极管所承受的最高反向电压为

$$U_{Rmax} = \sqrt{2}U_2 = \sqrt{2} \times 10V \approx 14.14V$$

（2）根据上述计算结果，可以选择 $I_D \geqslant (2\sim3)A$，$I_{D(AV)} \geqslant (0.5\sim1)A$，$U_{Rmax} \geqslant 14V$ 的二极管。通过查询手册，可以选用 4 个 1N4001 二极管组成桥式整流电路。因为一般条件下均满足 $R_LC = (3\sim5)T/2$，因此取 $R_LC \geqslant 4T/2$，可得

$$C \geqslant \frac{4T}{2R_L} = \frac{4 \times \dfrac{1}{50Hz}}{2 \times 20\Omega} = 2000\mu F$$

由此可知，滤波电容可以采用 2000μF、耐压值为 25V 的铝电解电容器。

8.4.2　电感滤波电路

利用储能元件电感器 L 电流不能突变的特点，在整流电路的负载回路中串联一个电感，使输出电流的波形较为平滑。因为电感对直流阻抗小，对交流阻抗大，所以能够得到较好的滤波效果而直流损失小。电感滤波电路如图 8-10 所示。其工作原理如下：电感的基本性质是当流过它的电流变化时，电感线圈中产生的感生电动势将阻止电流的变化。当通过电感线圈的电流增大时，电感线圈产生的自感电动势与电流方向相反，阻止电流的增加，同时将一部分电能转化成磁场能量存储于电感之中；当通过电感线圈的电流减小时，自感电动势与电流方向相同，阻止电流的减小，同时释放存储的能量以补偿电流的减小。因此，经电感滤波后，不但负载电流及电压的脉动减小、波形变得平滑，而且整流二极管的导通角增大。

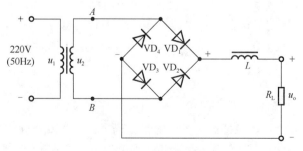

图 8-10　电感滤波电路

经过桥式整流后得到的单向脉动直流电中既有直流成分，又有交流成分。电感滤波电

路是利用电感的"通直隔交"来实现滤波作用的。由于电感对交流呈现一定的阻抗，整流后得到的单向脉动直流电中的交流成分将降落在电感上。感抗越大，降落在电感上的交流成分越多。若忽略电感的电阻，则电感对于直流没有压降，因此整流后得到的单相脉动直流电中的直流成分经过电感全部降落在负载电阻上，使负载电阻上输出电压的脉动减小，从而达到滤波目的。

若忽略电感线圈的电阻，则电感滤波电路的输出电压平均值 $U_{O(AV)} \approx 0.9U_2$，电感滤波电路的导通角较大。对于整流二极管来说，二极管的导通角等于 π，减小了二极管的冲击电流，使流过二极管的电流变得平滑，从而延长了整流二极管的使用寿命。感抗越大，降落在电感上的交流成分就越多，滤波效果就越好。在实际应用中，为了使感抗尽可能大，通常选用 L 值大的铁心电感，但铁心电感存在体积大、成本高、易引起电磁干扰、输出电压平均值低的缺点，因此电感滤波电路一般只适用于低电压、大电流的场合。

8.4.3　复式滤波电路

在实际应用中会遇到单独使用电容滤波电路或电感滤波电路效果均不理想的状况，这时可以采用复式滤波电路。复式滤波器是由电感和电容组合或电阻和电容组合的滤波器，其工作原理与电容滤波器和电感滤波器相同，只不过复式滤波器经过两次以上的滤波，可使输出波形更加平滑，在负载上可以得到近似于干电池电源电压的效果。本节介绍三种复式滤波电路：LC 型滤波电路、LC-π 型滤波电路和 RC-π 型滤波电路，如图 8-11 所示。

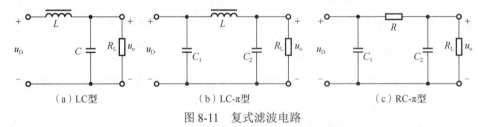

（a）LC型　　　　　　　（b）LC-π型　　　　　　　（c）RC-π型

图 8-11　复式滤波电路

1. LC 型滤波电路

图 8-11（a）所示为 LC 型滤波电路，可以根据上述分析方法分析其工作原理。整流输出电压中的交流成分绝大部分降落在电感上，电容 C 对交流又近似于短路，因此输出电压中的交流成分很少，此时输出电压近似于一个平滑的直流电压。由于整流后先经电感 L 滤波，总特性与电感滤波电路相近，又称为电感型 LC 型滤波电路。若将电容 C 平移到电感 L 之前，则为电容型 LC 型滤波电路。LC 型滤波电路的直流输出电压和电感滤波电路一样，即 $U_O = 0.9U_2$。LC 型滤波电路在负载电流较大或较小时均有良好的滤波作用。电感滤波和 LC 型滤波电路克服了整流管电流较大的缺点，但其与电容滤波相比，$U_{O(AV)}$ 较低，体积和质量均增加。

2. LC-π 型滤波电路

图 8-11（b）所示为两种 LC-π 型滤波电路。为了进一步减小输出的脉动成分，在 LC 型滤波电路的输出端再加一只滤波电容就组成了 LC-π 型滤波电路。此时，整流输出电压先经电容 C_1 滤除交流成分，再经电感 L 滤波，电容 C_2 上的交流成分极少，因此这种 LC-π 型滤波电路输出电流的波形更加平滑。LC-π 型滤波电路输出电压的脉动系数比仅有 LC 型

滤波电路时更小，波形更加平滑，这说明输出直流电压提高了。缺点是整流管的冲击电流较大，外特性较软。

3. RC-π 型滤波电路

图 8-11（c）所示为两种 RC-π 型滤波电路。由于铁心电感体积大、笨重、成本高、使用不便，当负载电阻 R_L 值较大、负载电流较小时，可将铁心电感换成电阻，组成 RC-π 型滤波电路。电阻 R 对交流成分和直流成分均产生压降，会使输出电压下降，但只要 $R_L \geq 1/(\omega C_2)$，电容 C 滤波后的输出电压绝大多数降落在电阻 R 上，R_L 和 C_2 越大，滤波效果越好。RC-π 型滤波电路的优点是可以进一步降低输出电压的脉动系数，缺点是 R 上有直流压降，整流管的冲击电流仍较大，外特性比电容滤波更软，只适用于小电流的场合。

8.4.4　三类滤波电路的比较

为了清晰掌握各种滤波电路的性能，归纳整理了三类滤波电路性能比较表（见表 8-2）。U_2 为整流电路的输出电压的平均值，$U_{O(AV)}$ 为滤波电路输出电压的平均值。构成滤波电路的电容及电感应当足够大。θ 为二极管的导通角，θ 角越小，整流管的冲击电流越大；θ 角越大，整流管的冲击电流越小。

表 8-2　三类滤波电路性能比较

类型	种类	$U_{O(AV)}/U_2$	适用场合	整流管的冲击电流和导通角	外特性
电容滤波	电容滤波	≈ 1.2	小电流	大/小	软
电感滤波	电感滤波	= 0.9	大电流	小/大	硬
复式滤波	LC 型滤波	= 0.9	适应性较强	小/大	硬
	LC-π 型滤波	≈ 1.2	小电流	大/小	软
	RC-π 型滤波	≈ 1.2	小电流	大/小	更软

8.5　稳 压 电 路

整流滤波电路能将正弦交流电压转换成较为平滑的直流电压，但当电网电压波动或者负载电流变化时，输出电压平均值会随之改变。由于电子设备实际上需要稳定的电源电压，否则可能会引起直流放大器的零点漂移、交流噪声增大、测量仪表的测量精度降低等问题。因此，本节阐述电源电压中可采用的稳压措施。

8.5.1　稳压管稳压电路

1. 简单的稳压电路

最简单的稳压电路只包括稳压二极管 VD_Z 和限流电阻 R 两个元件 [图 8-12（a）中虚线框内]，简称 RD_Z 模式稳压电路。其输入电压 U_I 是整流滤波后的电压，输出电压 U_O 就是稳压管的稳定电压 U_Z，R_L 是负载电阻，则有

$$\begin{cases} U_I = U_R + U_O \\ I_R = I_{DZ} + I_L \end{cases} \tag{8-27}$$

在稳压管稳压电路中，稳压管的工作特性就是必须工作在稳压区，即只要保证稳压管电流 $I_{Zmin} \leq I_{DZ} \leq I_{Zmax}$，则输出电压 U_O 就基本稳定。

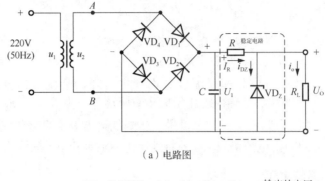

（a）电路图

当电网扰动 $\Rightarrow$ $\left\{ \begin{array}{l} U_I \uparrow \rightarrow U_O \uparrow (U_Z) \uparrow \rightarrow I_{DZ} \uparrow \rightarrow I_R \uparrow \rightarrow U_R \uparrow \rightarrow U_O \downarrow \\ U_I \downarrow \rightarrow U_O \downarrow (U_Z) \downarrow \rightarrow I_{DZ} \downarrow \rightarrow I_R \downarrow \rightarrow U_R \downarrow \rightarrow U_O \uparrow \end{array} \right\}$ $\Rightarrow$ 输出的电压稳定

当负载发生变化 $\Rightarrow$ $\left\{ \begin{array}{l} \left\{ \begin{array}{l} R_L \downarrow \rightarrow U_O \downarrow (U_Z \downarrow) \rightarrow I_{DZ} \downarrow \rightarrow I_R \downarrow \\ R_L \downarrow \rightarrow I_L \uparrow \rightarrow I_R \uparrow \end{array} \right. \\ \left\{ \begin{array}{l} R_L \uparrow \rightarrow U_O \uparrow (U_Z \uparrow) \rightarrow I_{DZ} \uparrow \rightarrow I_R \uparrow \\ R_L \uparrow \rightarrow I_L \downarrow \rightarrow I_R \downarrow \end{array} \right. \end{array} \right\}$ 输出的电压稳定

（b）稳压分析

图 8-12　稳压二极管组成的稳压电路图及稳压分析

由图 8-12（b）所示稳压分析可知，稳压二极管所组成的稳压电路，利用稳压管的电流调节作用，通过限流电阻 R 上电压或电流的变化进行补偿，达到稳压的目的。

下面对 RD_Z 模式稳压电路的质量指标与参数选择进行分析。

2. 质量指标

在 8.2 节中对稳压器的质量指标进行了详细的描述，在此对 RD_Z 模式稳压电路的主要质量指标进行分析。可用稳压系数 S_r 和输出电阻 R_o 来描述其稳压性能。S_r 描述稳压电路在电网波动时对输出电压的稳定能力，S_r 越小，稳压效果越强。R_o 表征稳压电路带负载能力的大小，R_o 越小，带负载能力越强。

3. 参数选择

（1）输入电压 U_I 的选择。一般情况下，输入电压 U_I 可以依据下式进行选择：

$$U_I = （2 \sim 3） U_O \tag{8-28}$$

当 U_I 确定后，就可根据此值选择整流滤波电路的元件参数。

（2）稳压管的选择。在稳压管稳压电路中，$U_O = U_Z$；当负载电流变化时，稳压管的电流将产生一个与之相反的变化，即 $\Delta I_Z = -\Delta I_L$，因此稳压管工作在稳压区所允许的电流变化范围应当大于负载电流的变化范围，即选择稳压管时应当满足 $I_{Zmax} - I_{Zmin} > I_{Lmax} - I_{Lmin}$。若考虑空载时稳压管流过的电流 I_{DZ} 与 R 上电流 I_R 相等，则满载时 I_{DZ} 应当大于 I_{Zmin}。稳压管的最大稳定电流 I_{ZM} 的选取应当留有充分的余量，同时还应满足

$$I_{ZM} \geq I_{Lmax} + I_{Lmin} \tag{8-29}$$

（3）限流电阻 R 的选择。R 的选择需要满足两个条件：①稳压管的最小电流 I_{DZmin} 应当大于稳压管的最小稳定电流 I_{Zmin}。②稳压管的最大电流 I_{DZmax} 应当小于稳压管的最大稳

定电流 $I_{Z\max}$，即

$$I_{Z\min} \leqslant I_{DZ} \leqslant I_{Z\max} \qquad (8\text{-}30)$$

从图 8-12（a）所示电路可以看出

$$I_R = \frac{U_I - U_Z}{R} \qquad (8\text{-}31)$$

$$I_{DZ} = I_R - I_L \qquad (8\text{-}32)$$

当电网电压最低（U_I 最低）且负载电流最大时，流过稳压管的电流最小。

根据式（8-30）～式（8-32）可得

$$I_{DZ\min} = I_{R\min} - I_{L\max} = \frac{U_{I\min} - U_Z}{R} - I_{L\max} \geqslant I_Z \qquad (8\text{-}33)$$

则限流电阻的上限值为

$$R_{\max} = \frac{U_{I\min} - U_Z}{I_Z + I_{O\max}} \qquad (8\text{-}34)$$

式中，$I_{L\max} = U_Z / R_{L\min}$ 。

当电网电压最高（U_I 最高）且负载电流最小时，流过稳压管的电流最大。根据式（8-30）～式（8-32）可得

$$I_{DZ\max} = I_{R\max} - I_{L\min} = \frac{U_{I\max} - U_Z}{R} - I_{L\min} \leqslant I_{ZM} \qquad (8\text{-}35)$$

则限流电阻的下限值为

$$R_{\min} = \frac{U_{I\max} - U_Z}{I_{ZM} + I_{O\min}} \qquad (8\text{-}36)$$

式中，$I_{L\min} = U_Z / R_{L\max}$ 。R 的阻值一旦确定，根据它的电流即可求出其功率。

综上可知，RD_Z 模式稳压管稳压电路结构简单、工作可靠、稳压效果较好。其缺点是输出电压的大小取决于稳压管的稳压值，不能根据需要加以调节。负载电流变化时要靠 I_Z 的变化来补偿，而 I_Z 电流变化范围仅为 $I_{Z\min} \leqslant I_Z \leqslant I_{Z\max}$，从而导致负载变化范围小。另外，稳压管稳压电路的动态内阻较大，从几欧至几十欧。

例 8.3　在图 8-12 所示电路中，已知 U_I=12V，电网电压允许波动范围为 ±10%，负载电阻 R_L=250～350Ω；稳压管的稳定电压 U_Z=5V，最小稳定电流 $I_{Z\min}$=5mA，最大稳定电流 $I_{Z\max}$=30mA。试问：

（1）求解 R 的取值范围。

（2）若限流电阻短路，则将产生什么现象？

解：（1）首先求解负载电流变化范围。

$$I_{O\min} = U_Z / R_{L\max} = 5V \div 350\Omega \approx 0.0143A$$

$$I_{O\max} = U_Z / R_{L\min} = 5V \div 250\Omega = 0.02A$$

$$R_{\max} = \frac{U_{I\min} - U_Z}{I_{Z\min} + I_{O\max}} = \frac{0.9 \times 12V - 5V}{0.005mA + 0.02mA} = 232\Omega$$

$$R_{\min} = \frac{U_{I\max} - U_Z}{I_{Z\min} + I_{O\min}} = \frac{1.1 \times 12V - 5V}{0.03mA + 0.0143mA} \approx 186\Omega$$

因此，R 的取值范围是 $186 \sim 232\Omega$。

（2）若限流电阻短路，则 U_I 全部加在稳压管上，会使稳压管因电流过大而烧坏。

8.5.2 串联型稳压电路

串联型稳压电路可以通过图 8-13 所示的框图描述。其工作原理如下：控制元件与输入 U_I 和输出 U_O 之间以串联的方式进行连接，输出端采样电路感知输出电压的变化，误差检测器对采样电压和参考电压进行比较，并将比较结果发送给控制元件，使控制元件实现补偿以保证输出电压恒定。

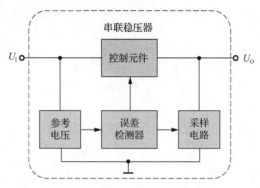

图 8-13　串联型稳压电路框图

在实际应用中，稳压电路大多基于集成电路设计完成，因此本节主要以集成电路为基本元件进行稳压电路原理分析。图 8-14 所示为基本运算放大器串联型稳压电路，其电路构成包括同相比例放大电路、晶体管及稳压管。

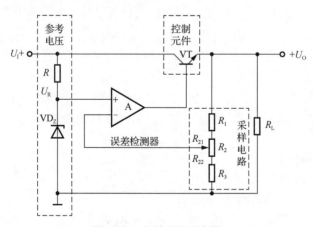

图 8-14　串联型稳压电路

通过与图 8-13 所示串联型稳压电路框图对比可知，图 8-14 所示串联型稳压电路中参考电压 U_R 由稳压二极管 VD_Z 决定，控制元件由晶体管 VT（又称调整管）组成，是电路的核心，U_{CE} 随输入电压 U_I 和负载 R_L 的变化输出稳定电压 U_O。$R_1 \sim R_3$ 为采样电路，与基准参考电压共同决定 U_O。

同相比例放大电路 A 为误差检测器，其通过采样电路进行比例系数调整以实现输出电压的调整。因此其输出电压为

$$U_O = \left(1 + \frac{R_1 + R_{21}}{R_3 + R_{22}}\right)U_Z \tag{8-37}$$

当电位器 R_2 的滑动端在最上端时，输出电压最小，则

$$U_{Omin} = \left(\frac{R_1 + R_2 + R_3}{R_2 + R_3}\right)U_Z \tag{8-38}$$

当电位器 R_2 的滑动端在最下端时，输出电压最大，则

$$U_{Omax} = \left(\frac{R_1 + R_2 + R_3}{R_3}\right)U_Z \tag{8-39}$$

由于集成运放开环差模增益可达 80dB 以上，同相比例放大电路引入深度电压负反馈，输出电阻趋近于零，因而输出电压相当稳定。

为深入理解串联型稳压电路的稳压特性，在此对其稳压原理进行分析。当电网电压波动或负载电阻的变化使输出电压 U_O 产生波动时，采样电路将这一变化趋势传送到集成运放 A 的反相输入端，并与同相输入端电位 U_R 进行比较放大；运放的输出电压，即控制元件晶体管 VT 的基极电位产生相应的变化。因为控制单元电路采用射极输出形式，所以输出电压 U_O 产生相应的变化，从而使 U_O 稳定。具体过程如下：

当电网电压引起输出电压 U_O 上升时，有

$$U_O \uparrow \rightarrow U_N \uparrow \rightarrow U_B \downarrow \rightarrow U_O \downarrow$$

当电网电压引起输出电压 U_O 下降时，有

$$U_O \downarrow \rightarrow U_N \downarrow \rightarrow U_B \uparrow \rightarrow U_O \uparrow$$

综上可知，串联型稳压电路是依靠引入深度电压负反馈来稳定输出电压的。

例 8.4 电路如图 8-15 所示。已知输入电压 U_I 的波动范围为 ±10%，控制元件晶体管 VT 的饱和管压降 $U_{CES}=2V$，输出电压 U_O 的调节范围为 5～20V，$R_1=R_3=200\Omega$。试问：稳压管的稳定电压 U_Z 和 R_2 的取值各为多少？

解： 输出电压的表达式为

$$\left(\frac{R_1 + R_2 + R_3}{R_2 + R_3}\right)U_Z \leqslant U_O \leqslant \left(\frac{R_1 + R_2 + R_3}{R_3}\right)U_Z$$

将 $U_{Omin}=5V$，$U_{Omax}=20V$，$R_1=R_3=200\Omega$ 代入上式，计算可得

$$R_2=600\Omega, \quad U_Z=4V$$

8.5.3 并联型稳压电路

并联型稳压电路可以通过图 8-16 所示的框图描述。与串联型稳压电路中控制元件与负载串联的连接方式不同，该电路的控制元件与负载处于并联状态。输出端采样电路感知输出电压的变化，误差检测器对采样电压和参考电压进行比较，并将比较结果传送给控制元件，使控制元件实现补偿以保证输出电压恒定。并联型稳压电路与串联型稳压电路在于其稳压是通过控制流过并联的控制元件晶体管 VT 的电流实现的。

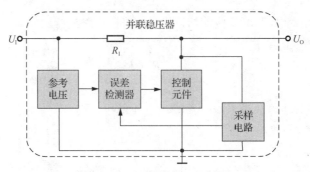

图 8-15　并联型稳压电路框图

图 8-16 所示为基本运算放大器并联型稳压电路，其电路构成同样也包括同相比例放大电路、晶体管及稳压管，与串联型稳压电路的区别只是其控制元件采用一个晶体管与负载并联。

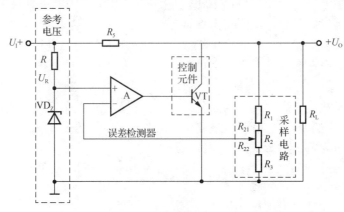

图 8-16　并联型稳压电路

通过与图 8-13 所示串联型稳压电路框图对比可知，图 8-16 并联型稳压电路中参考电压 U_R 由稳压二极管 VD_Z 决定，控制元件由晶体管 VT（又称调整管）决定，是电路的核心，U_{CE} 间电流随输入电压 U_I 和负载 R_L 产生变化以稳定输出电压 U_O。$R_1 \sim R_3$ 为采样电路，与基准参考电压共同决定 U_O。

与串联型稳压电路相同，并联型稳压电路的误差检测器 A 为同相比例放大电路，其通过采样电路进行比例系数调整，实现输出电压的调整。因此，其输出电压 U_O 为

$$U_O = \left(1 + \frac{R_1 + R_{21}}{R_3 + R_{22}}\right)U_Z \tag{8-40}$$

当电位器 R_2 的滑动端在最上端时，输出电压最小，为

$$U_{Omin} = \left(\frac{R_1 + R_2 + R_3}{R_2 + R_3}\right)U_Z \tag{8-41}$$

当电位器 R_2 的滑动端在最下端时，输出电压最大，为

$$U_{Omax} = \left(\frac{R_1 + R_2 + R_3}{R_3}\right)U_Z \tag{8-42}$$

例 8.5　并联型稳压电路如图 8-16 所示，已知最大输入电压是 12.5V，$R_5 = 22\Omega$。试分析 R_5 的额定功率应是多少？

解： 分析电路可知，最糟糕的情况是输出短路，此时

$$U_O = 0V，\quad U_I = 12.5V$$

即

$$U_{R_5} = U_I - U_O = 12.5V$$

因此，可以确定 R_5 上产生的功耗为

$$P_{R_5} = \frac{U_{R_5}{}^2}{R_5} = \frac{(12.5V)^2}{22\Omega} \approx 7.1W$$

因此，R_5 的额定功率要大于 $7.1W$。

8.5.4　开关稳压电路

串联型稳压电路和并联型稳压电路的控制元件均选择晶体管 VT，而且在整个工作过程中晶体管 VT 始终处于导通状态，实时调节电压或电流以实现稳压，但这样晶体管会产生一定的能耗，降低稳压电路的效率。为解决上述问题，本节介绍开关稳压电路。虽然开关稳压电路的控制元件仍采用晶体管 VT，但晶体管在该电路中的作用相当于一个电子开关，开关闭合时晶体管 VT 导通，开关断开时晶体管 VT 截止，由此减小晶体管带来的能耗。开关稳压电路主要有三类：降压开关稳压电路、升压开关稳压电路和反向（逆变）开关稳压电路。

1. 降压开关稳压电路

如图 8-17 所示的降压开关稳压电路包括控制元件晶体管 VT、开关驱动电路（电压比较器）、采样电路、滤波电路（电感 L、电容 C 和续流二极管 VD）等。

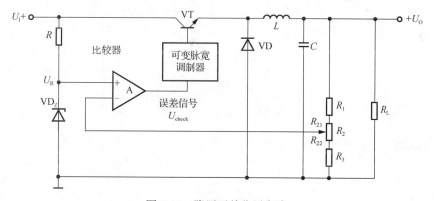

图 8-17　降压开关稳压电路

为深入理解开关稳压电路的稳压特性，在此对其稳压原理进行分析。从电路的构成上看，控制元件与负载串联，因此降压开关稳压电路又叫作串联型降压开关稳压电路。

电压比较器承担着比较检测任务，其反相端、同相端实时进行对比，一旦其检测到输出电压 U_O 偏离正常值，就会立即提高或降低比较器输出电压 U_{check} 的值。可变脉宽调制器可以根据 U_{check} 的值来调整输出的脉冲信号。需要说明的是，U_{check} 可以看作脉宽调制器里的直流参考电平，它决定着该脉冲信号的占空比。

为便于分析其工作原理，此处假设脉宽调制器产生如图 8-18 所示的脉冲信号。其输出信号通过 LC 滤波后变得平滑，可以获得平稳的输出电压 U_O。当脉宽调制器输出信号为

高电平时，晶体管 VT 导通，此时对电容 C 正向充电；当脉宽调制器输出信号为低电平时，晶体管 VT 截止，此时对电容 C 反向充电，以维持输出电压 U_O。当脉宽调制器产生的脉冲信号占空比 q 不同时，其产生的输出电压 U_O 也不同。假设脉宽调制器产生的脉冲信号频率很高，电容 C 正、反向充电的速度很快，则其输出电压 U_O 如图 8-18（a）虚线所示。若 q 增大，即脉宽调制器产生的脉冲信号高电平持续时间较长，则电容 C 正向充电时间变长而反向充电时间变短，此时输出电压 U_O 增大，如图 8-18（b）虚线所示；若 q 减小，即脉宽调制器产生的脉冲信号高电平持续时间较短，则电容 C 正向充电时间变短而反向充电时间变长，此时输出电压 U_O 变小，如图 8-18（c）虚线所示。

综上，可以确定输出电压 U_O 与输入电压 U_I 之间的关系为

$$U_O = \frac{T_{on}}{T}U_I = qU_I \qquad (8\text{-}43)$$

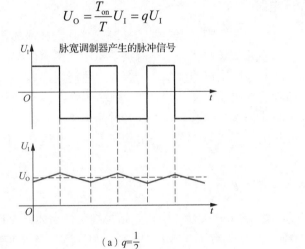

（a）$q=\frac{1}{2}$

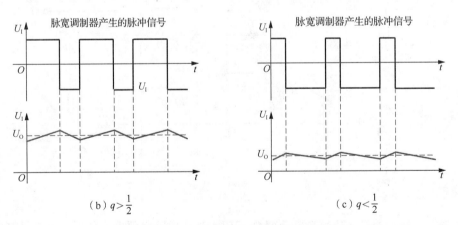

（b）$q>\frac{1}{2}$ （c）$q<\frac{1}{2}$

图 8-18   不同 q 下的降压开关稳压电路输出电压

2. 升压开关稳压电路

与降压开关稳压电路不同，升压开关稳压电路（图 8-19）利用电感"通直隔交"特性，同时将控制元件晶体管设定为接地开关。

当脉宽调制器输出信号为高电平时，晶体管 VT 导通，电感 L 端电压 $U_L = U_I - U_{CE(sat)}$，此时电感 L 左端为电压"+"极，右端为电压"−"极，其内部磁场迅速增大。随着晶体管

VT 的导通，U_L 从其起点最大电压值逐渐减小；当脉宽调制器输出信号为低电平时，晶体管 VT 截止，电感 L 内部磁场减小，同时其端电压 U_L 的极性反向变化，即电感 L 左端为电压 "−" 极，右端为电压 "+" 极，此时输入电压变为 $U_I + U_L$，使得输入端电压高于输出端电压 U_O。但此时由于 L 右端已经变成 "+" 极，可使二极管 VD 导通，电容 C 得以充电。在晶体管 VT 导通期间，电容 C 反向充电，就可获得平滑的输出电压。

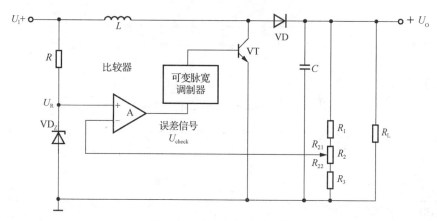

图 8-19　升压开关稳压电路

需要说明的是，控制元件晶体管 VT 导通时间越长，电感 L 端电压 U_L 就越小，输出电压 U_O 也越小；控制元件晶体管 VT 导通时间越短，电感 L 端电压 U_L 就越大，输出电压 U_O 也越大。当输入变化或负载变化使 U_O 下降或上升时，可以调整脉宽调制器输出信号的占空比大小，使晶体管 VT 导通时间变短或变长，以拉动 U_O 上升或下降。

上述说明，输出电压 U_O 与脉宽调制器输出信号的占空比 q 成反比，因此升压开关稳压电路的平均输出电压为

$$U_O = \frac{U_I}{q} \tag{8-44}$$

不同占空比下的电感 L 端电压波形、升压开关稳压电路输出电压波形如图 8-20 所示。

3. 反向（逆变）开关稳压电路

反向开关稳压电路又叫作逆变开关稳压电路，其得名于输出电压的极性与输入电压的极性相反。反向开关稳压电路如图 8-21 所示。

理解了降压开关稳压电路、升压开关稳压电路的工作原理，也就容易理解反向开关稳压电路的工作原理。

当脉宽调制器输出信号为高电平时，控制元件晶体管 VT 导通，电感 L 端电压 $U_L = U_I - U_{CE(sat)}$，此时二极管 VD 反偏截止，随后 U_L 逐渐下降；当脉宽调制器输出信号为低电平时，晶体管 VT 截止，电感 L 端电压 U_L 的极性反向变化，二极管 VD 正偏导通，电容 C 得以充电，形成负输出电压 U_O。类似地，电容 C 反复快速正向充电和反向充电，这使输出端电压 U_O 形成了一个平均电压输出。同升压开关稳压电路和降压开关稳压电路一样，反向开关稳压电路脉宽调制器输出信号占空比 q 不同，输出电压 U_O 也不同，即控制元件晶体管导通时间越短，输出电压 U_O 就越大，反之亦然。

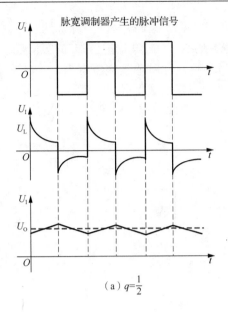

（a）$q=\dfrac{1}{2}$

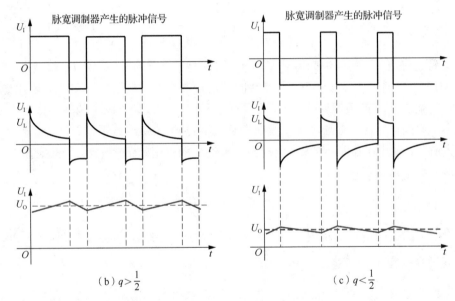

（b）$q>\dfrac{1}{2}$　　　　　　　　　　　　　　（c）$q<\dfrac{1}{2}$

图 8-20　不同 q 下的升压开关稳压电路输出电压

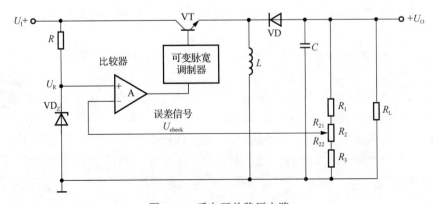

图 8-21　反向开关稳压电路

8.5.5　集成稳压电路

集成稳压电路属于电源管理类集成电路，其根据串并联线性稳压电路的工作原理或开关稳压原理设计而成。集成三端稳压器是典型的集成稳压电路，因其外观具有输入端、输出端和公共端（调整端）三个引脚而得名。按照功能不同，集成三端稳压器可分为三端固定式稳压器和三端可调式稳压器。

1. 三端固定式稳压器

三端固定式稳压器有 W7800 和 W7900 两种系列。W7800 系列集成稳压器的外形和符号如图 8-22 所示。

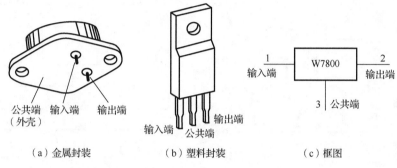

（a）金属封装　　　　　　　　　（b）塑料封装　　　　　　　　　（c）框图

图 8-22　W7800 系列三端稳压器的外形和框图

1）W7800 系列三端稳压器

（1）输出电压和输出电流。W7800 系列三端稳压器的输出电压有 5V、6V、9V、12V、15V、18V 和 24V 七个档次，型号后面的两个数字表示输出电压值。输出电流有 1.5A（W7800）、0.5A（W78M00）和 0.1A（W78L00）三个档次。例如，W7805 表示输出电压为 5V、最大输出电流为 1.5A；W78M05 表示输出电压为 5V、最大输出电流为 0.5A；W78L05表示输出电压为 5V、最大输出电流为 0.1A；其他类推。W7800 系列三端稳压器性能稳定，价格低廉，应用广泛。

（2）在温度为 25℃条件下，W7800 系列三端集成稳压器的主要参数见表 8-3。

表 8-3　W7800 系列三端集成稳压器的主要参数

参数名称	符号单位	单位	7805	7806	7808	7812	7815	7818	7824
输入电压	U_I	V	10	11	14	19	23	27	33
输出电压	U_O	V	5	6	8	12	15	18	24
电压调整率	S_U	%/V	0.0076	0.0086	0.01	0.008	0.0066	0.01	0.011
电流调整率	S_I	mV	40	43	45	52	52	55	60
最小压差	$|U_I-U_O|$	V	2	2	2	2	2	2	2
输出噪声	U_N	μV	10	10	10	10	10	10	10
输出电阻	R_O	mΩ	17	17	18	18	19	19	20
峰值电流	I_{OM}	A	2.2	2.2	2.2	2.2	2.2	2.2	2.2
输出温漂	S_T	mV/℃	1.0	1.0		1.2	1.5	1.8	2.4

2）W7800 的应用

（1）基本应用电路。W7800 的基本应用电路如图 8-23 所示。电路中 C_I 的作用是消除输入连线较长时其电感效应引起的自激振荡，减小纹波电压。在输出端接电容 C_O 的作用是消除电路高频噪声。一般 C_I 选用 $0.33\mu F$，C_O 选用小于 $1\mu F$ 的电容。电容的耐压应当高于电源的输入电压和输出电压。但若 C_O 容量较大，一旦输入端断开，C_O 将从稳压器输出端向稳压器放电，易使稳压器损坏。因此，可以在稳压器的输入端和输出端之间跨接一个二极管，起保护作用。

（2）扩大输出电流的稳压电路。若所需输出电流大于稳压器标称值，则可以采用外接电路来扩大输出电流，如图 8-24 所示。

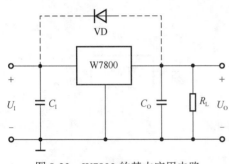
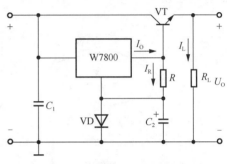

图 8-23　W7800 的基本应用电路　　　　图 8-24　一种输出电流扩展电路

设三端稳压器的输出电压为 U_O'。图 8-24 所示电路的输出电压 $U_O = U_O' + U_D - U_{BE}$，在理想情况下，即 $U_D=U_{BE}$ 时，$U_O = U_O'$。可见，二极管用于消除 U_{BE} 对输出电压的影响。设三端稳压器的最大输出电流为 I_{Omax}，则晶体管的最大基极电流 $I_{Bmax} = I_{Omax} - I_R$，因而负载电流的最大值为

$$I_{Lmax} = (1+\beta)(I_{Omax} - I_R) \tag{8-45}$$

（3）输出电压可调的稳压电路。图 8-25 所示电路为利用 W7800 构成的输出电压可调的稳压电路。图中电阻 R_2 中流过的电流为 I_{R_2}，R_1 中的电流为 I_{R_1}，稳压器公共端的电流为 I_W，因而 $I_{R_2} = I_{R_1} + I_W$。

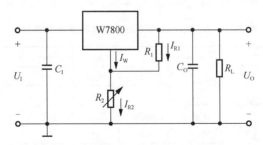

图 8-25　一种输出电压可调的稳压电路

由于电阻 R_1 上的电压为稳压器的输出电压 U_O'，$I_{R_1} = U_O' / R_1$，输出电压 U_O 等于 R_1 上电压与 R_2 上电压之和，因此输出电压为

$$U_O = U_O' + \left(\frac{U_O'}{R_1} + I_W\right)R_2 = \left(\frac{R_2}{R_1} + 1\right)U_O' + I_W R_2 \tag{8-46}$$

改变 R_2 滑动端位置，即可以调节 U_O 的大小。三端稳压器既作为稳压器件，又为电路

提供基准电压。其主要缺点是公共端电流 I_w 的变化将影响输出电压，因此在实用稳压电路中常加电压跟随器将稳压器与采样电阻隔离，如图 8-26 所示。

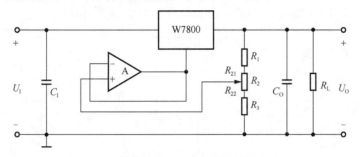

图 8-26　输出电压可调的实用稳压电路

图中电压跟随器的输出电压等于三端稳压器的输出电压 U'_O，即电阻 R_1 与 R_2 上的部分电压之和是一个常量，改变滑动变阻器的位置即可调节输出电压 U_O 的大小。以输出电压的正端为参考点，可求出输出电压为

$$\frac{R_1 + R_2 + R_3}{R_1 + R_2} \times U'_O \leqslant U_O \leqslant \frac{R_1 + R_2 + R_3}{R_1} \times U'_O \tag{8-47}$$

若 $R_1=R_2=R_3=300\Omega$，$U_O=12V$，则输出电压的调节范围为 18～36V。可以根据输出电压的调节范围及输出电流大小选择三端稳压器及采样电阻。

（4）正、负输出稳压电路。W7900 系列芯片是一种输出负电压的固定式三端稳压器，输出电压有-5V、-6V、-9V、-12V、-15V、-18V 和-24V 七个档次，并且也有 1.5A、0.5A 和 0.1A 三个电流档次，使用方法与 W7800 系列稳压器相同，只是要特别注意输入电压和输出电压的极性。W7900 与 W7800 相配合，可以得到正、负输出的稳压电路，如图 8-27 所示。图中两只二极管起保护作用，正常工作时均处于截止状态。若 W7900 的输入端未接入输入电压，W7800 的输出电压将通过负载电阻接到 W7900 的输出端，使 VD_2 导通，从而将 W7900 的输出端钳位在 0.7V 左右，保护其不至于损坏。同理，VD_1 可以在 W7800 的输入端未接入输入电压时保护其不至于损坏。

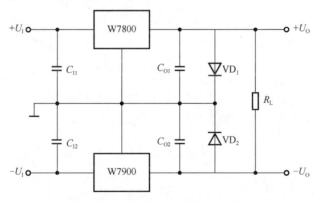

图 8-27　正、负输出稳压电路

2. 三端可调式稳压器

三端可调式稳压器分为三端可调正电压输出稳压器和三端可调负电压输出稳压器。三端可调正电压输出稳压器有 W117、W217、W317 三种系列，这三种系列具有相同的引出

端、相同的基准电压、相似的内部电路。

1）W117 系列三端稳压器

W117 系列可调式三端稳压器的外形和符号如图 8-28 所示。

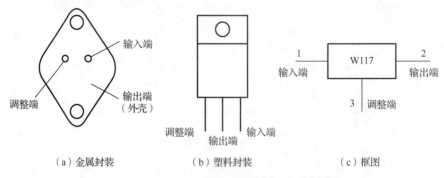

（a）金属封装　　　　　　　　（b）塑料封装　　　　　　（c）框图

图 8-28　W117 三端稳压器的外形和方框图

（1）原理框图。W117 的原理框图如图 8-29 所示。它有三个引出端，分别为输入端、输出端和电压调整端（简称调整端）。调整端是基准电压电路的公共端。VT_1、VT_2 组成的复合管为调整管；基准电压电路为能隙基准电压电路；比较放大电路是共集-共射放大电路；保护电路包括过流保护、调整管安全区保护和过热保护三部分。R_1 和 R_2 为外接的采样电阻，调整端接在它们的连接点上。

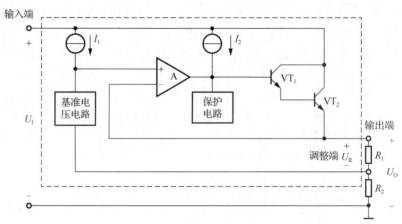

图 8-29　W117 的原理框图

与一般串联型稳压电路一样，因为在 W117 电路中引入了深度电压负反馈，所以输出电压非常稳定。因为调整端的电流很小，约为 50μA，所以输出电压为

$$U_O = \left(\frac{R_2}{R_1} + 1 \right) U_R \qquad (8\text{-}48)$$

式中，U_R 的典型值为 1.25V。

（2）主要参数。与 W7800 系列产品一样，W117、W117M 和 W117L 的最大输出电流分别为 1.5A、0.5A 和 0.1A。W117、W217 和 W317 具有相同的引出端、相同的基准电压和相似的内部电路，它们的工作温度范围依次为-55～150℃、-25～150℃、0～125℃，在 25℃时的主要参数见表 8-4。

表 8-4　W117/W217/W317 的主要参数

参数名称	符号	测试条件	单位	W117/W217			W317		
				最小	典型	最大	最小	典型	最大
输出电压	U_O	$I_O = 1.5\text{mA}$	V	1.2~37					
电压调整率	S_U	$I_O = 500\text{mA}$ $3\text{V} \leqslant \lvert U_I - U_O \rvert \leqslant 40\text{V}$	%/V		0.01	0.02		0.01	0.04
电流调整率	S_I	$10\text{mA} \leqslant I_O \leqslant 1.5\text{A}$	%		0.1	0.3		0.1	0.5
调整端电流	I_{Adj}		μA		50	100		50	100
调整端电流变化	ΔI_{Adj}	$3\text{V} \leqslant \lvert U_I - U_O \rvert \leqslant 40\text{V}$ $10\text{mA} \leqslant I_O \leqslant 1.5\text{A}$	μA		0.2	0.5		0.2	0.5
基准电压	U_R	$I_O = 500\text{mA}$ $25\text{V} \leqslant \lvert U_I - U_O \rvert \leqslant 40\text{V}$	V	1.2	1.25	1.3	1.2	1.25	1.3
最小负载电流	I_{Omin}	$\lvert U_I - U_O \rvert = 40\text{V}$	mA	3.5	5		3.5	10	

对表 8-4 作以下说明:

① 对于特定的稳压器,基准电压 U_R 是 1.2~1.3V 中的某一个值,在一般分析计算时可取典型值 1.25V。

② W117、W217 和 W317 的输出端电压和输入端电压之差为 3~40V,过低时不能保证调整管工作在放大区,从而使稳压电路不能稳压;过高时调整管可能因管压降过大而击穿。

③ 外接采样电阻必不可少,根据最小输出电流 I_{Omin} 可以求出 R_1 的最大值。

④ 调整端电流很小,而且变化也很小。

⑤ 与 W7800 系列产品一样,W117、W217 和 W317 在电网电压波动和负载电阻变化时,输出电压非常稳定。

2) W117 的应用

(1) 基准电压源电路。由 W117 组成的基准电压源电路如图 8-30 所示,U_O 是非常稳定的电压,其值为 1.25V。输出电流可达 1.5A。图中 R 为泄放电阻,当最小负载电流为 5mA时,可以计算出 R_{max} 为 $250(1.25 \div 0.005)\Omega$,实际取值可以略小于 250Ω,如 240Ω。

(2) 典型应用电路。可调式三端稳压器主要用于需要实现输出电压可调的稳压电路。外接采样电阻是可调式三端稳压器不可缺少的组成部分,其典型应用电路如图 8-31 所示。R_1 的取值原则与图 8-30 所示电路中 R 的取值原则相同,也可取 240Ω。由于调整端的电流可以忽略不计,其输出电压为

$$U_O = \left(1 + \frac{R_2}{R_1}\right) \times 1.25 \tag{8-49}$$

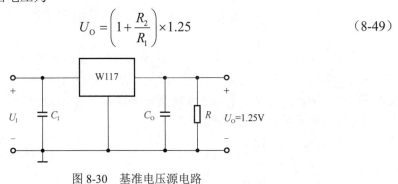

图 8-30　基准电压源电路

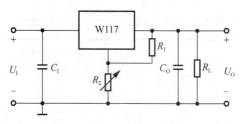

图 8-31　典型应用电路

为了减小 R_2 上的纹波电压，可以在 R_2 两端并联一个 $10\mu F$ 电容 C。但在输出短路时，C 会向稳压器的调整端放电，并使调整管发射结反偏，为了保护稳压器，可以加二极管 VD_2 提供一个放电回路，如图 8-32 所示。VD_1 的作用与图 8-23 所示电路中 VD 的作用相同。

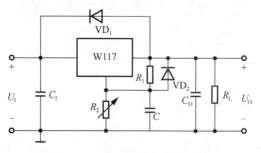

图 8-32　W117 的外加保护电路

W137/W237/W337 与 W7900 相类似，能够提供负的基准电压，可以构成负输出电压稳压电路，也可与 W117/W217/W317 一起组成正、负输出电压的稳压电路，这里不再赘述。

例 8.6　确定图 8-32 所示稳压电路的最小输出电压和最大输出电压。已知 $R_1 = 220\Omega$，电位器 R_2 的可调范围在 $0\sim5k\Omega$，设 $I_{Adj} = 50\mu A$。

解：当 $R_2 = 0$ 时，最小输出电压为

$$U_{Omin} = U_R\left(1+\frac{R_2}{R_1}\right)+I_{Adj}R_2 = 1.25V + 0 = 1.25V$$

当 $R_2 = 5k\Omega$ 时，最大输出电压为

$$U_{Omax} = U_R\left(1+\frac{R_2}{R_1}\right)+I_{Adj}R_2 = 1.25V\times\left(1+\frac{5000\Omega}{220\Omega}\right)+0.00005A\times5000\Omega \approx 29.91V$$

8.6　直流电源的应用实例

某水平轴风力机的工作原理如图 8-33 所示，来自发电机的交流电压在幅度上和频率上都随风力、风速的变化而变化。为了完成向外部充电控制单元供电，必须将交流信号转换成直流信号。因此，可以先采用滤波整流电路将可变的交流电压转换为可变的直流电压，再采用稳压电路实现直流电压恒定。

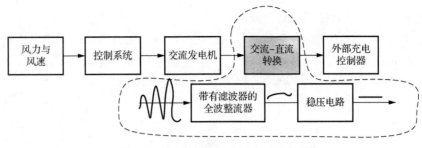

图 8-33 某水平轴风力机的工作原理

习   题

8.1 判断题。

（1）直流电源是一种将正弦信号转换为直流信号的波形变换电路。（　）

（2）直流电源是一种能量转换电路，它将交流能量转换为直流能量。（　）

（3）若 U_2 为电源变压器二次侧电压的有效值，则半波整流电容滤波电路和全波整流电容滤波电路在空载时的输出电压均为 $\sqrt{2}U_2$。（　）

（4）当输入电压 U_I 和负载电流 I_L 变化时，稳压电路的输出电压是绝对不变的。（　）

（5）一般情况下，开关稳压电路比线性稳压电路效率高。（　）

8.2 选择题。

（1）整流的目的是（　）。

　　A．将交流信号变为直流信号

　　B．将高频信号变为低频信号

　　C．将正弦波变为方波

（2）在单相桥式整流电路中，若有一只整流管接反，则（　）。

　　A．输出电压将增大　　　　B．变为半波直流

　　C．整流管将因电流过大而烧坏

（3）直流稳压电源中滤波电路的目的是（　）

　　A．将交流变为直流　　　　B．将高频变为低频

　　C．将交、直流混合量中的交流成分滤掉

（4）直流稳压电路中的滤波电路应选用（　）。

　　A．高通滤波电路　　　　　B．低通滤波电路

　　C．带通滤波电路

（5）串联型稳压电路中的放大环节所放大的对象是（　）。

　　A．基准电压　　　　　　　B．采样电压

　　C．基准电压与采样电压之差

8.3 填空题。

（1）在桥式整流电容滤波电路中，已知变压器二次侧电压的有效值 U_2 为 10V，$R_LC \geqslant$ （3～5）$T/2$（T 为电网电压周期）。在下列情况测得输出电压平均值 U_O 的数值可能为：正常情况 $U_O \approx$ _____；电容虚焊时 $U_O \approx$ _____；负载电阻开路时

$U_O \approx$ _____；一只整流管和滤波电容同时开路时，$U_O \approx$ _____。

（2）在变压器二次侧电压和负载相同的情况下，桥式整流电路的输出电压是半波整流电路输出电压的_____。

8.4　二极管桥式整流电路如图 8-34 所示。试分析如下问题：

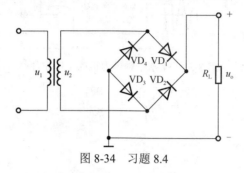

图 8-34　习题 8.4

（1）若已知 u_2=20V，试估算 u_o 的值。

（2）若有一只二极管脱焊，则 u_o 的值将如何变化？

（3）若二极管 VD_1 的正负极在焊接时弄颠倒了，则会出现什么问题？

（4）若负载短接，则会出现什么问题？

8.5　分别判断图 8-35 所示各电路能否作为滤波电路，简述理由。

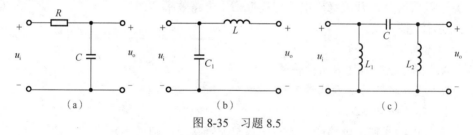

图 8-35　习题 8.5

8.6　在图 8-36 所示电路中，已知 u_2=20V。试回答以下问题：

（1）电路中 R_L 和 C 增大时，输出电压是增大还是减小？为什么？

（2）在满足 $R_L C=(3\sim5)\dfrac{T}{2}$ 条件时，输出电压 u_L 与 u_2 的近似关系如何？

（3）若二极管 VD_1 断开，则 u_L 等于多少？

（4）若负载电阻 R_L 断开，则 u_L 等于多少？

（5）若 C 断开，则 u_L 等于多少？

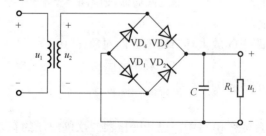

图 8-36　习题 8.6

8.7　硅稳压管稳压电路如图 8-37 所示，已知其中未经稳压的直流输入电压 U_I=18V，

$R=1\text{k}\Omega$，$R_L=2\text{k}\Omega$，硅稳压管 VD_Z 的稳定电压 $U_Z=10\text{V}$，动态电阻及未被击穿时的反向电流均可忽略。试求：

（1）U_O、I_O、I 和 I_Z 的值。

（2）当 R_L 的值降至多大时，电路的输出电压将不再稳定？

8.8 已知稳压管稳压电路的输入电压 $U_I=15\text{V}$，稳压管的稳定电压 $U_Z=6\text{V}$，稳定电流的最小值 $I_{Z\text{min}}=5\text{mA}$，最大功耗 $P_{ZM}=150\text{mW}$。试求图 8-38 所示电路中电阻 R 的取值范围。

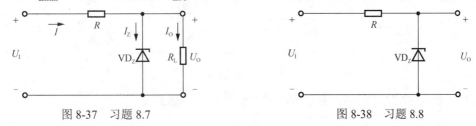

图 8-37 习题 8.7   图 8-38 习题 8.8

8.9 串联反馈式稳压电路如图 8-39 所示，已知稳压二极管的 $U_Z=6\text{V}$，负载 $R_L=20\Omega$，$R_P=100\Omega$，$R_1=R_2=200\Omega$。试回答以下问题：

（1）标出运算放大器 A 的同相、反相输入端符号。

（2）说明电路的工作原理。

（3）求输出直流电压 U_O 的调节范围。

（4）为确保调节管的管压降 U_{CE} 始终不小于 3V，求输入电压的范围。

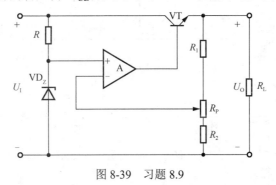

图 8-39 习题 8.9

8.10 电路如图 8-40 所示，合理连接各元器件，使之构成能够输出 5V 直流的电源电路。

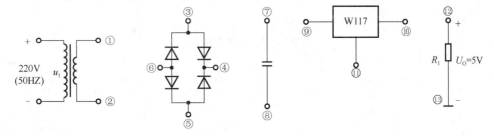

图 8-40 习题 8.10

8.11 电路如图 8-41 所示，集成稳压器 7824 的 2、3 端电压 $U_{32}=U_{REF}=24\text{V}$，求输出电压 U_O 和输出电流 I_O 的表达式，并说明该电路具有什么作用。

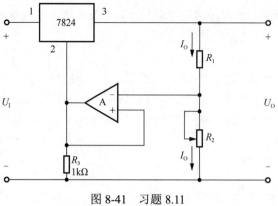

图 8-41　习题 8.11

8.12　试分别求出图 8-42 所示各电路的输出电压表达式。

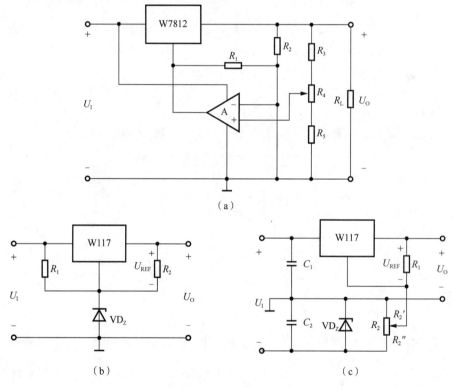

（a）

（b）　　　　　　　　　　　　　　　（c）

图 8-42　习题 8.12

参 考 文 献

成开友，2019. 电工电子技术基础[M]. 北京：电子工业出版社.

成谢锋，周井泉，2012. 电路与模拟电子技术基础[M]. 北京：科学出版社.

程春雨，2016. 模拟电子技术实验与课程设计[M]. 北京：电子工业出版社.

崔群凤，黄洁，2016. 模拟电子技术[M]. 北京：电子工业出版社.

付兴虎，2019. 电子技术基础[M]. 北京：电子工业出版社.

高勇，乔世杰，陈曦，2011. 集成电路设计技术[M]. 北京：科学出版社.

何乐年，2008. 模拟集成电路设计与仿真[M]. 北京：科学出版社.

何希才，2002. 新型集成电路及其应用实例[M]. 北京：科学出版社.

洪志良，2015. 模拟集成电路分析与设计[M]. 2 版. 北京：科学出版社.

侯勇严，李天利，2017. 模拟电子技术基础[M]. 北京：电子工业出版社.

黄世瑜，李茂，2018. 电子电路分析与实践[M]. 北京：电子工业出版社.

江小安，2015. 电路与模拟电子技术[M]. 北京：电子工业出版社.

李华，2017. 模拟电子技术项目化教程[M]. 北京：电子工业出版社.

李云庆，张帆，2016. 模拟电子技术项目仿真与工程实践[M]. 北京：电子工业出版社.

廖惜春，2011. 模拟电子技术基础[M]. 北京：科学出版社.

刘伟，苗汇静，2018. 集成电路原理及应用[M]. 4 版. 北京：电子工业出版社.

陆建恩，等，2015. 半导体集成电路[M]. 北京：电子工业出版社.

牛百齐，梁海霞，贾玉凤，2016. 模拟电子技术基础与仿真（Multisim 10）[M]. 北京：电子工业出版社.

沈伟慈，2011. 通信电路[M]. 3 版. 西安：西安电子科技大学出版社.

童诗白，何金茂，1992. 电子技术基础试题汇编（模拟部分）[M]. 北京：高等教育出版社.

童诗白，华成英，清华大学电子学教研室，2015. 模拟电子技术基础[M].5 版.北京：高等教育出版社.

王卫东，2016. 模拟电子技术基础[M]. 3 版. 北京：电子工业出版社.

王祝，李小勇，2016. 模拟电子技术项目教程[M]. 北京：电子工业出版社.

杨欣，胡文锦，张延强，2013. 实例解读模拟电子技术完全学习与应用[M]. 北京：电子工业出版社.

余宁梅，杨媛，潘银松，2011. 半导体集成电路[M]. 北京：科学出版社.

查丽斌，2017. 模拟电子技术[M]. 2 版. 北京：电子工业出版社.

查丽斌，李自勤，2019. 电路与模拟电子技术基础习题及实验指导[M]. 4 版. 北京：电子工业出版社.

张锋，沈海华，陈铖颖，2016. 低功耗集成电路[M]. 北京：科学出版社.

张国平，2019. 电路与电子技术基础[M]. 北京：电子工业出版社.

朱正涌，2001. 半导体集成电路[M]. 北京：清华大学出版社.

ROBERT A. PEASE，2014. 模拟电路[M]. 刘波文，译. 北京：北京航空航天大学出版社.

ROBERT L. BOYLESTAD，LOUIS NASHELSKY，2016. 模拟电子技术[M].李立华，等译. 2 版.北京：电子工业出版社.

ROBERT T. PAYNTER，2003.Introductory Electronic Devices and Circuits. [M]. 6th ed.New Jersey: Prentice Hall Inc.

THEODORE F.BOGART，JEFFREY S. BERSLEY，GUILLERMO RICO，2006.电子器件与电路[M].蔡勉，王建明，孙兴芳，译. 5 版.北京：清华大学出版社.

THOMAS L FLOYD, DAVID M.BUCHLA，2015, 模拟电子技术基础-系统方法[M]. 朱杰，蒋乐天，译. 北京：机械工业出版社.

ADEL S. SEDRA，KENETH C. SMITH，1998.Microelectronic Circuits. [M]. 4th ed.London: Oxford University Press. Inc.

DONALD A. NEAMEN，2001.Electronic Circuits Analysis and Design. [M]. 2th ed. New York: McGraw Hill Companies, Inc.

THOMAS L. FLOYD，DAVID BUCHLA，2002. Fundamentals of Analog Circuits. [M]. 2th ed. New Jersey: Prentice Hall Inc.

作者：尤瓦尔·赫拉利

以色列历史学家、哲学家，畅销书作家。牛津大学历史学博士，现任教于耶路撒冷希伯来大学的历史系。他目前的研究集中在宏观历史问题上，如：智人和其他动物之间的本质区别是什么？随着历史的发展，人们会变得更快乐了吗？其从宏观角度切入的研究往往得出颇具新意而又耐人寻味的观点。著有作品《人类简史》《未来简史》《今日简史》等。他的书在全球畅销 4000 万册，其中《人类简史》在全球销量逾 2300 万册，被翻译成 65 种语言，荣获第十届文津图书奖，入选英国《卫报》评出的"21 世纪最好的 100 本书"。《势不可挡的人类 我们如何掌控世界》英文版在美国出版后迅速登上《纽约时报》畅销书榜单，并被列入《纽约时报》2022 年最佳童书书单。

插画师：里卡德·萨普拉纳·鲁伊斯

西班牙插画家，曾长期为迪士尼和乐高等品牌绘制儿童类图书和杂志。他还在影视动画领域工作过。自 2014 年以来，他一直在为西班牙兰登书屋公司绘制书籍插图。

译者：高星

考古学家、古人类学家，中国科学院古脊椎动物与古人类研究所研究员、博士生导师，中国科学院大学岗位教授，亚洲旧石器考古联合会荣誉主席。著作有《周口店北京人遗址》《石器微痕分析的考古学实验研究》《三峡远古人类的足迹》等，译作有《人类进化简史》等。在《开讲啦》《考古公开课》《中国考古大会》等节目以及小达尔文俱乐部，为青少年讲述有关人类的起源与演化的科普知识。

译者：王晓敏

中国社会科学院考古研究所助理研究员。毕业于中国科学院古脊椎动物与古人类研究所，获得博士学位。主要研究方向为旧石器时代遗址埋藏过程、古人类获取及消费动物资源的方式等。著有《于家沟遗址的动物考古学研究》。多次参与小达尔文俱乐部以及旧石器文化节，带领中小学生参观旧石器时代考古发掘工地，普及人类演化的相关知识。

势不可挡的人类

我们如何掌控世界

[以色列] 尤瓦尔·赫拉利 著

[西] 里卡德·萨普拉纳·鲁伊斯 绘

王晓敏 高 星 译

童趣出版有限公司编译　人民邮电出版社出版

北 京

图书在版编目（CIP）数据

势不可挡的人类. 我们如何掌控世界 ／（以）尤瓦尔·
赫拉利著 ；（西）里卡德·萨普拉纳·鲁伊斯绘 ；童趣
出版有限公司编译 ；王晓敏，高星译. -- 北京 ：人民
邮电出版社，2023.6
　　ISBN 978-7-115-61586-2

　　Ⅰ. ①势… Ⅱ. ①尤… ②里… ③童… ④王… ⑤高
… Ⅲ. ①人类学—少儿读物 Ⅳ. ① Q98-49

中国国家版本馆 CIP 数据核字（2023）第 069108 号

著作权合同登记号 图字：01-2022-6831

审图号：GS 京（2023）0363 号
本书插图系原文插图。

Author: Yuval Noah Harari
Illustrator: Ricard Zaplana Ruiz

C.H.Beck & dtv:
Editors: Susanne Stark, Sebastian Ullrich

Sapienship Storytelling:
Production and management: Itzik Yahav
Management and editing: Naama Avital
Marketing and PR: Naama Wartenburg
Editing and project management: Nina Zivy, Guangyu Chen
Research assistant: Jason Parry
Copy-editing: Adriana Hunter
Diversity consulting: Slava Greenberg
Design: Hanna Shapiro
关于Sapienship公司的详情，请到该公司官网查询。

Cover design: Hanna Shapiro
Cover illustration: Ricard Zaplana Ruiz

Unstoppable Us: How we took over the World
Copyright © 2022 Yuval Noah Harari. ALL RIGHTS
RESERVED.

Children's Fun Publishing Co. Limited, 2023, No.11,
Chengshousi Road, Fengtai District, Beijing 100164, P.R. China,
www.childrenfun.com.cn
All rights reserved, including the right of total or partial
reproduction in any form.

著　　　　：[以色列] 尤瓦尔·赫拉利　　　绘　　　　：[西] 里卡德·萨普拉纳·鲁伊斯
翻　　译：王晓敏　高　星　　　　责任编辑：何　醒　魏　允　王宇絜
责任印制：李晓敏　　　　封面设计：韩木华

编　　译：童趣出版有限公司
出　　版：人民邮电出版社
地　　址：北京市丰台区成寿寺路 11 号邮电出版大厦（100164）
网　　址：www.childrenfun.com.cn

读者热线：010-81054177
经销电话：010-81054120

印　　刷：天津海顺印业包装有限公司
开　　本：787×1092　1/16
印　　张：10.75
字　　数：240 千字
版　　次：2023 年 6 月第 1 版　2024 年 10 月第 7 次印刷
书　　号：ISBN 978-7-115-61586-2
定　　价：108.00 元

致所有生命——那些逝去的，那些
活着的，还有那些即将到来的。我们的
祖先创造了这个世界，而我们可以决定
如何改变这个世界。

约250万年前——
人类在非洲出现并演
化。开始使用石器。

约600万年前——
人类和黑猩猩最后的共
同祖先出现。

约200万年前——
各种人类不断演化发展。

历史时间线

约150万年前——

人类开始会使用火。

约5万年前——
智人扩散到澳大利亚。澳
大利亚的巨型动物灭绝。

约4万年前——
艺术开始出现并发展。

约7万年前——
智人开始会讲虚构的
故事，并大规模走出
非洲，向外扩散。

约3.5万年前——
尼安德特人灭绝。智
人成为唯一一种幸存
的人类。

约30万年前——
智人开始在非洲演化。

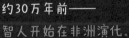

约1.5万年前——
智人扩散到美洲。美
洲的巨型动物灭绝。

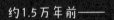

约40万年前——
尼安德特人开始在欧
洲及中东地区出现并
演化。

人类究竟是什么呢？

对你和你的朋友来说，成长是艰难的。其实，对每个人来说都是这样的，甚至连动物也不例外。

为了成长，幼狮需要学会奔跑和捕猎斑马；小海豚必须学会如何游泳和捕鱼；雏鹰得学会飞行和筑巢。对他们来说，这一切并不容易。

对于人类来说，成长就更加艰难了，因为我们并不确定自己到底需要学会什么。长大后，狮子能奔驰原野、猎食斑马，海豚能遨游海洋、轻快捕鱼，老鹰能飞翔蓝天并筑造巢穴。那么，人类能做什么呢？

当你长大后，你可以开一辆比任何狮子跑得都快的赛车，可以开一艘比任何海豚游得都远的船，可以开一架比任何老鹰飞得都高的飞机；还可以做成千上万件动物们难以想象的其他事情，比如发明一个新的电脑游戏，发现一种新的药物，指挥一支火星探险队，或者只是整天坐在家里看电视。人类居然有这么多的选择！这也是为什么身为人类竟会如此迷茫。

不管你最终选择去做什么，最好都要先弄清楚人类为何拥有如此多的选择。答案是：我们人类掌控着地球！！

　　地球被许多不同的动物统治过。狮子、熊和大象主宰过陆地，海豚、鲸和鲨鱼称霸过海洋，老鹰和猫头鹰统领过天空。现在，我们人类掌控一切，包括陆地、海洋和天空。无论我们要乘坐汽车、轮船和飞机去哪里，狮子、海豚和老鹰都得让路，而且是赶紧让路！动物无法阻止我们修建穿越森林的公路，也无法阻拦我们修筑横跨河流的大坝，更无法阻挠我们污染海洋和天空。

　　人类现在是如此强大，掌控着所有其他动物的命运。狮子、海豚和老鹰之所以还生活在地球上，是因为我们人类允许他们存在。人类如果想要消灭世界上所有的狮子、海豚和老鹰，明年就可以做到。这是一种很强大的力量，它既可以被善用，也可能被滥用。作为人类，你需要了解你的力量，还要知道如何利用这种力量。

　　为此，你需要先知道我们人类是如何获得这种力量的。

　　我们人类既不像狮子那样强壮，又无法像海豚那样游泳，也绝对没有可以翱翔天空的翅膀。那么，我们是如何做到掌控地球的呢？

　　这个问题的答案，将是你听过的最奇特的故事之一。

　　而且，这是一个真实的故事。

目录

1 人类也是动物 1

我们曾经很野蛮 3

　　烹饪促进大脑发育 6

不同的人类 10

　　矮人岛 12

人类大家庭 16

你是哪种人类？ 20

　　下一站，超级智人 23

　　大家庭中的尼安德特人 25

　　假如……？ 28

2 智人的超能力 31

香蕉的奇妙之旅 33

　　为什么蚁群中有蚁后，却没有律师？ 38

僵尸、吸血鬼、仙女…… 40

　　伟大的狮灵 42

　　狮人 44

成年人相信的故事 46

　　故事有何裨益 50

　　一张纸的力量 54

一瓶很小却很强大的油 56

　　仅限男孩 57

一群讲故事的人 60

3 我们的祖先是如何生活的？ 63

人们为什么喜欢冰激凌？ 65

　　年轻的考古学家 68

金窝银窝不如自家的草窝 70

　　石器时代的家庭 72

石器时代的自拍 78

　　沙滩上的脚印 81

石头的世界？ 84

　　死后会发生什么？ 85

　　250 颗狐狸牙 87

游群生活 92

　　伟大的采集者 94

美好的时代 100

　　糟糕的时代 103

与动物对话 106

　　与树木对话 109

按照信仰行事 112

　　沉默的帷幕 115

4 动物都去哪儿啦？ 121

走向未知 123

　　澳大利亚的巨型动物 126

　　灭绝 128

　　学会害怕 129

发现美洲 132

　　向美洲南部进发 134

大麻烦 138

灭绝快车 142

　　发挥你的超能力！ 148

世界上最危险的动物 152

智人迁徙路线图 154

致谢 156

后记 159

1

人类
也是动物

我们曾经**很野蛮**

  我们的故事要追溯到数百万年前。那时，人类也只是普通的动物，还没有住在房子里，不用去工作或上学。世界上也没有汽车、电脑或超市。他们以荒野为家，日常生活就是爬树摘果子、四处寻找蘑菇，他们还吃蠕虫、蜗牛和青蛙。

  那个时候的其他动物，比如长颈鹿、斑马和狒狒等，还不害怕人类，甚至没有注意到人类。万万没想到，人类有一天能登上月球、制造原子弹，还能写书——就像你现在正在读的这本。

  起初，人类甚至不知道如何制作工具，他们还没有弓箭、长矛或者刀。有时候，他们会用石块砸碎坚果。那个时候，人类是相对弱小的动物，每当狮子或熊出现时，他们不得不逃跑，而且是拼命地跑！

  现在，很多孩子仍然会半夜醒来，害怕床下有怪物。这跟人类数百万年前的记忆有关。那个时候，真的会有怪兽在晚上偷偷地袭击孩子。如果你在夜里听到轻微的响动，那可能是狮子要来吃你了。如果此时你迅速爬到树顶，就会活下来；如果你倒头继续睡觉，估计就会被狮子吃掉了。

  那个时候，狮子猎杀了一只长颈鹿并享用时，人类只能远远地观望着。人类虽然也想趁机为自己弄到一些肉，但实在太害怕狮子了，根本就不敢靠近。即使狮子离开了，人类也仍然不敢上前。因为，鬣（liè）狗此时也要开始抢食残骸，人类也害怕与这群好斗的家伙发生冲突。当最终确认其他动物都离开了，人类才敢蹑手蹑脚地走到长颈鹿的尸体旁搜寻残羹剩饭，此时留给人类的只

有一干二净的骨头，他们只能无奈地耸耸肩，离开这里，去采食更易获得的无花果。

后来，有人蹦出一个好主意，她拿起一块石头，把一根骨头敲开，在骨头里面发现了一种柔软多汁的东西——骨髓。她吃下了骨髓，觉得很美味。其他人看到后，纷纷效仿。很快，每个人都能用石头敲开骨头，吸食里面的骨髓了。人类终于有了其他动物所没有的技能。

每种动物都有自己的特殊技能：蜘蛛会结网捉苍蝇，蜜蜂会筑巢酿蜜，啄木鸟会在树干上啄虫子吃。有些动物天生就拥有很奇特的技能，如向导鱼，他们会一直跟着鲨鱼游走，等待鲨鱼捕食其他动物。鲨鱼吃掉一些金枪鱼后会张大嘴巴，此时向导鱼就游到鲨鱼的嘴里，清理鲨鱼牙缝中的金枪鱼残渣。鲨鱼得到了免费的牙齿护理，而向导鱼则得到了一顿美餐。很有意思的是，鲨鱼总能认出向导鱼，从来不会误食他们。

现在，人类也有一技之长了。他们知道如何用石头敲开骨头，让自己能吃到里面的骨髓。更重要的是，人类认识到制作工具是个好主意。

他们开始使用木棍和石头制作各式各样的工具。工具不仅可以用来敲开骨头、将牡蛎从岩石上撬（qiào）下来，还可以用来挖野葱和胡萝卜，以及捕食蜥蜴和鸟类等小型动物。

最终，人类发现了一种比木棍和石头更神奇的"工具"——火。火是非常凶猛而可怕的。一头狮子吃掉一匹斑马，当狮子觉得吃饱了不饿了，就会躺下休息。但是火就完全不一样了，火吞噬了一棵树后，只会变得更加"饥饿"，接着无法控制地从一棵树上蹿到另一棵树上，一天内便会吞噬整片森林，最后只留下一地灰

4

烬。如果你试图触摸或者按住火来阻止火势蔓延，火就会烧伤你。所有动物都害怕火，甚至比害怕狮子还要害怕火。准确地说，就连威猛的狮子也畏惧烈火。

这个时候，一些人类开始对火产生了兴趣！他们想，如果能像使用木棍或石头那样驾驭火就好了。

坐在火堆旁，你会不会偶尔只想凝视着火焰，看它如何翩翩起舞？其实，这跟古人类留下的另一段记忆有关。起初，古人类接近火是非常谨慎的，只敢在远处静静地观察。也许古人类还发现，如果闪电击中并点燃了一棵树，他们就可以坐在这棵树周围，享受火带来的光明和温暖。更妙的是，只要这棵树燃烧着，就没有危险的动物敢靠近他们。

烹饪促进大脑发育

人类一次又一次地观察火，并对它有了更深入的了解。他们意识到，尽管火是"野性"且凶猛的，但是它确实遵循着一些规则。他们认为可以与火友好相处。他们把一根长棍伸进一棵正在燃烧的树里，让火点着棍尖，便把棍子抽回来。他们用一根棍子获得了火，而没有被火烧到，还可以用这根带火的棍子点燃其他东西。这简直太棒了！这样，他们就可以带着火到各个地方，随时用火取暖和吓退野兽了。

即便如此，人类仍然面临一个大问题——如何生火？用很长时间去等待闪电击中树木并点燃，这是一件非常无奈的事情。设想你又湿又冷，在一棵树旁等上一整年也没有闪电击中这棵树；或者有一头狮子在追赶你，你连两秒钟也等不了。此时你最需要什么？火！火！

最终，人类找到了生火的方法。其中一种方法是，用一块燧石去击打一块叫作"黄铁矿"的石头。如果你击打得非常用力，可能会产生一些火花，接着如果你将这些火花引向干燥的树叶，树叶就很可能会着火，并一直燃烧。

生火的另外一种方法是，先找一大块干木头，在上面掏一个洞，并放入一些干燥的树叶；接着，找一根树枝，把它的一端削尖，然后将尖的一端放进洞里，再用双手快速地将树枝搓动几分钟。

在树枝被搓动的过程中，其尖端会变得越来越热，最终会引燃洞里干燥的树叶。洞里开始飘出烟雾，然后一团火焰跃起，你得到了火！现在，如果有狮子出现，你只需要挥动你的火棍，狮子就会立刻逃跑了。

学会用火使人类在动物中变得独一无二。几乎所有动物的力量都来自他们自己的身体：肌肉的力量、牙齿的大小或爪子的锋利程度。但多亏了火，人类得以控制一种有无穷力量的工具，并且这种力量与人类的身体无关。一个虚弱胆小的人类只要拿起一根火棍，就可以在几个小时内将整片森林烧成平地，摧毁成千上万棵树，杀死成千上万只动物。

事实上，火的伟大之处不是帮人类驱赶野兽，也不是给人类带来温暖和光明，而是让人类可以开始烹饪了。

人类还不会使用火时，往往要耗费大量时间和精力吃生的食物。你不仅要在吃前把生的食物弄成小块儿，还要在吃的时候咀嚼很长的时间，即便如此，你的胃仍要非常努力才能消化它。因此，那个时候的人类都有大个儿的牙齿、强大的胃和极大的耐心。一旦人类会使用火了，"吃"就变得容易起来。烹饪使食物变软，极大地缩短了人类花在咀嚼和消化上的时间。如此一来，人类开

始发生改变：牙齿变小了，胃也缩小了……并且有更多的空闲时间了。

你可以亲身体验一下吃生食物的感觉。下次有人烹制土豆时，你可以要求尝尝生土豆。等一等，你不用真的去吃！你只需要拿一小块儿放进嘴里尝一下，但很可能会立刻把它吐出来，还想漱漱口，因为生土豆又硬又难吃。然而，熟土豆就不一样了，它非常美味。在厨房里，你可能会用炉子、烤箱或者微波炉来烹饪土豆，而不需要去生火来烹饪。其实，所有的烹饪都是从明火开始的。你如果喜欢烤土豆或炸薯条，就该好好感谢你的这位朋友——火。

一些科学家认为，正是烹饪促进了人类大脑的生长发育。烹饪和大脑之间究竟有什么联系呢？

当人类将大量的时间和能量消耗在用大个儿的牙齿咀嚼食物、用强大的胃消化食物时，就没多少能量留给大脑了。这也是为什么最早的人类胃很大、脑容量却很小。一旦人类开始烹饪，一切就都变了：人类耗费在咀嚼和消化上的能量减少了，便有更多的能量供给大脑，结果是胃缩小了、大脑发育了，人类变得更聪明了。

当然，我们也不应该夸大这些改变。这个时候的人类的确变得聪明了，他们可以制作工具、生火，有时甚至可以猎杀斑马和长颈鹿，他们还可以更好地保护自己，避开狮子和熊这些猛兽的攻击。但也仅此而已。人类此时仍然只是一种动物，绝对没有掌控世界的能力。

不同的**人类**

今天，世界各地的人们看起来可能有点儿不同，并且说着不同的语言，实际上我们都属于同一种人类。无论你在中国，还是去了意大利、南非或者格陵兰岛，你会发现到处都是同一种人类。当然，中国人、意大利人、南非人和格陵兰岛上的因纽特人在发色和肤色等方面存在着差异，但都有着相似的身体、相似的大脑和相似的能力。中国人可以学习意大利语，格陵兰岛上的因纽特人也可以跟南非人踢足球，我们所有人都可以一起共同建造宇宙飞船。

确实很奇怪，如今世界上居然只有一种人类，而在每个国家却有不同种类的蚂蚁、蛇或者熊。在冰封的格

陵兰岛上有北极熊，在加拿大的山区有灰熊，在罗马尼亚的森林里有棕熊，在中国的竹林里有大熊猫。为什么在这些地方都只有一种人类呢？

其实，在很长一段时间里，在我们的星球上有很多种人类。在世界各地，人类必须去应对不同的动物、植物以及气候环境。有些人类生活在积雪的高山，有些人类住在阳光充足的热带海滨，有些人类在沙漠中栖息繁衍，还有些人类在沼泽地带生存。百万年来，人类适应了每个地区的独特条件，逐渐变得越来越不一样——就像上面提到的熊一样。

为什么今天所有的人类都属于同一种人类呢？其他种人类身上发生了什么？可以说，是一场可怕的灾难夺去了他们的生命，最终只有我们这一种人类活了下来。这场灾难是什么？这是一个人们不喜欢谈论的重大秘密。为了解开这个秘密，我们需要先了解一些曾经生活在世界不同地区的其他种人类的情况。

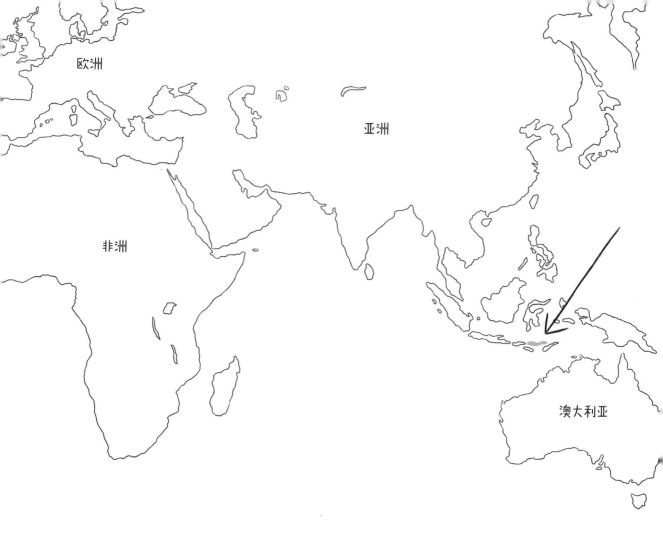

欧洲

亚洲

非洲

澳大利亚

矮人岛

　　我们就先从印度尼西亚的弗洛勒斯岛开始我们人类家庭的历史之旅吧。大约在 100 万年前，弗洛勒斯岛周围的海平面较低，如今被海水淹没的许多地方在那个时候都是干燥的陆地，弗洛勒斯岛与大陆的距离很近。一些充满好奇心的人类发现越过浅海到达这座小岛并不困难，大象等大型动物也很容易到达这座小岛。后来，海平面上升了，这些人类和大象都被困在了岛上，就再也没有办法返回大陆了。

　　弗洛勒斯岛是一座小型岛，那里食物匮乏。那些体形更大的

12

人类和大象，需要的食物更多，于是最早在岛上饿死。而那些只需要很少食物的小家伙，幸运地活了下来。长得矮小的男人和女人在一起生出的孩子可能长得更矮小。当然，并不是所有孩子都是同样的大小，他们有些个头儿很小，有些甚至更小。由于食物仍然不多，所以还是个头儿更小的人类活了下来。经历一代又一代之后，弗洛勒斯岛的人类都变得越来越小，最终变成了矮人。小岛上剩下的都是矮象，也是这个道理。

弗洛勒斯岛上的人类和大象逐渐变得矮小的过程就是一个"生物演化"的例子。生物演化不仅解释了弗洛勒斯岛矮人的来源，还告诉我们为什么长颈鹿有那么长的脖子，为什么狐狸这么聪明，为什么臭鼬那样难闻。

当长颈鹿争着吃树上的嫩叶时，脖子最长的那只可以够到最高处的叶子，于是她能得到更多的食物，所以她有能力生更多的孩子，而她的孩子也大概率会有长长的脖子。当狐狸争夺猎物时，往往是最聪明的狐狸赢得猎物，能养育更多的幼崽，而这些幼崽很可能也同样聪明。当狐狸试图猎杀臭鼬时，最臭的臭鼬可能会更令狐狸感到恶心，于是狐狸放走了这只猎物。这样一来，最臭的臭鼬活了下来，并且很可能生出更臭的臭鼬宝宝。

有一件很重要的事情需要我们牢记，那就是生物演化需要历经很多很多代。臭鼬花了很长时间才变得很臭，而弗洛勒斯岛上的人类和大象也花了数万年才变成了矮个子。这并不像童话故事讲的那样，是在一夜之间发生的：当你喝下魔法药水时就立刻变小，或是在一位巫师念出咒语——"变！变！变！"——之后，王子就瞬间变成青蛙。事实上，生物演化需要很长很长的时间，以至

于没有人能轻易察觉生物的这些变化。弗洛勒斯岛上的人类和大象每一代都会变小那么一点点，但没有人能活1000年，因而也就没有人察觉到发生了这些细微变化。

这刚好遵循了一个重要的自然法则：没人注意到的小变化，会随着时间的推移累积成大变化。不仅生物演化会遵循这一法则，自然界中许多其他事物也遵循这一法则。你如果看到水滴落在坚硬的岩石表面的场景，可能会认为岩石比水坚固得多，并且认为水只是从岩石上流过，而不会给岩石带来任何改变。但是，很多很多年后，你若能再回到这里，就会看到水滴在岩石上打了一个很深的洞。虽然每一滴水只让岩石产生极为微小的变化，但历经成千上万个水滴耐心地持续击打，再坚硬的岩石也会被击穿，这就是水滴石穿的道理。

或者你想想成长的过程。当你照镜子时，你总是看不出自己在成长。你可以站在那里一个小时，仔细地观察，但你仍然不会发现身高变高或者头发变长。如果你每天早上都照镜子，你可能会看起来和前一天一模一样。但是20年后，你会变得完全不同。这是为什么呢？难道是在某个特殊的日子，你吃了一颗神奇的药丸，醒来后就变成了一个大人？不是的，其实你每天都有一些细微的变化，经过好些年，这些小变化叠加起来便使你长成一个大人了。

现在你已经知道了，你是怎样长大的，水滴是怎样击穿岩石的，弗洛勒斯岛上的人类是怎样变成矮人的，这些都是慢慢地、一步一步地发生的。

矮人在弗洛勒斯岛生活了许多许多年。然而那场导致所有其他种人类灭绝的灾难也杀死了这些矮人。很长时间以来，几乎没

有人知道他们曾经存在过。弗洛勒斯岛上的当地人中一直流传着关于矮人的故事，这群矮人曾生活在丛林深处，当地人称他们为"依波高高（Ebu Gogo）"，也就是"什么都吃的奶奶"，因为这些故事中的矮人真的什么东西都吃！不过，大多数人只是将这些故事视为愚蠢的童话。

自 21 世纪初开始，考古学家在弗洛勒斯岛上的一个洞穴内组织考古发掘，获得了相当吸引人的发现：非常古老的石器、篝火遗迹、一些大象的骨头，以及 5 万多年前居住在岛上的小个子人类的骨骼。考古学家就是一群喜欢在各种奇奇怪怪的地方挖掘的科学家，他们期望能找到有关"遥远过去"的线索。

起初，考古学家认为这些骨骼应该是儿童的，但事实证明它们是属于成年人的。这样说来，依波高高的传言可能不是童话！也就是说，很久以前，确实有矮人生活在弗洛勒斯岛上。这种古人类身高不超过 1 米、体重只有约 25 千克，却知道如何使用工具，甚至能捕猎那些矮象。

弗洛勒斯人

智人

尼安德特人

人类**大家庭**

当定居在弗洛勒斯岛的人类渐渐变成矮人的同时，另一种人类正在欧洲和亚洲的许多地方演化着。在德国尼安德山谷的一个洞穴里，科学家第一次发现了这些人类，科学家称这些人类为"来自尼安德山谷的人类"，简称尼安德特人。由于那些地方非常寒冷，我们可以判断他们应该特别能适应寒冷的气候。尼安德特人的身高与我们差不多，但是他们的体重更重，身体也更强壮，并且脑容量也比我们的大。

尼安德特人用他们的大号脑袋做了什么呢？他们不造汽车或者飞机，也没有写书，而是制作了石器和装饰品以及许多其他东西。也许他们比我们更擅长识别鸟儿的歌声或追踪动物，又或是更擅长跳舞，甚至做梦……也许不是这样，而我们至今也没弄明白。

关于过去，有很多事情我们并不了解，如果我们确实不知道某些事情，最好能坦诚地说："我不知道！"在科学领域，说"我不知道"尤为重要，这是迈向真理的第一步，因为只有在你承认自己不知道某些事情之后，你才能开始寻找答案。如果你声称自己无所不知，那又何必费劲呢？

2008 年，考古学家在西伯利亚的丹尼索瓦洞穴进行发掘时，又有了一个惊人的发现：一块古人类的指骨，它来自一个生活在大约 5 万年前的小女孩的小拇指。

170cm

110cm

当考古学家仔细地研究过这块指骨后，他们发现这个小女孩属于一种以前未知的人类。她不是尼安德特人，也不是弗洛勒斯人，她和我们也大不相同。考古学家以发现这块指骨的洞穴将这个小女孩和她的亲人们命名为"丹尼索瓦人"。

你可能会好奇，我们怎么能确定这块指骨属于一种未知的人类而不是已知的人类（比如尼安德特人）呢？事实上，我们身体的每个部分都是由许多小细胞组成的，它们组合在一起形成了鼻子、心脏或手指等。每个细胞都包含一本指导它如何工作的"小说明书"。这本说明书让一些细胞组成了鼻子，另一些细胞组成了手指。就连你的唾液、骨头甚至是发根，都包含这本说明书，否则你的身体不知道如何去制造更多的唾液、骨头以及头发。

这本说明书就是DNA（脱氧核糖核酸）。你用肉眼无法看到它，但是如果取一滴唾液、一块骨头或几缕头发，放在一台非常强大的显微镜下，你就可以看到DNA蜷曲在细胞里面。如果你借助各种特殊的仪器，甚至可以阅读DNA里的指令。如果你读懂了深色皮肤的人携带的DNA，就会找到形成深色皮肤的指令；同样的道理，浅色皮肤的人的DNA里，也有形成浅色皮肤的指令。

如果你得到了某人的DNA，你就能了解关于此人的很多方面。即使是某个生活在很久以前的人也一样！尤其是在寒冷且干燥的地方，在某人死亡后数万年，DNA依然得以幸存。

西伯利亚的丹尼索瓦洞穴就非常寒冷且干燥。当考古学家检测在那里发现的指骨时，他们设法从中提取了一些DNA并解读了其编码，发现这些DNA不像任何已知人类的。科学家这才确定，大约5万年前居住在丹尼索瓦洞穴的人们属于一种过去未知的人类，他们确实不同于我们，不同于尼安德特人，也不同于弗洛勒

斯人。

　　想象一下，在遥远的将来，地球上所有的人类都消失了，而世界被一群超级聪明的老鼠统治着。某一天，一位老鼠考古学家可能会在一个洞穴里挖掘到你的指骨，仅凭这块指骨，这些老鼠就能知道人类曾经生活在地球上。哈哈！努力保护好你的手指吧！

　　除了弗洛勒斯人、尼安德特人和丹尼索瓦人，地球上还曾生活着许多其他种人类，而我们却对他们知之甚少。因为他们没有留下多少骨头或者工具，而且我们也无法读取他们的 DNA。

19

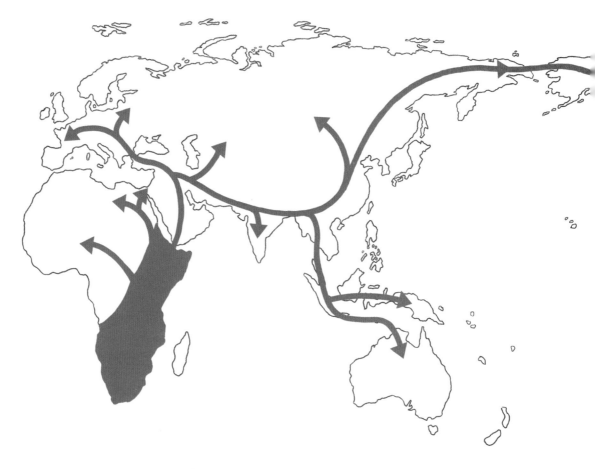

你是**哪种人类?**

有一种古人类我们相当了解,就是我们的祖先:我们的曾曾……祖母和曾曾……祖父。当矮人生活在弗洛勒斯岛,尼安德特人居住在欧洲,丹尼索瓦人在西伯利亚的洞穴中闲逛的时候,我们的祖先主要生活在非洲。

科学家把我们的祖先称为"人属智人种(*Homo sapiens*)"或"智人(*Sapiens*)"。是因为他们住在智人岛、智人山谷或者智人洞穴吗?完全不是。"*Homo*"以及"*sapiens*"这两个词都来自

拉丁语，拉丁语是一种古老而复杂的语言，现在已经基本没有人在使用了。由于拉丁语既古老又复杂，听起来还很神秘，所以当科学家想让某种东西听起来十分重要时，就会用拉丁语为它命名。在命名疾病、药物、植物和动物时，他们都会这么做。

比如一位科学家想谈论猫，而她又希望这件事情听起来很严肃，那么，她不会直接说"猫"，而会说"猫属家猫种（*Felis catus*）"，这在拉丁语中意思是"狡猾的猫"。她还会把老鼠叫作"鼠属小家鼠种（*Mus musculu*）"，也就是拉丁语中"灰褐色老鼠"的意思。如果你在一本书中读到"狡猾的猫追捕灰褐色老鼠"，你可能会认为这是一本为小孩子写的书；但如果你读到"猫属家猫种追捕鼠属小家鼠种"，你很可能会认为这是一部非常严肃的科学著作。

所有不同种的人类都有自己独特的拉丁名。当科学家谈论尼安德特人并想让这件事听起来严肃且重要的时候，他们不会简单地称尼安德特人，而会说"人属尼安德特种（*Homo neandertalensis*）"，在拉丁文中，人属指"人类"，而尼安德特种指"来自尼安德山谷"，这两个词合起来就代表"来自尼安德山谷的人类"。同样地，当科学家说起来自弗洛勒斯的矮人时，他们肯定不会脱口而出"矮人"，这太简单了！他们会称这些人为"人属弗洛勒斯种（*Homo floresiensis*）"，也就是"来自弗洛勒斯岛的人类"。

当科学家为我们自己这种人类起名字的时候，他们当然会为我们起一个非常体面的拉丁名——人属智人种。但这是什么意思呢？在拉丁语中，"智人种"意味着"智慧"，所以"人属智人种"就是"有智慧的人类"。

我们决定称自己是"有智慧的人类"，对我们来说这并不谦虚。我们并不清楚我们这些智人是不是真的比其他种人类更聪明，但这就是我们的名字——智人。你是智人，你所有的朋友和亲人也是智人。当今世界上所有的人都是智人——德国人是智人，尼日利亚人是智人，韩国人是智人，巴西人也是智人……

大约10万年前，智人的祖先大多生活在非洲，他们看起来已经和现在的人一样了，只需要你给他们做个好看的发型，再把他们身上披着的动物皮毛换成牛仔裤和T恤衫。

与所有其他种人类一样，智人已经能制作石器并且会用火，所以他们可以吓退狮子，甚至可以猎杀一些大型动物。但他们还不知道如何播种小麦或者骑马，也不知道如何建造马车和轮船；他们没有村庄，更不用说大城市了。智人的人数也很少，整个非洲可能只有不到10万人，你可以把他们全部塞进一个大型足球场里。那时候，智人还不是地球上最重要的动物——暂时不是，最重要的动物也许是鲸或者蚂蚁。

下一站，超级智人

之后，大约在 5 万年前，一切都变了。一场巨大的灾难袭击了地球，杀死了弗洛勒斯人、尼安德特人、丹尼索瓦人和其他种人类，只有智人幸存了下来。那么这是一场什么灾难呢？它不是来自外太空的小行星撞击，不是一次大规模的火山喷发，也不是地震，而是我们的曾曾……祖父母。

在大约 5 万年前，一件非常奇怪的事情发生在我们的祖先身上，使他们变得异常强大。你想知道是什么事情吗？这件事情其实非常有趣，待我们稍后再揭晓。这就好像阅读一篇精彩的侦探故事，你必须读到最后才能揭开谜底。现在，我们只能告诉你，这件事情产生了令人难以置信的影响：智人开始扩散到世界各地，每当他们抵达一处新的山谷或者岛屿时，原先生活在那里的所有其他种人类很快就消失了。

比方说，当这些新来的超级智人抵达欧洲时，他们摘光了所有的梨，吃掉了所有的浆果，猎杀了所有的鹿。这意味着原先生活在当地的尼安德特人没有食物来源了，他们饿死了。如果有任何尼安德特人试图阻止这些智人拿走所有的食物，智人大概会杀了他们。

然后，我们的祖先去了西伯利亚，从丹尼索瓦人那里抢走了所有的食物。之后，我们的祖先又去了弗洛勒斯岛，于是很快这儿连一个矮人、一头矮象都找不到了。当所有其他种人类都消失了，我们的祖先仍然不满足。他们虽然已经强大到无可匹敌，但仍然想要更多的权力、更多的食物，所以有时他们会相互争斗。

大家庭中的尼安德特人

　　这样看来，我们智人也并不是什么友好的动物。仅仅因为肤色不同、语言不通或者宗教信仰不一致，我们智人之间都会相互残害。当我们的智人祖先遇到了像尼安德特人那样完全不同种的人类时，大概也不会手下留情。

　　然而，几年前科学家有了新发现，我们智人祖先中的一些人并没有杀死或是饿死他们遇到的其他种人类。还记得 DNA——我们人体的说明书吗？DNA 不仅能展现你的发色以及手指的形状，也可以准确地揭示你的父母是谁，以及他们的父母是谁，再追溯到他们父母的父母，一直追溯到上万年前。这是因为你的 DNA 来源于你的父母，而你父母的 DNA 来源于他们的父母，如此代代相传。

当科学家开始解读尼安德特人的 DNA 时，他们发现了一些令人震惊的事实：现在一些人的 DNA 中，有来自远古时期的尼安德特人的基因！这意味着，即使今天生活在地球上的所有人都是智人，我们中也至少有一部分人的曾曾……祖母或者曾曾……祖父是尼安德特人。

想弄清楚你是否有一个尼安德特人祖先其实很容易。你只需要往试管里吐一口唾沫，然后送到实验室。即使只是一滴唾液，也含有数百万份你的 DNA。实验室可以通过检测你的唾液读取你的 DNA，并告诉你，其中有没有一些片段可能来自一个尼安德特人，大约 5 万年前可能是他与你的曾曾……祖母一起孕育后代。

你的曾曾……祖母为什么会想要和一个尼安德特人生孩子呢？我们并不清楚，或许是他们俩相爱了。即使这个尼安德特人所有的朋友都嘲笑他，而你曾曾……祖母的朋友也都警告她别和

尼安德特人交往，但爱的力量克服了所有的障碍。

　　或者是一群智人收养了一个尼安德特孤儿，因为她的亲人全部去世了；或者是另一种情况，一些智人抓了一个尼安德特女孩，尽管她想逃回家人的身边，他们还是强迫她跟着他们一起生活。如果年轻的尼安德特人像这样在智人群体中长大，他们可能成为智人的伴侣并一起生育孩子。但这样的事情应该是极其罕见的。在大多数情况下，我们的祖先还是会赶走他们遇到的所有尼安德特人。

假如……？

这里有个令人着迷的设想。假如我们的祖先能更友善一些，允许尼安德特人和弗洛勒斯人与他们一起生存和发展，世界会是什么样子？假如这些其他种人类现在仍然生活在我们中间，会是怎样一番景象？

也许你学校的田径队里就会有一些强壮的尼安德特孩子，也许你隔壁的邻居会是来自弗洛勒斯岛的矮人移民。丹尼索瓦人会在人类社会担当领导人吗？谁会来祝福尼安德特人和智人的婚礼呢？

尼安德特人会成为歌星或电影明星吗？你愿意和一个尼安德特人交朋友吗？

如果其他种人类和我们一起生存下来，也许我们看待自己的方式也会改变。今天，大多数人认为自己是非常特殊的生物。如果你试图告诉他们人类也是动物，他们通常会非常不高兴，因为他们认为人类与动物完全不同。

人们之所以会这样想，很可能是觉得一旦所有其他种人类都消失了，地球上就再也不存在像我们一样的生物了，也就很容易认为我们智人与其他动物不同。但如果尼安德特人或者弗洛勒斯人幸存下来，我们就很难认定自己是独一无二的，也许这正是我们的祖先想要除去其他种人类的初衷。

令我们感到好奇的是，我们的祖先究竟是如何战胜其他种人类的呢？尼安德特人远比他们强壮，丹尼索瓦人比他们更能适应寒冷的环境，而矮小的弗洛勒斯人比他们需要更少的食物，最终的结果却是我们的祖先征服了整个地球，他们难道有什么超能力吗？

2

智人的
超能力

香蕉的奇妙之旅

　　关于我们的祖先是如何战胜其他种人类的问题，你有答案了吗？大约 5 万年前究竟发生了什么？难道真的是因为我们的祖先有什么超能力，才让现在的我们统治了这个星球？这个问题并不容易回答。超人、蜘蛛侠、神奇女侠和漫画中的其他超级英雄都很强大，因为他们体格强壮、反应灵敏并且勇敢坚定。但智人并不比尼安德特人或者地球上其他动物的体格更强壮、反应更灵敏或者更勇敢坚定。假如要与狼、鳄鱼或是黑猩猩打斗，智人几乎没有胜算，即使是一只年迈的黑猩猩老奶奶，也能击败人类世界拳击冠军。

　　我们智人之所以能把狼吓跑、把黑猩猩关在动物园里，唯一的原因是我们能进行大规模的合作。一个人无法打败一只黑猩猩，但 1000 个人就可以做到黑猩猩做梦都想不到的事情。多亏了我们的秘密超能力，我们比其他动物更善于合作。我们甚至还可以跟完全陌生的人合作。

　　就拿你最近吃过的水果来举例吧，也许你刚吃过一根香蕉。这根香蕉是从哪儿来的呢？如果你是一只黑猩猩，就只能自己去森林里摘香蕉吃；但因为你是人类，就总是可以依靠陌生人的帮助。很少有人亲自采摘香蕉。大多数情况下，你得到这根香蕉的过程，应该是这样的：有一些你以前从没见过、以后也不太可能见到的人，在距离你数千千米外的地方种下了香蕉树；接着，另一些陌生人把香蕉装上卡车、火车或者轮船，运往你家附近的商店；然后，你去了商店，挑选了这根香蕉，把它拿到收银台；最后，你付钱给商店，便拥有了这根香蕉。

在你买到这根香蕉之前，它到底经过多少人之手？其中有多少是你认识的？也许你一个都不认识，但仍然在他们的帮助下得到了这根香蕉。

或者想想你的学校。组成一所学校需要多少人？首先要有很多适龄儿童，没有他们，学校就毫无意义。你知道你们学校有多少学生吗？其次得有老师，你可以试着数一数你们学校有多少老师。另外，有建造学校的人、打扫卫生的人、在食堂提供餐食的人，还有确保供电的人、编写和印刷教科书的人，以及其他许多许多人。那么，一所学校共有多少人呢？其中又有多少是你认识的？

人类所有的重大成就，比如探月工程，都是数十万人合作的成果。1969 年，尼尔·阿姆斯特朗成为第一个乘坐宇宙飞船登上月球的人，可这艘宇宙飞船并不是他自己建造的呀。

无数人齐心协力建造了这艘宇宙飞船：矿工开采了用于建造飞船的铁矿；工程师设计出飞船。数学家计算出到达月球的最佳路线；鞋匠制作了方便阿姆斯特朗在月球上行走的宇航靴；而农民种植了香蕉树，让宇航员在太空中有东西吃……

老鹰能够飞翔是因为他们有翅膀，而我们人类能够飞行是因为我们懂得大规模合作，这也是我们如此强大的原因。我们可以跟成千上万的陌生人合作，去买香蕉、建造学校或是飞向月球。黑猩猩就做不到这些。他们没有商店，不能买来自地球另一端的香蕉；他们没有学校，不能让数百只小黑猩猩一起学习；他们也不能飞到任何地方，更别说月球了。

黑猩猩没办法做到这些事情，因为他们只会小范围合作，并且他们很少与陌生的黑猩猩合作。也就是说，假设我是一只黑猩猩，我想与你合作，那么我就需要认识你：你是哪种黑猩猩？你是友好的还是令人讨厌的？你可靠吗？我如果不认识你，怎么能与你合作呢？

假如让你列出所有你熟识的人，你会列出多长的名单呢？这个名单可不能包括你从电视或社交媒体上看到的人，只能写你经常能见到的、彼此知根知底的人。如果你遇上暴风雪，或者被熊追到一棵树上，他们中会有谁来救你吗？

对于大多数人来说，名单上的人可能不会超过 150 个。科学家曾让许多人列过这样的名单，他们发现一个普通人基本上不可能与超过 150 个人建立牢固的人际关系。

现在，你可以试着数一数你在一天之内能遇到多少人，包括所有在大街上与你擦肩而过的人、所有与你乘坐同一辆公共汽车的人、所有与你一起上学的人、所有与你在同一家商店里购物的人，以及所有与你观看了同一场足球比赛的人。你觉得总共能有多少人？

假如你生活在北京或者上海这样的大城市，可能会在一天之内遇到数千人。这是不是很神奇？即使你熟知的人只有 150 个，但你每次去大型购物中心、体育场或者火车站，仍然可能会遇到

数千个陌生人，这些人会并然有序地在这些地方进进出出。如果你试图将数千只黑猩猩塞到这些地方，场面肯定混乱不堪。

在数万年前，我们的智人祖先就是依靠团结合作战胜尼安德特人和其他种人类的。我们的曾曾……祖父母是当时唯一懂得大规模合作的人类，即使是与陌生人，他们也能勠力同心。毕竟合作的人越多，制作工具、寻觅食物和治疗伤病的好点子就越多。

尼安德特人只能在几个亲密好友和亲属间相互学习、相互帮助，智人却可以依靠很多他们并不算了解的人。尽管一个智人可能并不比一个尼安德特人聪明，但随着时间的推移，智人越来越擅长发明工具和狩猎动物。一旦发生战斗，智人能够聚齐 500 人，轻易地击败 50 名尼安德特人。

为什么蚁群中有蚁后，却没有律师？

除人类以外，只有一类动物可以做到大规模的群体协作——社会性昆虫，比如蚂蚁、蜜蜂和白蚁。正如我们生活在乡村和城市一样，蚂蚁生活在蚁穴里，蜜蜂生活在蜂巢中。而在这些地方，往往有数以千计的个体一起生活。数以千计的蚂蚁通过合作获得食物、照料幼蚁、建造桥梁，甚至作战。

然而，蚂蚁和人类之间存在一个很大的差别。与人类不同，蚂蚁只用一种方式去组织自己的群体。例如，有一种蚂蚁叫收获蚁，如果你能有幸观察世界各地的收获蚁蚁群，你会发现他们的组织方式是完全一致的。在每个蚁群中，蚂蚁都将自己分为五组，分别是觅食蚁、工蚁、兵蚁、保育蚁和蚁后。

觅食蚁外出采集谷物、捕猎小型昆虫，并将这些带回蚁穴作为食物；工蚁负责挖掘隧道，建造巢穴；兵蚁保卫蚁穴，并与其他蚁群的兵蚁作战；保育蚁负责照顾幼蚁；而蚁后统治着蚁群，并不断产卵繁殖出更多的幼蚁。

这就是蚁群唯一的组织方式。他们从不反抗自己的蚁后，也从不试图选出什么"蚂蚁总统"；工蚁和觅食蚁从未罢工要求涨工资，兵蚁从来不打算和邻近的蚁群签订什么和平条约；而保育蚁从没想过辞去他们的工作，转而去当律师、雕塑家或者歌剧演员；这些蚂蚁也从没发明过新的食物、新的武器，或者像人类发明网球一样发明新游戏。现在收获蚁的生活方式仍然与数万年前的完全一样。

与蚂蚁相反，我们人类不断地改变着彼此间合作的方式。我

们发明了新的游戏，设计了新的衣服，创造了新的工种，也进行了多次政治革命。300年前，人们把用弓箭射击目标视作娱乐；而现在，我们的娱乐是在电脑游戏里冲击最高分。300年前，大多数人是农民；而现在，我们可以当公共汽车司机、宠物理发师、计算机程序员或者私人健身教练。300年前，大多数国家还由国王和王后统治；而现在，很多国家的政权组织形式都发生了改变，比如变为由总统和议会来治理。

可以这么说，我们智人征服世界是因为我们既可以像蚂蚁一样进行大规模的群体合作，又能不断改变合作的方式，从而创造新鲜的事物。这就是我们智人的超能力吗？也不完全是。为了弄明白我们智人独特的超能力究竟是什么，我们需要知道：我们的祖先最初是如何学会大规模合作的？我们智人为什么能不断改进自己的行为方式？这些问题的答案才是我们智人真正的超能力。你觉得这种超能力是什么呢？

僵尸、吸血鬼、仙女……

　　最终的答案可能会让你有点儿失望。当你看到"超能力"这个词的时候，或许会认为我们智人的超能力应该是读心术、预言术或隐身术之类的能力。但是你也很清楚，我们肯定没有这样的超能力——我们无法读懂他人的心思，不能预见未来，更不会隐身。我们智人的超能力，必须是我们每个人都要有的。

　　事实上，我们智人的超能力是我们一直在使用的东西，而我们却并不认为这是一种超能力，甚至有许多人觉得这是一个弱点——我们拥有想象力，能构建现实中并不存在的事物，以及能讲述各种虚构的故事。我们是唯一一种能够创作并相信传说、童话以及神话的动物。

　　当然，其他动物之间也能相互交流。当一只黑猩猩看到一头狮子靠近时，他会大叫（用黑猩猩语）："当心，狮子来了！"然后所有的黑猩猩都会逃跑。如果一只黑猩猩看到一根香蕉，他也可以用黑猩猩语说："看，那儿有根香蕉，我们去拿过来！"

然而，黑猩猩不会去虚构他们从未见过、尝过或者触碰过的事物，如独角兽或者僵尸。

和黑猩猩一样，我们智人也可以用语言来描述我们见到的、触碰到的和尝到的东西。和黑猩猩不一样的是，我们智人能虚构一些不存在的事物，比如仙女和吸血鬼。这件事情黑猩猩做不到，甚至连尼安德特人也做不到。

智人是如何获得这样奇特的能力的呢？我们并不确定。有一种解释是，智人DNA中的某些片段出了差错，意外地发生了改变：也许是大脑中本来应该分开的两个部分莫名地连接在了一起，或是这个差错使智人的大脑里开始涌现一些非常奇怪的故事。差错有时会创造出奇妙的新事物，而这些差错并没有出现在尼安德特人的DNA片段里，所以他们没办法虚构并相信这些事物或故事。

也许是这样，也许不是，我们实在很难说清楚。科学家也还在探索这个问题。

然而，真正重要的问题并不是智人如何获得这种讲虚构的故事的能力，而是讲虚构的故事究竟有什么好处。为什么我们要把它称为超能力呢？如果说智人可以编造童话，而尼安德特人不行，那么这些童话对你在野外生存有什么帮助呢？如果一个精灵从一

盏神灯里冒出来，要赐予你一种超能力，你会选择隐身术还是编造仙女故事的能力呢？

你可能认为相信童话会带来很多问题。比如，如果智人走进森林去寻找只存在于想象中的仙女、独角兽和精灵，而尼安德特人去寻找真实存在的鹿、坚果和蘑菇，那么尼安德特人不是应该活得更好吗？

其实，不管这些虚构的故事有多么荒谬，都是非常有用的，它能促使大规模的人群进行合作。如果成千上万的人相信同一个故事，他们就会遵循同一个规则，也就能保证他们可以高效地合作，即便与陌生人也是如此。多亏了这些虚构的故事，让智人比尼安德特人、黑猩猩或者蚂蚁更擅长合作。

伟大的狮灵

假设一个智人告诉所有人这样一个故事："有一位伟大的狮灵住在云端。如果你服从这位狮灵，那么在你死后，你就能去往灵界，并得到吃不完的香蕉；但如果你违背狮灵，就会有一头大

狮子来把你吃掉！"

　　当然，这个故事根本不是真的。但是，如果有 1000 个人相信，他们就都会开始遵从故事的指示行事。这样一来，即使这 1000 个人互不相识，也很容易进行合作。

　　如果你说："伟大的狮灵希望所有人都单脚站立。"那么这 1000 个人都会只用单脚站立！

　　如果你说："伟大的狮灵想让每个人脑袋上都戴一个空椰子壳。"那么这 1000 个人都会把一个空椰子壳戴在头上（这非常有用，因为这样就很容易分辨出哪些人信奉伟大的狮灵）。

　　如果你告诉他们，伟大的狮灵让大家团结起来，去跟尼安德特人作战，或是建造一座神殿，那么这 1000 个人将站在同一战线上对抗尼安德特人，也会乖乖地建造神殿。

　　如果你说："伟大的狮灵希望每个人都给神殿里的祭司送一根

香蕉。作为回报，每个人死后都能在灵界得到吃不完的香蕉。"那么这1000个人就会给祭司送香蕉，祭司就会有吃不完的香蕉。

这是只有我们智人才能做到的事情。你永远也不可能说服一只黑猩猩给你一根香蕉，即使你承诺他死后能去黑猩猩天堂，并有吃不完的香蕉。没有黑猩猩会相信你——只有智人才会相信这样的故事。这就是为什么我们能统治这个世界，而可怜的黑猩猩却被关在动物园里。

这听起来是不是很奇特？你是不是很难相信虚构故事能操控世界？其实你只需要睁大眼睛，看看你身边的大人都是怎么做的。他们也经常干一些奇怪的事情，不是吗？

狮人

有些人戴着奇奇怪怪的帽子，因为他们坚信伟大的神喜欢这些帽子；有些人不愿意尝试某种美味的食物，因为他们坚信伟大的神不喜欢这种食物；有些人不远万里，去和地球另一端的人们打仗，因为他们坚信伟大的神要求他们这样做；还有些人斥巨资盖起宏伟建筑，因为他们相信伟大的神需要它。

这些人的孩子可能会问："我们为什么必须戴这顶奇怪的帽子？为什么要和世界另一端的人打仗？为什么要建这座建筑？"而这些人则会给孩子讲一些故事来说服他们，这些故事是虚构的，但成年人仍都对此深信不疑。

我们并不能确定智人是什么时候开始编造这些故事的，但那肯定是很久很久以前的事情了，那个时候弗洛勒斯人和尼安德特

人仍然和我们的祖先一起生活在地球上。我们并不知道他们当时到底讲了什么故事，也许是关于伟大的狮灵的故事，这个伟大的狮灵看起来可能就是一个长着狮子脑袋的人类。

在德国的施塔德尔洞穴，考古学家确实发现了一尊狮面人身的雕像，是距今大约 3.2 万年前的智人制作的。地球上从来都没有过这样的生物，所以狮人肯定是在大约 3.2 万年前生活在德国的智人编造出来的。关于狮人的故事，我们很难得知其中的内容，但如果当时成千上万的人都相信这个故事，那么这个故事就能让他们团结在一起。正是这种团结的力量帮他们赶走了原先生活在这里的尼安德特人。

最终，人们不再信仰狮人了。狮人的故事被后世遗忘，雕像也被丢弃。尽管考古学家现在发现了这尊雕像，也没人知道狮人的故事了。现在的人们已经转而相信其他故事了。

成年人
相信的故事

你有没有过这样的经历：在游乐场里遇到一些小朋友，你们互相都不认识，但过不了几分钟你们就能一起踢足球了。那你们是怎么在不认识的情况下一起踢足球的呢？毕竟，足球也是一项相当复杂的运动，包含很多的规则。

可能每个小朋友印象中的足球规则都不一样。其中一个小朋友可能会争辩说，玩儿足球的最终目标是双脚站在足球上而不摔下来，站得最久的那个人就是足球冠军；另一个小朋友可能会把足球藏起来，觉得谁先找到足球，谁就是赢家；还有两个小朋友可能只是拿起足球互相扔来扔去，告诉你这就是他们玩儿足球的方式，并且这场比赛根本就没有赢家。毕竟，不是每场比赛都是为了赢。

假如真如上面所说，每个人都遵循不同的规则，那么你们还怎么一起踢足球呢？

幸运的是，大多数时候你并不会被这个问题困扰，因为大部分小朋友都相信同一个有关足球的故事，遵循同一个踢足球的规则：每个人都默认踢足球

的目标是把球踢进球门；每个人都清楚，除了守门员，其他人都不能用手碰球，只能用脚去踢球；每个人都明白自己不应该用脚去踢另一位球员；每个人都知道足球场有边界，当球越过边界时，意味着足球出界，控球权就归另一队。

但为什么所有的小朋友都接受这个规则呢？这可能是因为他们的父母和老师给他们讲过关于足球的故事；也可能是因为他们亲眼见过自己的哥哥姐姐就是这样踢足球的，或者他们在电视上看到过足球运动员利昂内尔·梅西和梅甘·拉皮诺埃就是这样踢足球的。

成年人同样可以进行非常复杂的游戏，因为他们相信同样的故事，也遵循同样的规则。成年人进行的最有趣的"游戏"之一就是"公司"。这可比踢足球复杂多了。

你听说过这个"游戏"吗？你知道哪些著名的公司吗？比如，你肯定听说过麦当劳，对吧？没错儿，那就是一家公司。可口可乐、百度、新浪微博、迪士尼、丰田、梅赛德斯和福特也都是公司。

如果你家有一辆车，那辆车就是由一家公司制造的；如果你早餐吃麦片，或是吃巧克力甜品，看看外包装，你很可能会看到制作这些食物的公司名称及商标。

也许你家就有人在某家公司工作，你知道是哪家吗？究竟什么是公司呢？它是你能看到、听到、摸到或闻到的事物吗？你可能会这么认为，因为我们常常听到"公司"这个词，还知道一些公司所做的事情。公司能雇用员工，也会解雇员工，有些公司还会污染环境，或者发明一些能拯救世界的东西。你肯定认为公司像黑猩猩和香蕉那样是真实存在的，对吗？但是，再让我们仔细分析一下，就以麦当劳这家公司为例吧，麦当劳究竟是什么呢？

麦当劳指的是很多孩子爱吃的汉堡包和薯条吗？不对。虽然麦当劳制作汉堡包，但麦当劳本身并不是汉堡包。假如哥斯拉出现，吃掉了所有的汉堡包，那么麦当劳这家公司会怎么样呢？什么也不会发生。麦当劳仍然存在，并且会制作更多的汉堡包。

也许麦当劳指的是你吃汉堡包和薯条的餐厅？那也不对。麦当劳公司有成千上万间餐厅，但这并不意味着它就是餐厅。一场大地震可能会摧毁麦当劳旗下的所有餐厅，但并不会摧毁麦当劳这家公司。麦当劳只需建新的餐厅，然后继续制作汉堡包和薯条。

也许麦当劳指的是在餐厅里工作的那些人：经理、厨师、服务员和清洁工？还是不对。假如他们因为厌倦工作或对收入不满

而全部辞职，麦当劳也不会消失。它只需雇用其他人来继续做这些工作。所有的员工都可能发生变化，但麦当劳还是老样子。

那么麦当劳肯定是雇用员工、决定员工工资水平并且给新餐厅选址的那些人，也就是麦当劳的老板。当麦当劳卖出了很多汉堡包大赚一笔时，这些老板就变得富有了。

但是麦当劳的老板一直在变。起初，麦当劳只归一个家族所有。你猜得到他们的姓氏吗？

没错儿，就是麦当劳家族。1940年，理查德·麦当劳和莫里斯·麦当劳兄弟俩开设了第一间餐厅，他们以自己的姓氏给餐厅命名。但理查德和莫里斯在多年前就去世了，而麦当劳公司仍然存在。是因为他们的孩子继承了麦当劳吗？不是的，理查德和莫里斯早在去世之前就已经把公司卖给了别人，之后这家公司又几经转手，由其他人接手。

如今，有数万人共同拥有麦当劳公司。每个人只拥有其中的一小部分，这些小部分被称为"股份"。只要你愿意，你也可以购买麦当劳的股份，每一股需要200多美元。有了股份，你就是麦当劳的老板之一了。

假如你买了很多很多股份，就可能成为麦当劳的大股东之一，那么你就可以决定在你的街区开一间麦当劳餐厅，用芹菜去做一种全新的汉堡包，或者每个月给员工发双倍工资。但这是否意味着现在你就是麦当劳了呢？答案也是否定的。人们一直在买卖麦当劳的股份，

麦当劳公司的所有者也一直在变，但是麦当劳还在那里。所以麦当劳公司并不指那些拥有它的人。

我们还是不知道麦当劳是什么，对吧？如果你想看到、听到、摸到或者闻到它，你该去哪里、该怎么做呢？事实是你不管怎么做都实现不了。你可以去看看那些餐厅，和厨师聊聊天，再闻一闻那些汉堡包，但这都不是麦当劳。麦当劳并不像黑猩猩和香蕉一样是真实存在的，麦当劳是成年人所相信的一个故事，也就是说这个故事只存在于想象中。我们用自己智人的超能力创造了这个故事。

也许我们的祖先曾经相信那位生活在云端的伟大狮灵可以帮助他们采摘香蕉和捕猎大象。同样的道理，现在的成年人相信有一种伟大的"神力"叫作麦当劳，它可以开餐馆、雇用员工并且赚很多钱。

故事有何裨益

为什么人们会虚构一个叫作麦当劳"神力"的故事呢？这是因为在现实中这个故事非常有用。在历史长河中的大部分时间里，只有真实存在的人才可以开餐馆、雇用员工并且赚钱。这也意味着，如果在这个过程中出了什么问题，餐馆老板就要倒大霉了。

比方说，如果你借钱开了一间餐馆，但没有人愿意来光顾，你还不上钱，怎么办？为了还钱，你不得不卖掉你的房子、你的鞋子，甚至你的袜子。最后你甚至可能沦落到露宿街头！此外，假如有人到你的餐馆用餐后便生病了，你就会受到谴责，甚至最

终会坐牢。因此，人们害怕开餐馆，也不敢经营其他生意。何必承担这么大的风险呢？

正因如此，一些富有想象力的人就想出了"公司"这个故事。如果你想开一间餐馆，但是又不想冒失去袜子或者坐牢的风险，就去创建一家公司。这样一来，公司就会帮你做事情并且承担一些风险。

在某些国家，公司从银行借钱，如果还不上这笔钱，没有人可以因此责备你，也没有人能拿走你的房子或者袜子。毕竟，银行是把钱借给了公司，而不是你。如果有人吃了汉堡包然后肚子疼得厉害，没有人能追究你的责任。那汉堡包可不是你做的，而是公司做的。

假如你创建了一家公司，除了开餐馆，它还能帮你去做很多事情。比如小娜的爸爸问："是谁在地板上留下了这些泥脚印？"小娜就可以回答说："不是我，是小娜公司。"这样一来生活就变得容易多了，对吧？这正是成年人所做的事情。每当你指责他们做了一些严重的事情，比如污染环境，他们就会说："这不是我干的，是公司干的。"

如果你觉得这一切令你困惑，也完全正常。像麦当劳这样的公司，背后的故事实在太复杂。就算你让成年人来讲这个故事，大多也是说不清的。只有一些特殊的人才能把关于公司的故事讲清楚，这些特殊的人就是"律师"。

你知道麦当劳公司最初是怎么成立的吗？它不是在理查德和莫里斯煎第一块汉堡包肉饼的时候成立的，不是在他们为第一间餐厅铺第一块砖时成立的，也不是在第一个顾客走进餐厅付给他们一美元时成立的。它是在一名律师举行过一场奇怪的仪式并向大家讲述那个故事的时候成立的，而这个故事正是麦当劳公司的故事。

为了讲好这个故事，这名律师首先穿上特殊的礼袍——我们称之为"律师袍"。这是因为如果你要给别人讲重要的故事，就要看起来很了不起。然后，律师打开了一些看上去很古老的书籍，这些书籍都是用那种只有律师才懂的语言书写的，这种语言就是法律术语（英语中的法律术语和拉丁语很相似，实际上它从拉丁语中借用了很多单词，甚至连法律术语这个词本身也来自拉丁语）。

这名律师翻阅了这些古老的书籍，找到那些成立麦当劳公司所需要的确切词语，然后将它们写在一张漂亮的纸上，以免被遗忘。

随后，律师就拿起了那张纸，大声地把这个故事念给很多人听。

当然，还是没有人能够看到、听到或者闻到麦当劳公司。但尽管如此，所有的成年人都相信麦当劳公司确实存在，因为他们都听到了律师所讲的故事，并且都愿意去相信它。

麦当劳就是这样创立的，其他公司——比如百度、新浪微博、梅赛德斯以及丰田——也都是这样创立的。它们都是成年人愿意相信的故事，而由于每个人都愿意相信这些故事，所以很多人可以在这个基础上进行合作。

一张纸的力量

今天，大约有 20 万人在麦当劳自有餐厅工作，而这个公司一年的净利润高达约 60 亿美元。这可是一大笔钱！员工也非常热衷于麦当劳交给他们的工作，因为公司会把赚到的一些钱发给他们。

那么，麦当劳、百度和其他公司给人们的"钱"是什么呢？大家都想要的钱究竟是什么呢？其实，钱也只是成年人愿意去相信的一个虚构的故事。仔细看看那些钱，也许是 1 美元的纸币，或者是 1 卢比的纸币，又或者是 5 欧元的纸币。钱究竟是什么呢？它看起来只是一张纸而已。你拿着它什么也做不了，你不能吃了这张纸，也不能喝了它，也不能穿着它。

为了理解这个概念，我们需要提到一些更擅长讲故事的人，他们被称为"银行家"和"政治家"，他们甚至比律师更加强大。成年人对银行家和政治家的言论深信不疑，几乎相信他们讲述的所有故事。如果他们讲："这张小纸片值 10 根香蕉。"成年人也都愿意相信。只要每个人都相信这个故事，那么这张小纸片就真的值 10 根香蕉了。你可以拿着这张纸去商店，把它交给一个完全陌生的人，这个陌生人就会给你真正能吃的香蕉。

当然，不仅仅是香蕉，你也可以用这张纸买其他东西。你可以买椰子、书籍或者任何你想要的东西。比如，你可以去麦当劳买一个汉堡包。

这是黑猩猩无法做到的事情。黑猩猩确实会互相投喂食物，比如肉和香蕉。黑猩猩有时甚至会交换"人情"：一只黑猩猩可能会走过

来帮另一只挠挠背，然后作为回报，这只黑猩猩会给第一只抓抓毛里的跳蚤和刺。你帮我挠挠背，我再帮你挠挠背。但是，如果一只黑猩猩给另一只黑猩猩 1 美元纸币，并希望他能给自己一根美味的香蕉作为回报，那么所有的黑猩猩都只会对这个行为感到困惑。黑猩猩可不相信钱，他们当然也不相信公司。

因此，正是虚构的故事促使了成千上万的陌生人能够一起合作。如果没有这个关于足球的故事，你就无法了解比赛的规则，你可以和其他小朋友一起玩儿球，却没法儿一起踢足球。如果没有公司和钱的故事，你就不可能去麦当劳买汉堡包。

一瓶很小却 很强大的油

　　我们能讲虚构的故事，这正是我们的超能力，它让我们能进行大规模合作，但这并不是全部。我们的超能力还让我们改变了合作的方式，并且这种改变往往是非常迅速的。正如我们前面看到的，蚂蚁不会虚构故事也可以进行大规模合作，但他们几乎从来不改变自己的行为。数万年来，所有的蚂蚁都在做同样的事情，比如为蚁后服务。相比之下，人类可以简单地通过改变之前相信的故事，迅速改变自己的行为方式。

　　例如，在许多年里，法国一直由国王统治。因为人们相信，在天上有一位伟大的神，神告诉大家法国必须由国王来统治，而所有法国人都必须按照国王的命令行事。神真的这么说了吗？很可能没有。这只是一个虚构的故事，只要法国人相信这个故事，他们就会服从国王，国王对此非常享受。

　　问题又来了，人们怎么知道谁应该成为国王呢？其实，这也是一个非常奇特的故事，故事是这么说的：当天上这位伟大的神选择了一位勇敢的战士作为法国的第一任国王时，神展示了一个惊人的神迹来向人们展示他的选择。

他派一只鸽子从天上飞下来，这只鸽子带着一个装满某种特殊油脂的小玻璃瓶。有一位大主教向大家展示了这个玻璃瓶，并说它来自天上，人们就有几分相信这件事情了，虽然他们没有真的看到这件事情发生。当他们为新国王加冕时，大主教就会先把这种来自天上的油——圣油涂在国王的额头上。

从那时起，每当一位国王去世，人们将他的儿子加冕为法国的新国王时，都会在他的额头上涂抹一些特殊的油。没有油，就没有国王。从此，这瓶油也被保管在一个安全而且保密的地方。

仅限男孩

"圣油"这个故事有助于说服法国人相信，他们的国王是由天上那位伟大的神派来的。这就是为什么无论何时国王征收粮食，百姓都要上缴很多。即使他们中有人正在忍饥挨饿，国王也可以享受堆积如山的苹果、法棍和奶酪；当国王命令百姓为他建一座宫殿时，百姓也会行动起来，即使他们中有很多还住在小茅屋里，他们也会听从命令并为国王建造巨大的宫殿；而当国王要求百姓去跟别的王国作战时，他们就会抄起宝剑、拿起盾牌去战斗，而他们中很多人会在战争中丧生。

如果有任何一个人不想遵从国王的命令，人们就会说："国王的额头上可是涂过圣油的，我们必须服从他！"

你可能会纳闷儿：小小的玻璃瓶，装不下很多油，那么在加冕过几任新国王之后，圣油便所剩无几了。既然没有油，就没有国王！那么怎么才能获取更多圣油呢？

如果你是国王的儿子，你需要那个玻璃瓶里有油，这样你才能成为新的国王。你会怎么做？你有什么好主意吗？你想出好办法了吗？十有八九，那些法国国王也和你的想法一样。

无论如何，每次人们为新国王加冕时，都会发现那个小玻璃瓶里有足够的油。法国人认为这是另一个奇迹：它证明天上那位伟大的神是真的喜欢这位新国王。

如果将来的某一天，国王的女儿说她想把圣油涂在自己额头上并成为法国的统治者，大家只会嘲笑她。

"你不能统治法兰西！"他们会说，"因为天上那位伟大的神不太喜欢女孩。天上那位伟大的神就是男的，于是他让男孩比女孩更聪明、更勇敢。女孩是不可能统治法兰西的，只有男孩才行。"

因为人们都相信这个故事，他们不可能让女孩成为统治者。实际上，他们不会让女孩做任何事情：女孩不能当船长或者法官，甚至不能上学。

这个圣油的故事极其重要，它有助于决定谁将统治法国，谁将领导数百万人民。在很长一段时间里，法国人民都相信这个故事，所以在 1000 多年的时间里，法国一直由额头上涂油的国王统治着。

但最终，有一些聪明人开始琢磨这个故事。"嘿，这个故事完全是胡说八道，"他们中的一个人提出来，"为什么大家都相信这个故事呢？天上根本就没有一个什么伟大的神说过法国应该

由国王来统治，也没说男孩比女孩强。那些国王和王子只是为了让人们乖乖听话，才编造了这个故事。"

"没错儿，"其他人也表示赞同，"为什么人们会认为统治法国就得在额头上涂油呢？这真是个荒谬的想法！真有人会相信那一小瓶油不会被用完吗？这是不可能的！每当他们要为新国王加冕时，可能会让某个仆人偷偷溜进放油瓶的房间，然后往瓶里面倒普通的色拉油！"

法国人民变得非常愤怒，这么多年来，他们对这种无稽之谈深信不疑，并允许这些被叫作国王的人拿走他们的奶酪，派他们去参加残酷的战争。后来，他们抓住国王，砍掉了国王的脑袋；他们找到了那个油瓶，把它摔得粉碎……天上根本就没有什么伟大的神要下来惩罚他们。历史学家把这次法国人民不再相信国王的事件称为"法国大革命"。

今天的法国不再有国王了。人民选举他们喜欢的人做法国总统（当总统可不必在额头上涂油）。如果几年后人们不喜欢这个总统了，还可以选其他人，任何人都可以成为总统——男孩和女孩都行。

当然，像世界各地的人们一样，法国人仍然相信各种各样虚构的奇怪故事，比如公司的故事。他们也相信有关民族主义和民主等复杂事物的故事，这些我们下次再讲。但有两件重要的事情我们一定得记住：人们需要故事才能合作，他们可以通过改变他们相信的故事去改变合作的方式。这就是为什么我们比蚂蚁强大得多，这是我们的超能力。

一群讲故事的人

　　这就是我们的祖先征服世界的方式：讲虚构的故事。其他动物都不相信虚构的故事，他们只相信自己真正能看到、听到、闻到、摸到和尝到的东西。当黑猩猩看到蛇靠近时，他会认为自己处于危险之中，最好赶快逃跑；当他听到雷声时，他相信暴风雨就要来临，想着很快就可以冲澡了；当他闻到狮子粪便的味道时，他知道狮子一定就在附近了；当他碰到燃烧的树枝时，他知道火是烫的，"哎哟"；当他吃到一根香蕉时，他知道这根香蕉很美味，"嗯，真好吃"。

　　当然，我们智人也能做到这一切，但因为我们相信虚构的故事，所以我们可以做到的更多。例如，在我们的祖先遍布世界的过程中，每当他们遇到尼安德特人、弗洛勒斯人或者一些非常危险的动物，某位受人尊敬的首领可能会给他们讲故事去鼓励他们。首领可能会说："伟大的狮灵希望我们赶走尼安德特人，虽然尼安德特人很强壮，但你们不用害怕他们。即使你真被尼安德特人杀了，对你来说也是一件无上光荣的事情，因为你死后就会飞升到灵界。在那里，伟大的狮灵会欢迎你，并用很多的新鲜草莓和美味的大象肋排招待你。"

　　人们相信这个故事，我们的祖先正是通过合作赶走了尼安德特人。尼安德特人确实非常强壮，但 50 个尼安德特人无法与500 个紧密团结的智人相抗衡。

　　这种对故事的信仰给了我们的曾曾……祖父母强大的力量，他们扩散至全世界，征服了地球上的每一块土地、每一个山谷和

60

每一座岛屿。

　　然而，当我们的祖先征服了新的土地并在那里定居之后，又做了什么呢？数万年前，他们除了要抵抗尼安德特人，还面临很多问题，那么他们的生活又是怎样的呢？他们早上醒来之后做什么呢？他们早餐吃什么，午餐又吃什么？他们有什么兴趣爱好？他们喜欢画画吗？他们穿什么衣服，住什么房子？哥哥们会戏弄妹妹们吗？他们会坠入爱河吗？跟我们相比，他们的生活是更好还是更差呢？

　　接下来，我们将尝试回答诸如此类的问题。我们将解释数万年前的祖先是如何生活的，他们当时的行为又是如何影响我们现在的好恶和信仰的。

61

3

我们的
祖先是
如何生活的？

人们为什么喜欢冰激凌？

数万年前，我们的曾曾……祖父母过着与我们截然不同的生活。正是他们的生活方式，塑造了我们今天的行为方式。假如你夜里害怕有怪物，那就是你的祖先给你留下的记忆。同样地，你在起床、吃早饭，或是和朋友一起玩耍时，也经常遵循着非洲热带稀树草原上的祖先在石器时代时形成的习惯。

你有没有想过：为什么人们喜欢吃对健康有害的东西，比如大量的冰激凌和巧克力蛋糕？而这些不健康的食物为什么又都那么美味呢？

这是因为我们的身体认为自己仍然生活在石器时代，在那个时候，多吃甜食和高脂肪的食物是非常合理的。我们的祖先没有超市，也没有冰箱。如果他们饿了，就要穿过树林、沿着河流寻找食物。他们可从来没有遇到过"结满冰激凌的树"或"流淌着可乐的河"！当时可以找到的甜食只有熟透的果子和蜂蜜，而当他们找到甜甜的果子时，最明智的做法是尽量多吃，直到吃不下为止。

假设在石器时代，一群采集者外出寻找食物，发现一棵无花果树上结满了熟透的无花果。一些采集者只吃了几个无花果，就说："我们要保持身材，吃这几个就够了。"而另一些采集者根本没时间说话，他们不断地往嘴里塞无花果，一直吃、一直吃，吃到肚皮都快被撑破了才停下。第二天，这些采集者又回到这里，但树上已经没有无花果了。因为一群狒狒也找到了这棵树，吃光了剩下的无花果。此时，前一天吃了很多无花果的采集者觉得还有点儿撑得慌，但那些要保持身材的采集者已经饿得前胸贴后背了。

在考古学家发现的众多石器时代的雕像里，有很多是体形丰满的女性。考古学家将一尊特别美丽的雕像命名为"维伦多夫的维纳斯"（这当然不是她的真名，我们并不知道3万年前的人们怎么称呼她）。在维纳斯生活的时代，富含脂肪的身体是健康和成功的标志。当然，石器时代大多数人的体形并不像维纳斯那样丰满，就如同今天大多数人的体形看上去不像广告模特儿一样苗条。但那时候的每个人都知道应该尽可能多吃甜食，这对他们有好处。一个石器时代的家长很可能曾这样责骂他们的孩子："别再嚼那些松软的菜叶子了，快来吃你的甜食！"

我们从石器时代的祖先那里继承了这种爱吃甜食的偏好。我们人体的说明书 DNA 记下了这种喜好，用粗体字写着："**如果你找到甜食，就尽快多吃一些！**"

自维纳斯生活的时代以来，许多事情都发生了变化。如今，大多数人并不需要在热带稀树草原上走好几个小时去寻找食物，而只需要走十来步到厨房，打开冰箱，就能找到吃的了。当我们看到里面有巧克力蛋糕时，我们的反应仍然会像石器时代的采集者发现一棵无花果树时一样。

我们的身体阅读 DNA 上的指令，然后喊道："嘿，我们找到了一些甜食！太棒了，我们赶快多吃点儿吧！快点儿！再等下去，隔壁的狒狒就会来这里把甜食吃光啦！"DNA 上写的这种指令可能已经过时了，可是我们的身体并不知道这一点。我们的身体还不知道我们现在已经生活在乡村和城市里了，以为我们还生活在野外的热带稀树草原上。我们的身体也不知道我们现在有冰箱和巧克力蛋糕了，更不知道如今狒狒已经威胁不到我们了。

于是我们吃掉整个巧克力蛋糕，第二天去超市还会再买一个。当我们再次打开冰箱门的时候，我们的身体简直不敢相信自己能有如此好运，于是大喊："难以置信！是甜食！赶紧把它吃掉！"无论我们打开冰箱发现甜食这件事发生多少次，我们的身体都很难学会面对这样的现实，它每次都有一样的反应，如同我们的祖先第一次在热带稀树草原上发现无花果树一样。我们很难提醒自己的身体：现在已经不是石器时代了，那些在我们曾曾……祖父母时期看起来特别合理的事情，如今已经不再合理了。

也就是说，我们如果知道了曾曾……祖父母是如何生活的，就可以解释自己今天的行为了，所以了解我们曾曾……祖父母的生活方式很重要。

年轻的考古学家

遗憾的是，我们对祖先的生活方式仍知之甚少。我们知道他们有时可以大规模合作——与尼安德特人、狮子和熊相比，这是他们的最大优势。但这是否意味着他们总是生活在大的群体里呢？比如500个人同住在一个非常大的洞穴里？还是这500人以小家庭为单位分别住在单独的小洞穴里，只有当重要事情发生时大家才聚集在一起？

他们究竟是不是住在洞穴里？

他们到底有没有家庭这个概念？

关于这些问题，让我们先从洞穴讲起吧。大多数人认为我们石器时代的祖先是生活在洞穴里的。这是因为他们遗留下来的石器、骨头和岩画之类的东西，大都是在洞穴里被发现的，比如考古学家就在法国拉斯科洞穴里发现了一幅约在1.7万年前我们的祖先画的野马岩画。

拉斯科洞穴并不是由专业的考古学家发现的，而是4个法国青少年在树林里偶遇到的，他们散步时看到路边有个洞口，就决定去一探究竟。一开始，他们朝着洞里扔石子儿，想探探这个洞有多深——他们很快意识到，这是一个很深的洞穴；然后，他们开始往洞里爬，穿过一条布满湿润黏土的陡峭隧道，进入了黑暗和未知之地。他们非常勇敢！他们的勇敢得到了回报，因为他们发现了一个大的洞穴，里面的岩壁上有上百幅画。这是20世纪最伟大的考古发现之一。

事实上，这并不是青少年儿童第一次有如此惊人的发现。在

此次发现的 60 多年前，一位名叫马塞利诺·桑斯·德·桑图奥拉的考古学家带着他 8 岁的女儿玛丽亚·贾斯蒂娜到西班牙的阿尔塔米拉洞穴探险。马塞利诺一直忙着在洞穴底部探查，仔细地研究着地上的每一块突起，寻找远古时期的骨头和石器。玛丽亚觉得这很无聊，就开始抬头看洞穴的岩壁和顶部，突然她喊道："看，爸爸，是公牛！"马塞利诺抬头一看，发现洞穴里有很多野牛和其他动物的精美图画。

虽然我们在洞穴里发现了许多古人类留下的东西，但是这并不意味着他们就住在洞穴里。实际上，他们很少住在洞穴里，而是大多生活在野外，住在用树枝和动物皮毛搭建的木屋或者帐篷里。

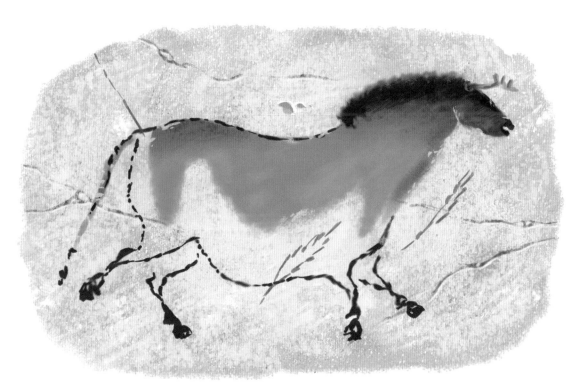

金窝银窝不如自家的草窝

在以色列加利利海沿岸的奥哈罗，考古学家发现了一片典型的古人类营地，2.3万年前曾有人聚居在这里。这里有6间用树枝和稻草搭建的小屋，建造这些小屋很可能只需要几个小时，每间屋外还有火堆的痕迹。考古学家还发现了各种石器、一些骨头，甚至还有一个堆积食物残渣的垃圾场。从这个垃圾场中，我们能知道奥哈罗人吃了些什么：爬行动物、鸟类、瞪羚、鹿、8种不同的鱼、许多不同的果子和蔬菜，以及野生小麦、野生大麦和野生杏仁等其他植物的种子。

人们在这些小屋居住了一段时间，但后来小屋被烧毁了。这也许是一场意外，也许是人们受够了奥哈罗这个地方，于是决定搬走。十分幸运的是，在他们离开后不久，这片区域被洪水淹没，覆盖上了一层厚厚的黏土。当黏土变硬之后，这个营地原先的样子就被原封不动地保存了下来。正因如此，才让这么多年后的我们有机会知道奥哈罗遗址原先的模样，还知道当时人们留下的垃圾堆里都有什么。

当时，全世界可能有成千上万个像奥哈罗这样的营地，大多数古人类都生活在里面。但是现在这些营地几乎全都消失得无影无踪：用来建造小屋的木头被风雨摧毁，垃圾被蚂蚁或者豺狼吃光。我们现在能发现的古人类遗存都是罕见珍品，它们大多是因深埋在洞穴中才能免受豺狼和暴风雨的袭击。

其实，我们发现当时的人们确实偶尔会造访洞穴，但他们并不是一直居住在里面，也就是说他们不是穴居人。

想象一下，在遥远的未来，一颗来自外太空的小行星撞击地球，摧毁了所有地面上的建筑，住房、学校、工厂和博物馆等无一幸免，只剩深深的地铁隧道被留存在地下。而人类遗留的艺术品就只有地铁站墙上的涂鸦、地图和广告。如果未来某一天，超级聪明的老鼠统治世界，那么老鼠考古学家会如何看待我们呢？他们会叫我们"隧道人"吗？

石器时代的家庭

　　现在，让我们来考虑一下家庭。在维伦多夫的维纳斯和奥哈罗人生活的时代，家庭是什么样的？奥哈罗人的每间小屋代表一个家庭吗？"家庭"一词又意味着什么呢？是指一个男人和一个女人一辈子住在一起，只抚养属于他们自己的孩子吗？

　　事实上，我们没有准确的答案。许多人认为，人类总是生活在一个由母亲、父亲和他们的孩子组成的家庭中，但这可不一定。今天，世界上有各种各样的家庭——看看你班上同学的家庭就知道了。每个人都和自己的父母生活在一起吗？这也不一定。

　　当今社会，有些人一生只有一个伴侣，有些人一直保持单身，也有一些其他情况。对于结婚对象，不同的国家也有不同的法律规定。任何两个人都可以结婚吗？沙特阿拉伯的法律是一种规定，而美国的法律又是一种规定。

　　有些人只有一个孩子，有些人有几个孩子，还有些人没有孩子但也过得很幸福。有些孩子是由单身母亲、单身父亲或祖父母抚养大的，有些孩子是被收养的，还有些孩子甚至有两个父亲或两个母亲。有些孩子的父母离婚后又找到新的伴侣，所以这些孩子可以有一个母亲和一个父亲，还有一个继父和一个继母。有些家庭是姑姑、叔叔、堂兄弟姐妹和祖父母等几十口人住在一起的，在这样的家庭里，你可能会和你的堂兄弟姐妹而不是亲兄弟姐妹共用一间卧室，你的叔叔或者祖母可能会代替你的父母每天为你做早餐。家庭的组成方式有这么多种选择！

　　我们人类的"表亲"——猿类也有不同的生活方式。长臂猿

通常成对生活：当一只雄性长臂猿和一只雌性长臂猿结成一对后，他们往往会在一起生活很多年。他们一起生活在属于自己的森林小领地内，共同养育自己的孩子。

　　而大猩猩就不一样，一只雄性大猩猩通常是和若干只雌性大猩猩以及他们的孩子生活在一起。这些孩子可能有不同的母亲，但一定有同一个父亲。

　　红毛猩猩则选择独处，他们喜欢静静地独自坐着，也许只是坐在树上看日落。小红毛猩猩几乎都是由单身母亲抚养长大的，没有父亲的陪伴。当红毛猩猩长大后，他们就会搬出去独自生活。红毛猩猩并不会为离别感到难过，因为这正是他们喜欢的生活方式！

　　黑猩猩的生活方式与红毛猩猩完全相反：他们生活在由许多雄性和雌性组成的大社群中，闹哄哄的。黑猩猩也与长臂猿不同，他们没有永久伴侣。年幼的黑猩猩和母亲很亲密，但通常连自己

的父亲是谁都不知道——事实上，他们无法理解"父亲"这个词意味着什么。而不同的黑猩猩也有一些不同的习惯。普通黑猩猩常常是许多雄性一起活动，其中最强壮的雄性是整个群体的领袖；但对另一种黑猩猩——倭黑猩猩来说，通常是雌性之间有非常牢固的友谊，她们相互帮助抚养孩子，并指挥成年雄性做事。倭黑猩猩女孩从不梦想嫁给"王子"，而是通常更愿意和一个酷酷的倭黑猩猩女朋友一起生活。

猿类的家庭有许多种不同的组成方式，今天的人类也是如此。然而，在石器时代的人类，如奥哈罗人，他们的家庭是什么样的呢？——当我们看着奥哈罗遗址中的小屋遗迹时，我们会想象出不同的场景。

可能每间小屋里都住着一个由父亲、母亲和他们的孩子组成的家庭。也许每个家庭都自己建造小屋，自己准备食物，晚上一家人睡在一起。白天，邻居可能会路过拜访，但是到了晚上，邻居还是会回到自己的小屋。如果两个人坠入爱河并决定开始一起生活，他们可能会举行一个盛大的结婚仪式，让每个人都知道，并且为自己建造一间全新的小屋。那时的家庭可能就是这样吧。

也可能每间小屋的组成都有点儿不同。一个男人、一个女人和他们的三个孩子可能住在第一间小屋里。在它附近的小屋里，可能住着一个女人、她的两个孩子，以及她现在的男友和男友的两个孩子。而在 3 号小屋里，可能住着一个女人和她的一个孩子。在 4 号小屋里，可能住着两个女人和她们的三个孩子。在 5 号小屋里，可能是三个没有孩子的老人住在一起。而在 6 号小屋里，则是一个男人独居。

还可能是另一种完全不同的情况。这里并没有一个个的小家庭，人们共同生活在"公社"里。当公社来到一个新的地点并将其建造为营地时，每个人都会参与工作，一起建造几间小屋、搭几顶帐篷，他们可以在自己想待的地方睡觉和吃饭。也许第一天晚上你睡在某间小屋里，由于那里有个人打鼾很响，第二天晚上你就会搬到另一间小屋去睡觉。

当一个人真心喜欢公社里的某个人时，可以直接把床搬到他住的小屋里，仅此而已。没有必要去邀请那些无聊的亲戚来参加一个盛大的婚礼，也没有必要费力建造一个全新的小屋并配置大量的物品。当一个人不再喜欢现在的伴侣时，不必雇用昂贵的离婚律师（他们会为谁应该得到小屋和里面所有的东西而据理力争，然后告诉这个人该在哪些重要文件的哪些位置签字），这个人只需要把自己的床挪走就好了——事实上，可能根本不用挪床，因为那时候人们都睡在地上！

如果人们真的生活在这样一个公社里，谁来照顾孩子呢？孩子显然知道他们的母亲是谁，毕竟是母亲生下了他们，并照顾了他们很多年。目前仍然不清楚石器时代的孩子是否都知道他们的父亲是谁。也许所有的男人都参与了孩子的养育，为孩子带来食物，保护他们免受狮子的袭击，并教他们如何爬树和制作石刀；

也许孩子跟公社里的几个大人有亲密的关系，而没有人觉得有必要确切地定义谁是父亲、谁是叔叔，或谁是没有血缘关系的邻居。这与我们的"表亲"——黑猩猩的生活方式类似，他们通常也生活在一种类似于公社的群体之中。

这几种猜测，可能是对的，也可能是不对的。想象出不同的可能性是很容易的，但科学家是需要区分想象和事实的。你不能仅凭想象就说事情真的发生了，你需要提供切实的证据。证据是真实存在的东西，是看得见摸得着的东西，甚至是可以品尝的东西。就像丹尼索瓦洞穴里出土的小女孩的指骨，你可以看到它，也可以触摸它。如果你执意要做的话，甚至可以把它放进嘴里舔一舔——尝起来可能是一种令人作呕的陈年骨头的味道。

石器时代的自拍

关于石器时代家庭的真实面貌是如何的，我们现在掌握了哪些实质性的证据呢？想想你自己的家庭，再想象一下，如果数千年后，一些老鼠考古学家在试图了解你的生活时，又会如何解读你的家庭呢？

这些老鼠考古学家可以通过翻看你的家庭相册，知道你家有哪些家庭成员，你住在哪里，又曾去过哪里度假。按照这个想法，我们如果能找到石器时代的一些家庭相册，是不是就能帮我们了解他们了呢？但很遗憾，当时并没有相机，更没有相册。庆幸的是，我们确实找到了一些那个时期的洞穴岩画，比如拉斯科洞穴和阿尔塔米拉洞穴里的岩画,只可惜这些岩画大多是关于动物的，并没有描绘那个时期人类家庭的画。是不是挺有趣的呢？在你翻看某个人的相册时，看到的照片全是马、狮子和大象，却没有一张他或他家人的照片。这又意味着什么呢？

或许这些石器时代的画是在告诉我们，那时的家庭并没有那么重要。

或许石器时代的人只是在遥远洞穴里的岩壁上画动物，而在木板上画自己的家人，这样就便于他们将画随身携带，并挂在小屋的门口。这些画着家人的木板非常重要，所以他们不能让这些木板离自己太远。可惜，即使真的有这样的木板，也早就消失了，保留下来的只有关于动物的岩画。

又或许石器时代的人认为，画了什么，就可以控制什么。于是大家都想画自己打到的猎物，从来没有人想过要画自己。

我们现在真的不知道这是为什么，也许还会有其他解释。你能想到一些别的原因吗？

我们已经发现的东西里与"石器时代家庭照片"最为接近的，就是留在岩石和洞穴岩壁上的古人类手印。在没有喷漆的情况下，人们是如何在岩石上留下手印的呢？我们发现了一条重要的线索，就是这些手印大多数是左手，而不是右手。你能想出这是为什么吗？

大多数人在使用工具时都更愿意使用右手。留下这些手印的古人类似乎用到了很复杂的喷管，他们可能是这样留下手印的：

1.他们碾碎了一些五颜六色的石头，并将这些石头的粉末与水混合，制成液体颜料。

2.把颜料倒入一根由稻草、木头或者骨头制成的空心管中。

3.将左手贴在岩壁上，同时用右手小心地举起这根装有颜料的管子。

4.将这根管子的一端对准左手，然后从另一端吹气。

5."噗！"这些颜料就被喷溅到他们的左手和周围的岩壁上了。

当把左手拿开时，他们就在岩壁上留下了一个手印。如果有人替你朝你的手上喷颜料，操作起来可能更容易一些，但古人类显然更喜欢自己做手印。可以这样说，这是历史上人类第一次进行"自拍"！

考古学家发现，在某些岩石上只有一个手印，另外一些地方有许多手印聚在一起。也许每个手印都是由不同的人留下的，而这些人都属于同一个游群。这也许就是石器时代集体自拍的一种方式——游群中的每个人都在某些特别的节庆期间来到这块岩石旁边，并在那里留下他们的手印。你可以在自己的生日派对上尝试制作一张这样的石器时代自拍照，也许将来会被一些老鼠考古学家发现！

现在的问题是，我们不知道这些留下岩石自拍照的古人类之间是什么关系。他们是亲兄弟姐妹吗？或者是表亲？又或者他们只是来这里为共同的朋友庆祝生日的人。

沙滩上的脚印

　　还有什么其他证据可以帮助我们了解石器时代的家庭呢？如果未来的老鼠考古学家试图了解你的家庭，可以看看你家的汽车或者自行车。如果你邻居家有一辆只能容纳两个人的敞篷车，而你家虽然没有汽车却有四辆自行车，那么某些天才的老鼠考古学家可能会得出这样的结论：你家有四口人，而你的邻居家有两口人。然而，石器时代没有汽车或者自行车，人们去哪儿都是靠步行。

　　我们发现了一些石器时代的脚印。这听起来是不是令人难以置信？一般来说，如果你在沙滩上留下脚印，过几分钟它就消失了。但在法国大西洋海岸的勒罗泽尔，考古学家发现了至少 257 个脚印，这些脚印是 8 万年前的一群人留下的。走运的是，这些沙子很快变硬，成了石头，这就是为什么我们今天可以看到这些脚印。

留下这些脚印的并不是智人，而是尼安德特人。考古学家通过对每个脚印的仔细检查，认为这些脚印是由大约 12 名尼安德特人留下的，其中大多数是儿童和青少年，还有一个是蹒跚学步的幼儿。这为我们提供了一条有关尼安德特人家庭的线索，或者至少是有关这个尼安德特人游群的线索：他们并不像红毛猩猩那样喜欢独居，也不像长臂猿那样结成小家庭。但有关这群 8 万年前在那片沙滩上行走过的十几个尼安德特人，我们只知道这些信息。他们的父亲是同一个人吗？他们都住在一起吗？或许他们只是一群没有血缘关系的朋友，每年都会相聚在海边庆祝新年？我们并不能确定。

我们还需要更多的证据。试想未来的老鼠考古学家如果去研究你家里的物件，这能让他们发现很多与你的生活方式有关的信息。例如，你家里有几把椅子、几张床和几台电脑……但是生活在石器时代的人们并没有很多物件。确切地说，关于我们的祖先，又有一件可以确定的事：不管他们的家庭组成方式是怎样的，他们会尽量不在生活中用任何物件。

如今的一个普通家庭长年积攒下来的东西会有几百万件。想想你所拥有的东西，不仅有椅子和电脑之类的大件，还有每天会用到的塑料袋、麦片包装盒、糖纸和卫生纸等小件。当你吃饭时，你会用到筷子、盘子和玻璃杯；当你玩游戏时，你会拿出球、纸牌或游戏机。我们通常不会注意到自己有多少东西，除非我们准备搬家，这时我们会突然意识到自己需要大量的箱子来打包物品。

有的人甚至不得不雇一辆大货车和几个强壮的工人来帮忙搬家。

　　石器时代的祖先经常搬家，他们很少长期待在一个地方。那个时候，他们没有卡车、没有货车，甚至没有马，必须把所有的家当都背在自己身上。他们并没有囤积很多东西。那时候，他们用手吃饭，用不着盘子、杯子、筷子或勺子这些东西。如果需要切割食物，他们能很快把一块石头磨成一把刀来使用。

　　除了石刀以外，古人类肯定还拥有其他东西。他们有用动物的皮、毛甚至羽毛制成的衣服，还有木制的长矛和棍棒。他们有时会用树枝和稻草搭建小屋。但很遗憾，这些东西几乎都在很久以前就腐烂、消失了。没有腐烂的物品极少，只有骨头、牙齿和石头。尤其是石头，完全不会腐烂，保存的时间可以达数百万年。

石头的**世界？**

　　我们得到的有关石器时代的证据几乎全是用石头制成的，这也是为什么我们称之为"石器时代"。实际上，这是一个很容易误导人的命名：听起来好像那个时代的所有东西都是用石头做的！其实，我们石器时代的祖先并没有石床、石帽和石鞋，只是当时由其他材料制成的大部分物品时至今日早已腐烂，仅保留了石头做的物品罢了。因此，我们很难确切地知道我们的曾曾……祖父母在石器时代是如何生活的。

　　令人感到欣慰的是，我们可以通过另一种方式了解我们的祖先是如何生活的：不是通过研究那些远古时期的石头，而是通过观察现在活着的人。世界上有几个地方的人仍然像我们的祖先一样生活。如果我们能去当地拜访他们，将会获得很多线索。

　　一般来说，人可以分为三类：种植食物的人、购买食物的人、狩猎和采集食物的人。种植食物的人是农民，他们可能会种植小麦，用小麦做面包；他们可能会种植苹果树，这样就能有苹果吃；他们还可能会养鸡，这样便有鸡蛋吃，有时也可以把鸡吃掉。

　　今天的大多数人都属于第二类：他们不自己种植食物，而是购买食物。当他们饿了，他们就去市场买面包、苹果和鸡蛋，或者掏出智能手机点一份比萨外卖。

　　我们石器时代的祖先属于第三类：他们不种植或购买食物，而是狩猎和采集食物。所有动物都是这样的。长颈鹿不种树，而是直接以热带稀树草原上自然生长的树木为食；狮子不会去超市

买长颈鹿的肋排吃，而是自己在野外直接捕食长颈鹿……同样地，我们的祖先也是通过采集野生植物和捕猎野生动物来获取食物的，这就是为什么我们的祖先通常被称为"狩猎采集者"。又因为他们经常在野外采集食物，所以也可以简称为"采集者"。

今天，世界各地仍有一些人在狩猎和采集食物。他们不住在房子里，不生活在城市里，也不在工厂或办公室里工作。他们大多生活在偏远的丛林和沙漠中。科学家可以拜访这些人，看看他们是如何生活的，并且通过研究他们的生活方式，尝试推测我们的祖先在几万年前是怎样生活的。

当然，今天的采集者与石器时代的采集者不同，即使是生活在最偏远的沙漠和丛林中的采集者也是现代世界的一部分，而不属于石器时代。如果你看到一个采集者的孩子张开双臂，发出飞机发动机的声音，并绕着圈子跑，这并不意味着石器时代的人就有飞机，而只是意味着现代采集者肯定见过飞机从上空飞过。尽管如此，观察现代采集者还是为我们了解石器时代采集者的生活方式提供了更多线索。

死后会发生什么？

那么，我们利用考古的证据和对现代采集者的观察，能获知哪些与石器时代人类生活方式相关的信息呢？

要弄清楚这个问题，首先需要明白：生活方式不止一种，而是有很多种，就是说并不是每个人都会做同样的事情。世界上有数千个不同的部落，每个部落都有不同的语言、不同的文化、不

同的家庭和不同的生活方式。

导致这些差异的原因之一是人们生活在各种各样的环境中，他们必须去适应各种各样的地理条件与气候。比如住在河边的人能吃到很多鱼并且知道如何去造船，而那些住在高山上的人甚至不知道如何游泳；生活在热带森林里的人几乎全身赤裸，而生活在北极的人则穿着厚重的皮毛大衣。

即使是比邻而居的各部落，其生活方式也可能各不相同，因为他们所讲述的有关世界的故事是不同的。记住，相对于其他动物，智人最大的优势是会讲虚构的故事。虽然在同一个蜂巢中的蜜蜂的行为或多或少是一致的，但在同一环境下的每个人类部落却有着不一样的生活方式，因为每个部落都相信不同的故事。

例如，第一个部落可能会相信，人死后会转世为新生的婴儿或动物；第二个部落也许相信，人死后会变成鬼魂；第三个部落可能会认为这两种理论都很荒谬，他们觉得人死了就是死了，这个人从此消失了。

也许在某个部落里，人们一起生活在一个大的群体里；但在其附近的一个部落里，人们以小家庭为单位生活。也许在一个部落里，一个男人只允许有一个妻子；在另一个部落里，一个男人最多可以娶三个妻子；在第三个部落里，人们可以与任何一个喜欢的人结婚；在第四个部落里，人们甚至没有婚姻的概念，他们认为，如果你喜欢某个人，你们两个就直接住在一起，这没什么大不了。

另外，不同的部落在艺术表现和交流方式等方面也有所不同。某个部落可能会在洞穴的岩壁上绘制美丽的画，而邻近的一个部落根本不画画，而是花很多时间跳舞和唱歌。也许某个部落比较好战，部落中的人总是在打架；但另一个部落可能热爱和平，住在这里的人对其他人都很友好。

我们的祖先对待尼安德特人以及其他种人类的态度也可能有所不同。也许在某个部落里，孩子们被教导要害怕或憎恨尼安德特人，并被告知："如果你在森林里遇到一个尼安德特小朋友，就赶紧逃跑！"也许在第二个部落里，他们与邻近的尼安德特人关系很好，只要你愿意，就可以和尼安德特人的孩子一起玩。第三个部落的人甚至可以与尼安德特人结婚，没有人会认为这有什么不对。

虽然每个采集者部落都以自己独特的方式去看待世界和面对生活，但世界各地的人们仍然有一些共同的特点。这就是，不论是哪里的人，都可以进行大规模合作。

像奥哈罗这样的小型营地生活着只有 20 ~ 40 人的游群，这个游群可能归属于一个较大的部落。这个部落由好几个游群组成，总人数可能有数百人。部落里的每个人都说同样的语言，相信同样的故事，也遵循同样的规则。这样的部落与现代的国家截然不同：它没有政府，没有军队，也没有警察。但对于一个游群来说，隶属于一个大部落有很多好处。

250 颗狐狸牙

比如说，住在山里的游群很擅长用质地优良的石头来制作锋利的刀，并且愿意跟生活在湖边的奥哈罗游群分享这些工具。作

为回报，奥哈罗人可以为山里的人提供贝壳和鱼。如果一位奥哈罗妇女发明了一种新的渔网制作方法，她也可以向湖边其他游群的人展示做法。如果某一年，湖里的鱼都生病死了，那么所有生活在湖边的游群可以暂时投奔住在山里的游群；如果某一年发生了干旱，所有的山泉都干涸了，住在山里的游群也可以搬到湖边生活。也就是说，假如不同游群都归属于一个大的部落，就意味着这些游群的人能共享更锋利的石刀、更优质的渔网，在困难时期也有更多的食物来源。

你可能会好奇我们是如何知道部落确实存在过的。我们有证据表明散布在广阔区域的数百人可以相互合作吗？还真有。考古学家在发掘一些距离大海数百千米的石器时代遗址时，经常会发现贝壳。这些贝壳是如何到那里的呢？很有可能是居住在内陆的游群从居住在海边的游群那里得到了这些贝壳。

另外，考古学家在俄罗斯一个叫作松希尔的地方发现了 3.4 万年前的墓葬群。有些墓葬中只有人类骸骨，

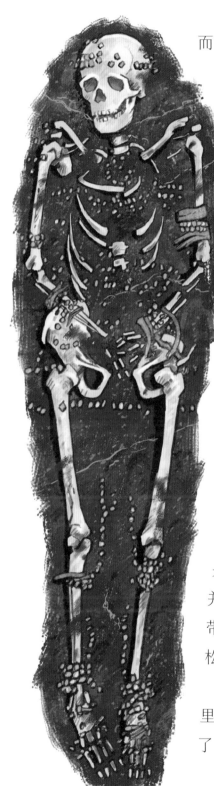

而在其中一个墓葬里，考古学家却发现了一具40岁左右男子的骨骼上覆盖着约3000颗由猛犸象的象牙制成的珠子（猛犸象是石器时代主要生活在北亚、欧洲和美洲的一种象，体形巨大，长有长毛）。这名男子手腕上有25个象牙手镯，头上还戴着一顶装饰着狐狸牙的帽子，这顶狐牙帽没有被完整地保存下来，只剩下了上面的狐狸牙，可能是用皮毛做的。

后来，考古学家发现了一个更有意思的墓葬，里面有几件漂亮的艺术品和两个男孩的骸骨。这两个男孩被头对头地埋葬，其中一个男孩约9岁，另一个约12岁。两人手腕上都戴着很多象牙手镯，身上都有象牙珠子，年纪较小的男孩身上有大约5400颗象牙珠子，年纪较大的男孩身上大约有5000颗。另外，年纪较大的男孩也戴着一顶狐牙帽，并且佩戴了一条装饰有250颗狐狸牙的腰带。我们由此推测，狐狸牙在石器时代的松希尔是非常时尚的饰品！

如何解释这一切呢？为什么有些墓葬里有这么多珍贵的物品，而其他墓葬里除了骸骨，什么也没有？最简单的解释是，这位 40 岁左右的男子可能是重要的部落首领，这两个男孩也许是他的儿子或孙子，他们死后被以一种特殊的方式埋葬。科学家一直以来也是这样推测的。然而，当科学家最终成功提取了这三具骸骨的 DNA 后，惊奇地发现这两个男孩并不是亲兄弟，甚至不是堂亲或表亲，这位成年男子也不是他们的父亲或祖父。

或许还有另一种解释。这个部落相信一个奇怪的故事，部落里的人们献祭了一个成人和两个孩子来取悦天上的神灵。也许他们相信，如果把这三个人献给神灵，那么神灵就会送来很多猛犸象供他们狩猎。我们并不确定是否有这样的故事，但有一件事是明确的：必须得有数百人共同努力，才能制作出墓葬中陪葬这三具骸骨的珍贵物品。

让我们仔细看看年纪较大的男孩佩戴的那条腰带。它是用 250 颗狐狸牙做成的，但并不是任何一颗牙齿都可以被装饰到腰带上，还必须是又长又尖的犬齿。一只狐狸只有 4 颗犬齿，如果有的狐狸不小心弄掉了一两颗，那么犬齿就会更少。现在计算一下，需要猎杀多少只狐狸才能制作这样一条腰带？答案是个不小的数字：要想得到 250 颗犬齿，需要猎杀至少 63 只狐狸。这是一项非常繁重的工作！狐狸是非常聪明的动物，单单捕猎一只狐狸可能就需要一两天的时间。

也就是说，要得到这么多牙齿就需要两个多月的时间。

至于那些象牙珠子呢？为了制作它们，首先需要猎杀一头猛犸象，这比猎杀狐狸更困难。一头猛犸象可以长到 4 米高、12 吨重——相当于一辆大客车的质量。一个人不可能单枪匹马去猎杀猛犸象，而是需要一群人合作完成这项工作。

猎杀了猛犸象之后，还需要切割象牙，将其制成珠子。一个熟练的技师大约需要 45 分钟才能制作一颗象牙珠子。而这个 9 岁男孩身上有大约 5400 颗这样的珠子，大一点儿的男孩身上有大约 5000 颗珠子，而成年男子身上有 3000 颗珠子。要制作这么多颗象牙珠子，需要努力工作约 1 万小时。如果一个技师每天工作 6 小时，即使一天也不休息，也得花大概 4 年半的时间才能制作完成这些珠子。

要制作出松希尔墓葬里的所有东西，只依靠十几二十人的力量是不太可能的，这也许是上百人的工作成果。松希尔墓葬表明：在 3 万年前，至少有些人已经生活在大型部落里。

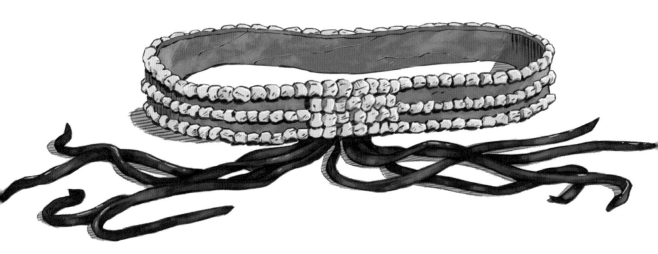

游群生活

　　这样看来，那时候的人们确实都归属于大型部落，不过整个部落的人们并不是一直生活在一起。这么大一群人想要找到足够的食物非常困难，部落里的人们应该会分成小的游群去不同的地方寻找食物。也就是说，每个部落都由几个较小的游群组成，某个游群可能有 100 人，而另一个可能只有 10 人。

　　人们可能大部分时间只在自己的游群中生活，四处寻找食物。同一个部落的各个游群只有在特殊的时刻才会聚在一起。比如，如果部落中一位重要人物去世，每个人都要来参加葬礼；当他们狩猎大型动物、对抗强大的敌人或庆祝重大节日，也可能会聚在一起。但是，绝大多数人好几个月都不会见到自己游群以外的人。

　　同一游群里的人彼此熟悉。你总是与家人和朋友待在一起，大部分的事情都是你们一起做的。你们一起去森林里寻找食物，一起做饭，一起吃饭，一起在篝火旁讲故事。有些人觉得这样很棒，有些人则相反，受不了缺乏私人空间，也受不了一天到晚见到同一拨人。不过，当你厌倦了这个游群，你可以搬去另一个游群。现代狩猎采集部落仍是这样的生活方式。如果你在参加部落的节庆活动时，与其他游群的人成为了好朋友，那么他们可以来你的游群生活，你也可以去他们的游群生活。

在游群中，没有位高权重的领导命令大家做事。当需要做出某些决定——比如该走哪条路或者该在哪里安营扎寨的时候，每个人都可以畅所欲言。如果某个"大人物"开始欺凌其他人，并且吩咐游群里的人为他制作很多很多狐牙帽，那么大家可以直接走开，孤立这个欺凌者。今天，当某个人成为这个国家的独裁者时，普通人很难离开这个国家；但在石器时代，人们通常"用脚投票"（这是一种委婉的说法，表示当你不喜欢某样东西时，你可以直接离开）。

伟大的采集者

通过考古证据和对现代狩猎采集部落的观察，我们还能了解到哪些石器时代采集者的生活方式呢？现在的采集者不会一直生活在同一个地方，同样地，石器时代的采集者也可能不断迁徙，四处寻找食物。当河里的鱼适合捕捞时，他们就搬到靠近河岸的地方捕鱼；在无花果成熟的季节，他们就去森林里采集无花果。他们通常是在某个特定区域内来回穿梭，这个区域就是他们的"家"。这里的"家"不是指一个用石头堆砌的建筑或一个村庄，而是指一片广阔的地区，其中有山脉、森林以及河流。

现在想一想，从你家的一端到另一端需要多长时间？对大多数人来说，应该不到一分钟。即使你住在一座巨大的宫殿里，也不会超过 5 分钟。但对于我们石器时代的祖先来说，从家的一端走到另一端需要大约一周的时间。

有些游群会因为某个地方有充足的食物，而在那里住上几个月甚至一整年。这种情况通常发生在鱼和牡蛎资源丰富的湖泊、河流和海洋附近，周围也会有很多鸟类。久而久之，人们甚至可能会在那里定居，建起一个永久性的村庄。

如果游群的食物不足以让每个人都吃饱，他们就会分开。一些人留在原来的家里，另一些人会离开，一直走，直到找到新的家园。有时甚至整个游群都会放弃现有的家园领地，这有可能是因为自然灾害，例如长期干旱、河水干涸、树木枯死，他们没有吃的了，只能走很远的路去寻找食物。我们的祖先就是这样逐渐扩散到世界各地的。

采集是一种非常有趣的生活方式，人们每天都会做不同的事情。人们能采集各种各样的植物，能捕捉各种美味的蠕虫和昆虫，还能收集石头、木头和竹子来制作工具、建造小屋。他们偶尔会捕猎猛犸象和野牛等大型动物，这是一件既困难又危险的事情，通常需要很多人一起协作完成，所以这些猎物往往会被保存起来，只在特殊场合才会享用。除此之外，即使是几个孩子，在森林里翻找一个小时也总能找到一些野生胡萝卜或洋葱。他们还可以爬树从鸟窝里偷鸟蛋，或者砍下竹子做钓竿。

大多数时候，我们的祖先是采集者，而不是狩猎者。他们采集的不仅有食物、石头和木头，还有"知识"。他们虽然不去学校上学，也不读书，但一直在学习。如果不学习各种知识，他们就无法生存。

采集者首先需要对自己的家园了如指掌。他们如果不知道在哪里可以找到水源，就会口渴；如果不知道去哪里寻找食物，就会饿肚子；如果摸不清如何在黑暗的森林里行走，就可能会摔跤，甚至摔断腿。采集者一次又一次地穿越同一片森林、翻越同一座山，最终熟悉了每一条小溪、每一棵树和每一块岩石——这些东西就像他们的老朋友一样。对现在的你来说，即使在半夜，你也可以找到家里的浴室、冰箱和放餐具的抽屉，不是吗？对采集者来说，即使在黑暗中，他们也可以找到清凉的小溪、高大的核桃树和富含坚韧燧石的山。

采集者也需要了解周围的动物和植物。他们需要知道蘑菇喜欢生长在哪里，还需要分辨出哪些蘑菇是好吃的，哪些是有毒的，哪些是能治疗疾病的；需要知道鸟在什么季节下蛋，以及每种鸟喜欢在哪里筑巢；需要知道熊经常在哪里出没，以及如果碰上一只大熊追他们，他们应该怎么逃生。

采集者还是制作物品的好手。在现代，当我们需要一把刀、一双鞋或一些药物时，我们可以直接去商店里买。我们通常不知道这些东西是谁做的、怎么做的，也许它们产自世界的另一端。而在石器时代，每个人都需要亲手制作物品。在那个时候，如果你想要一把刀，首先必须知道在哪里可以找到优质的燧石，并且必须去那个地方寻找，捡拾并观察大量的石头。你需要仔细甄别每一块石头，看看形状，感受重量和质地。这是比较轻松的工作，找到一块优质的燧石之后才到了考验技巧的时候。

你需要使用另一块石头或木头不停地敲打你选择的石头，将它削薄，让它的边缘变得锋利……你必须非常小心，不能把石头敲碎。如果现在的人尝试这个做法，通常会敲碎几十块石头，弄伤一两根手指，花费几个小时甚至是几天，才能成功制作出一把石刀。对于那个时候的采集者来说，他们只需要几分钟，

就能把燧石变成锋利的刀，因为他们从小就在练习这些技能。

考古学家在研究那些远古的用火遗迹时，有一些有趣的发现。他们在靠近火堆的地方找到了许多为了削薄石头而留下的石头片儿，但破碎的石块非常少。相比之下，在离火堆较远的地方，虽然也有许多石头片儿，但破碎的石块却很多。你觉得这是为什么呢？

这似乎是因为坐在离火堆更近的都是大人，他们已经是制刀专家了，很少出现失误。而孩子坐得离火堆远，他们仍在学习如何制刀，所以在掌握这门技艺之前敲碎了很多石头。

采集者非常了解他们周围的动物、植物和石头。同时，他们也非常了解自己的身体，还知道如何运用身体的能力。他们在听觉、视觉和移动速度上都比现在的我们更胜一筹。当他们在森林中行走时，能听到灌木丛中极轻微的动静："嗞嗞——"也许有条蛇正从附近溜过？

采集者仔细观察一下周围的树木，就能发现隐藏在树叶中的果子、蜂巢和鸟窝。他们闻一闻空气，就能凭气味判断是否有老虎在靠近，或是鹿在逃跑。他们在尝浆果时，会仔细分辨它的味道——轻微的肥皂味可能就是区分有毒浆果和可食用浆果的关键。当他们想制作一张弓时，便用手指抚摸树干和树枝，仔细感受它们的质地和重量，似乎在通过这种触摸与每一根树枝对话。

树枝是光滑的还是粗糙的？是柔软的还是坚硬的？他们凭这些触感就能区分哪根树枝更容易被折断，而哪根更适合被制作成一张好弓。

他们走路时发出的声音很小，这样能避免引来其他捕食者。即使在最险峻的地形上奔跑，他们也能跑得很快，轻松地跳过岩石和倒地的枯木，避开高大的乔木和多刺的灌木。他们可以长时间保持同一个姿势坐着，不动一根手指，也不挠鼻子，只是专心地观察和聆听。

换句话说，采集者了解很多事情！我们通常认为，现在的人知道的比远古时期的人要多得多。当然，整个社会确实在进步，我们知道如何制造汽车、计算机和宇宙飞船——但每个人实际掌握的信息并不多。你一个人并不能造出汽车、计算机或宇宙飞船。即使在制造这些东西的工厂里，每个人通常也只掌握制造过程中的一个小步骤。就像一个人知道如何操作制造汽车轮胎的机器，但并不知道如何制造发动机、方向盘或车前灯。

每种职业都是这样的。想要驾驶飞机，或者写出像你手里拿着的这本历史书，你需要知道些什么呢？你只需要专攻一件事情，在其他事情上依靠别人的帮助，而帮助你的人其实也都只对一两件事情特别了解。写历史书的人对历史很有研究，所以他们被称为"历史学家"，但是他们不知道如何生产粮食、做衣服或者建造房子。这些历史学家只会写书，然后把书卖给其他人，这就是他们赚钱的方式。他们再用赚来的钱购买食物、衣服和房子。如果一位历史学家被丢在丛林中独自生活，他可能会饿死或者被老虎吃掉。因为除了写历史书，他别的都不会，而这并不能帮助他在丛林中生存。

美好的**时代**

在石器时代，采集者对周围世界足够了解的话，往往生活得很好。实际上，他们比今天的人们要悠闲得多。

让我们来看看现代工厂里工人的一天吧。她早上7点左右离开家，乘坐拥挤的公共汽车，穿过烟雾缭绕的街道，来到一座嘈杂的大工厂。在工厂里，她要操作一台机器10个小时，一遍又一遍地做同样的事情。直到晚上7点左右，她才乘坐公共汽车回家。然后，她可能要为家人做饭、刷盘子、洗衣服、扫地、付账单……

2万年前，采集者的一天会是怎样的呢？她可能会在早上8点和她的朋友们一起离开住处。他们一边在附近的森林里和草地上

漫步，一边采集浆果、爬树摘果子、挖可食用的植物块茎，或是钓几条鱼，有时还需要躲避老虎。中午时分，他们就会回到住处做午饭。至此，一天的采集工作就结束了。一个优秀的采集者通常用三四个小时就可以找到足够的食物来养活自己和家人。午饭后，没有要刷的盘子，没有要洗的衣服，没有要扫的地，也没有要付的账单。这样一来，采集者就有很多时间聊八卦，讲故事，陪孩子一起玩耍，或是到处逛逛……当然，他们有时会被老虎捉住甚至吃掉，或者被蛇咬伤，但不用担心交通事故或工业污染。

采集者通常比现代的许多工厂工人吃得更好、更多样化，并且很少会挨饿、生病。考古学家研究了采集者的骨骼，发现他们非常健康、强壮，其秘诀就在于多样化的饮食。某一天，他们的早餐可以选择浆果和蘑菇，午餐就吃果子、蜗牛和乌龟，晚餐可以享用烤兔子配野洋葱。而在第二天，他们可能早餐吃鱼，午餐吃很多坚果和蛋，晚餐吃掉一整棵树的无花果。多样化的饮食给他们的身体提供了必需的维生素和矿物质。假如坚果不含有某些重要的维生素，那么蘑菇或蜗牛等其他东西也肯定有。

此外，由于采集者不是只依赖某一种食物，所以他们很少挨饿。进入到农业社会，人们通常只专注于种植一种作物。你见过麦田、土豆地或者稻田吗？麦田里只有小麦，土豆地里只长着土豆，稻田里除了水稻还是水稻。这样虽然更方便种植，但也意味着农民的饮食会变得单一。如果他们只种水稻，那么他们一日三餐都要吃大米。一旦发生病虫害，水稻的收成就会大幅减少，他们就没有足够的食物了。这样的灾难在历史上很常见，所以农民总是面临挨饿的危险。

采集者就安全多了。如果自然灾害摧毁了某个地区所有的野洋葱或杀死了所有的兔子，采集者的日子可能会变得艰难，但通常他们还可以采集和狩猎其他东西。虽然今年吃不到烤兔子配野洋葱，这是有些遗憾，但他们可以摘更多的浆果和钓更多的鱼来吃！

采集者健康的身体不仅得益于他们吃很多不同种类的东西，还因为当时几乎没有传染病。今天我们所知道的大多数传染病，如天花、麻疹和流感，最初都是由动物传染给人类的。一些流感是由鸡、鸭等禽类传染给人类的。麻疹、肺结核和炭疽最初是由牛、山羊和其他家畜传染给人类的。而大规模的新型冠状病毒感染疫情也可能是因动物而引发的。由于今天我们生活在人口密集的村庄和大城市，如果一个人从家畜或野生动物身上感染了一种新的传染病，那么这种病很快就会传染给成千上万人。

远古时期的采集者很少长时间地接触动物。的确，他们捕猎动物，但他们从不饲养或在市场上买卖这些动物。没有人有鸡舍或羊群。此外，采集者生活在四处迁徙的小群体中，即使有人从动物身上感染了某种新型传染病，也不会传染给太多人。

这么说来，石器时代是有史以来生活最美好的时代吗？如果你有一台时光穿梭机，可以随意穿梭时空，你会把目标时间设置为石器时代吗？有些人会这样做。他们梦想着能在森林里和草地上自由漫步，"学校"意味着玩弓箭，"工作"意味着在森林里徒步旅行。但在你按下按钮加入石器时代采集者的游群之前，应该先看看他们生活中的许多缺憾，这样你才能完整地了解自己即将要过什么样的日子。毋庸置疑，那个时代也有糟糕的一面！

糟糕的时代

我们先从虫子说起吧。石器时代的人经常被虫子所困扰。这听起来可能没什么，但你不妨自己试一下：如果天气够暖和了，出门找个舒适、安全的地方躺下（比如躺在树底下），然后试着一个小时都不动。你不能动手指，也不能挠耳朵，你只能静静地等待……

用不了多久，勇敢的蚂蚁就可能会爬上你的脚，蚊子可能会在你的耳边嗡嗡作响，讨厌的苍蝇可能会落在你的鼻子上。至于蜘蛛……啊，太可怕了！但是不要动！一直躺在那里，别动。一个小时后，问问自己，你是否真的想回到石器时代？在那时，你不得不睡在树底下或者临时搭建的小屋里，周围有各种各样的虫子。请记住，你没有地方可以躲，石器时代可没有像现代这样有

103

带墙和窗户的房子。

　　除了虫子，那时的人们还不得不小心老虎、蛇和鳄鱼。现在，你不管是在电视上看到老虎，还是在动物园里近距离观察老虎，你都会感觉很安全，因为他们不会从电视里向你扑过来，也不会从笼子里跑出来追你。但是，如果老虎从动物园逃出来，在你家附近走来走去，你觉得走出家门，走路去学校，或是去见朋友还安全吗？

　　在石器时代，困扰人们的还有天气。下雨时，采集者会被淋湿，湿得透透的。那时的冬天很冷，夏天很热。但是他们不能整天躲在深洞里，如果不出去寻找食物，或者没有找到任何食物，就一定会挨饿。

　　更为不幸的是，那时还很容易发生意外。在石器时代，没有医院，也没有现代的药物，即使是轻伤也可能致命。比如，一个男孩爬上一棵树去摘果子，一不小心从树上掉下来摔断了腿，他

无法卧床静养一个月，而且那时候也没有真正的"床"。游群里的其他人会尽可能地帮助他，但如果游群要搬往新的营地而他无法跟上，或者如果他遇到老虎却不能快速逃走，那他就有大麻烦了。

在石器时代，孩子尤其面临很多危险。他们需要大量的食物才能长得又高又壮，而他们还不太擅长爬树和对付那些危险的动物。那时的孩子每天都要面对新的测试：周一，可能要参加防蛇测试；周二，要在黑暗的森林中寻找正确的路；周三，要参加狩猎猛犸象的测试；周四的测试可能是游过一条冰冷的河流；周五，还要参加蘑菇测试，分辨出哪些是可食用的，哪些是有毒的。而且他们周末也不能休息：周六，可能要参加爬树测试；周日，则要参加偷蜂蜜测试，并要小心不被蜂群蜇伤。

如果他们某项测试不及格，那就不是"没考好"的问题了，而是可能因此送命。所以，也许我们现在这个世界也没有特别糟！

与动物对话

在动画片或者童话故事里，有些树木和动物是会说话的。小孩子满心欢喜地相信人可以和树木、动物对话。有些孩子还有点儿迷信，相信鬼魂（死人的灵魂）和精灵（非生物或除人以外生物的灵魂）的存在。大人认为这些想法很可爱，也很有趣。但随着孩子逐渐长大，大人会告诉他们这个世上并不存在鬼魂，也不存在会说话的树木，只有小孩子才相信这些。

但是在石器时代，大人似乎也和小孩子一样相信树木和动物会说话，相信鬼魂和精灵是真实存在的。那时的采集者穿过森林时，会与灌木和石头交谈，会向大象和老鼠寻求帮助，会仔细听鸟儿说着什么……如果有人生病或者发生了意外，他们很可能会归咎于鬼魂，也可能向精灵寻求建议。

我们是如何意识到这一点的呢？其实我们对此并不确定。了解人们的行为通常比获知他们的想法更容易。例如，我们确信松希尔人猎杀了猛犸象，是因为我们在他们居住的地方发现了很多猛犸象的骨头。但是，松希尔人是如何看待猎杀猛犸象这种行为的呢？他们中会不会有一些素食主义者，认为杀生是错误的呢？如果一个人被一头愤怒的猛犸象踩死了，松希尔人认为这个人死

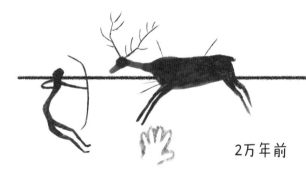

2万年前

后会发生什么呢？他们相信人死后会上天堂，会投胎转世，或是会成为鬼魂吗？又或者只是消失在黑暗中？

要回答这些问题很困难，因为我们无法问到石器时代的人信仰什么。在今天，如果你想知道穆斯林信仰什么，可以直接问穆斯林，或者读《古兰经》——那是穆斯林信奉的经典；如果你想知道基督教徒信仰什么，可以直接问基督教徒，或者读《圣经》；如果你想知道印度教徒信仰什么，你可以直接问印度教徒，或者读《吠陀》。石器时代的人不是穆斯林、基督教徒或印度教徒——他们不可能是，因为这些宗教都是近 3000 年才出现的。《古兰经》创作于约 1500 年前，《圣经·旧约全书》创作于约 2000 年前，而《吠陀》创作于约 2500 年前。

生活在 2 万年前的人们既不读书也不写字，所以不会有来自石器时代的宗教经典留存下来。不过，我们从松希尔的墓葬、施塔德尔的狮人雕像，以及青少年考古学家在拉斯科洞穴发现的岩画中，获悉了有关石器时代人类信仰的线索。有趣的是，拉斯科洞穴的岩壁上画着很多动物，但没有神——至少，在我们看来，没有什么画得像神的东西。所以，也许他们并不相信世上有强大的神。

你还记得那些今天仍生活在世界偏远角落的现代采集者吗？若你想研究石器时代的采集者可能信仰什么，有一个好办法就是

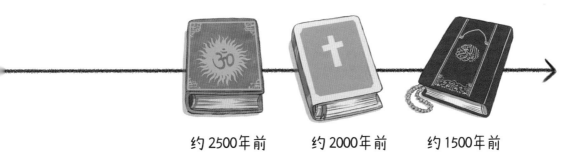

约2500年前　　约2000年前　　约1500年前

与现代采集者进行交谈。果然，这些采集者中的许多人不相信世上有强大的神，但他们相信动物、树木甚至石头都能说话，并且相信世上有很多鬼魂和精灵。据此，科学家得出结论：无论是在现代还是石器时代的采集狩猎社会中，大人和小孩子通常都认为人可以与树木和动物对话。

让我们来看看现在生活在印度南部丛林中的纳亚卡人，他们在丛林中遇到老虎、蛇或大象等危险动物时，可能会直接对动物说："你住在森林里，我也住在森林里。你来这里觅食，我来这里采集植物块茎。我不会伤害你，所以请你也不要伤害我。"这是一个来自现代采集者的例子。

曾经有一位纳亚卡人被一头雄性大象杀死。这头大象因总是独自行动而被称为"独行大象"。随后，印度政府便派人来抓独行大象，但纳亚卡人拒绝帮助政府。他们解释说，独行大象这样做是有原因的：独行大象曾有一个非常亲密的朋友，他也是一头雄性大象，两头大象总是会相约在森林里漫步。有一天，一群坏人射杀并带走了独行大象的朋友。自那以后，独行大象一直很孤独，并对人类充满了怨恨。"如果你的好朋友从你身边被带走，你有什么感受？"纳亚卡人说道，"那就是独行大象的感受。这两头大象有时会在晚上分开，而到了早上他们又会聚到一起。但就在那个可怕的日子，独行大象看着他的朋友倒在血泊里。如果两个生物总是待在一起，然后你射杀了其中一个，那么另一个会有什么感受？"

与树木对话

  科学家为那些相信动物会说话、相信有鬼魂和精灵生活在岩石和河流中的人们取名"万物有灵论者"。"万物有灵论者"的英文是"Animists"，你知道这个英文单词的来历吗？没错儿，它来自拉丁语。在拉丁语中，"anima"就是灵魂的意思。万物有灵论者认为灵魂是有感受和需求的，并且能与其他灵魂谈论自己的感受和需求。对于他们来说，与树木、大象、花朵或石头对话是完全说得通的，因为他们认为所有这些东西都有灵魂。（译者注："万物有灵论"是一种最原始、最普遍的信仰或迷信。）

  例如，万物有灵论者可能认为：山顶上的那棵大核桃树有灵魂，叫作树精灵。这棵树享受雨水和阳光，但如果人们砍下她的树枝来制作矛，她会生气。当树精灵高兴时，树上便会长出大量的核桃，供人类、松鼠和乌鸦分享；当她生气时，树上就不再结核桃了，更糟糕的是，她会让人们生病。她是怎么做到的呢？其实，树精灵有很多朋友，因为她允许各种小精灵和鬼魂住在她的树枝上。因此，如果一个人惹树精灵生气了，她就会让一些小精灵飞到这个人的鼻子或嘴巴里，顺着他的喉咙飞进他的胃，让他胃疼。

  树木可以和所有其他小精灵对话，也可以直接和人对话，人

们也可以做出回应。比如，那个因惹怒了树精灵而胃疼的人就可以请求树精灵的原谅。幸运的话，树精灵可能会原谅他，让小精灵从他的胃里出来。

当然，与树木对话并不容易。首先需要学习树木的语言，这是非常耗费时间和耐心的。我们都清楚，人不能在一天之内就学会汉语或瑞典语。同理，人也不可能在一天之内就学会树木、石头或青蛙的语言。树木、石头或青蛙的语言都是复杂的，它们不是由文字组成的，而是由符号、声音、动作甚至梦境构成的。今天大多数人都不能和树木对话，不是因为树木不能说话，而是因为如今的人类忘记了树木的语言。

今天，大多数人认为我们人类是世界上最重要的生物，但万物有灵论者倾向于相信所有的灵魂都是平等的。他们认为人类并不比树木重要，猛犸象也不比青蛙重要，每种生物都在世界上拥有一席之地，没有谁能主宰这个世界。万物有灵论者不太重视伟大的神，他们更愿意与当地的小精灵交谈。如果想从山顶的核桃树上得到什么，就必须与那棵树交谈，而不是与掌管所有树木的女神或天上伟大的神交谈。

对于万物有灵论者来说，世界的运转方式并不是由某位伟大的神决定的，而是世界上所有灵魂之间自由讨论的结果。人类、树木、狼和仙女相互对话，决定每种生物应该如何行事。

按照信仰行事

　　采集者都有哪些信仰呢？不同的地区可能有不同的信仰，因为信仰不是由天上某个伟大的神单独决定的。每个地区都有不同的动物、树木和石头，所以人们信奉不同的信仰。松希尔的信仰不同于奥哈罗，奥哈罗的信仰也不同于拉斯科和施塔德尔。我们今天可以了解纳亚卡人的信仰，因为我们可以与纳亚卡人交谈并问他们问题，但我们无法确切地知道松希尔、奥哈罗、拉斯科和

施塔德尔的古人类所信奉的信仰，因为我们没有足够的证据。但是，我们可以根据目前已掌握的证据给出多种解释。

就拿下面这幅画来说吧。这幅画重现了约 1.7 万年前的采集者在拉斯科洞穴中绘制的一幅岩画。你会怎么解读这幅岩画呢？

许多人认为画上有一个鸟头人身的男子，他的旁边是一头野牛，下方是一只鸟。但这表达了什么意思呢？一些考古学家推测：

野牛袭击了这个人，这个人便倒下死了；下方的鸟则代表在这个人死去的一瞬间，他的灵魂脱离身体飞走了。也许这种可怕的大野牛不仅仅是一种普通的动物，还是死亡的象征。因此，这些考古学家认为，这幅岩画证明了约1.7万年前，拉斯科的古人类就有信仰了——他们相信，当人死亡时，人的灵魂会从身体中解脱出来飞向天堂，或是进入一个新的身体。这种推测有可能是对的。

但也有可能是不对的。其实，我们无法判断对错。也许有些人眼里这个鸟头人身的男人形象，只不过是一个不太擅长画脑袋的人的拙作。毕竟，这幅画上男人的手和脚看起来也有些牵强。即使这个人真的长着鸟头，这幅岩画描绘的也有可能是一个"石器时代版蝙蝠侠或超人"与邪恶的野牛怪物搏斗的场景，当野牛怪物正要进攻时，他就飞走了。

如果你再换个角度看这幅画，也许这个人根本没死，也不是躺着的，他很可能是在张开双臂准备拥抱野牛，野牛也可能是低下头准备接纳这个人。所以，这幅岩画也可能表达了人与野牛之

间的友谊，对吧？我猜，如果你盯着这幅岩画多看一会儿，并放飞自己的想象力，你肯定会讲出更多的故事。

当我们不知道某件事的时候，最好的做法是实话实说。我们就是不知道石器时代的人信仰什么，也不知道他们讲述了什么样的故事。这是我们理解人类历史的最大鸿沟之一。

沉默的帷幕

到目前为止，我们已经讨论了石器时代采集者一般如何生活。但人们生活中最重要的不是"一般"的那些部分。历史是由特定的事件组成的，而大多数历史书中都非常详细地描述了这些事件。

例如，一本关于人类首次登月的历史书中，可能会描述在世界时1969年7月20日20时17分40秒，"雄鹰"号登月舱是如何在月球上一个名为"静海基地"的地方着陆的。登月舱里有两名宇航员：尼尔·阿姆斯特朗和巴兹·奥尔德林（还有一名宇航员迈克尔·柯林斯在母舰"哥伦比亚"号上等待着他们）。阿姆斯特朗随后呼叫了地球上位于美国休斯敦市的任务指挥部，并说："休斯敦，这里是静海基地，雄鹰已经着陆。"全世界至少有6亿人能在电视机或者收音机前听到这句经典的话："雄鹰已经着陆。"当然，降落在月球上的不是鹰，而是人类。

宇航员随后做了很多非常细致的准备，并穿上了宇航服。7月21日凌晨2时39分33秒，他们打开了登月舱的门。在完成更多的准备工作后，阿姆斯特朗通过有9阶的梯子爬了下来。

凌晨2点56分15秒，阿姆斯特朗走下梯子的最后一阶，实

实在在地踩在了月球的表面，并宣布："这是我个人的一小步，却是人类的一大步。"

我们了解这件事情的每一个细节。

石器时代一定也有许多重大的事件，但是没有人把这些事件记录下来，因为石器时代的人还不会书写。随着时间的推移，所有的故事都被遗忘了。这就是为什么我们从来没有听说过这些事件，即使它们真的发生过。比如，当一个智人部落第一次进入尼安德特人居住的山谷时发生了什么？在这之后肯定也发生了许多激动人心的事情——就像人类登月一样重要。

我们可以试着想象发生过的事情。也许一切都是从一个女人爬到山上去摘草莓开始的，她看见下面的山谷里出现了一些奇怪的人。她立刻跑回营地，喊道："有怪物！有怪物！"

她所在的游群把关于怪物的事告诉了其他游群的人，他们相约在下一个满月的晚上见面，商讨如何应对。到了那天晚上，来自不同游群的人们聚集在篝火旁，他们一个接一个地发言，他们的面容被火焰照亮。一些人认为，尼安德特人根本不是怪物，并觉得可以与他们交朋友；一些人说，最好离尼安德特人远点儿，甚至不要进入他们所在的山谷；剩下的人坚持认为，尼安德特人是危险的怪物，所有人都应该团结起来与他们战斗，攻下他们的山谷。没有人能决定谁是对的。

大家同意向部落的守护精灵询问这件事情，他们可能知道该怎么做。于是，部落里了解守护精灵的法师组织了一个神圣的仪式——一种敲鼓和跺脚的舞蹈。部落成员们跳了又跳，祈求得到守护精灵的帮助，直到法师终于听到守护精灵清晰地低语："战争。"（然而，你永远不可能知道事情背后的真相。也许后来人

们发现这位法师其实什么也没听到，只是那些想打仗的人向这位法师承诺：如果他说听到了"战争"这个词，就会给他100颗象牙珠子和3顶狐牙帽。于是他撒谎了。）

接着，就是靠木棍和石矛进行的战斗。这是一场屠杀，尼安德特人几乎完全被消灭，只留下一个战战兢兢的3岁男孩。这个男孩本来藏在荆棘丛中，但还是被发现了。一位善良的智人提出想收养这个男孩，但遭到了其他人的强烈反对，他们大喊这个男孩是个怪物，应该被杀死。智人们又围着篝火进行了一场紧张的讨论，他们目光炯炯，声音洪亮。很快，有人拔出棍棒和长矛，准备干一仗。眼看就要动手，部落中那位很少说话的最年长的人

站了起来，脱下他的鹿皮斗篷，披在了男孩的身上。于是，男孩活了下来。他长大后成为了智人部落的一员，至今我们身上仍流淌着他的血液。也许他就是你的曾曾……祖父！

然而，这些都只是想象，并不是事实。或许这些事情真的发生过，或许完全没有。或许那时根本没有战争，没有打斗，也没有杀戮。也许当智人第一次见到尼安德特人时，他们一起举行了一个盛大的派对，大家跳舞、唱歌、交换狐牙帽，甚至相互亲吻。许多年后，人们仍在传颂那次精彩派对的故事。但最终，这个故事就和石器时代发生的其他所有事情一样被遗忘了。

我们不知道那时到底发生了什么，因为我们没有更多的证据。考古学家顶多可能会在那时的某具骸骨旁，发现帽子上有狐狸牙；科学家最多可能会在你的 DNA 中，发现尼安德特人的基因。狐狸牙和基因可以告诉我们一些关于石器时代祖先的事情，但当谈到具体事情的细节时，它们只能保持沉默。狐狸牙并不能告诉我们它是来自战争还是派对。

就像智人和尼安德特人第一次相遇时所发生的故事一样，石器时代还有无数其他故事隐藏在厚重的、沉默的帷幕之后，这块帷幕掩盖了人类数万年的历史。石器时代可能曾有很多战争和派对，人们可能已经创造了各种宗教和哲学，艺术家们可能已经谱写出了最动听的歌曲……但我们对这些都一无所知。

只有一件事，我们确信自己的祖先曾经做过。这件事我们再熟悉不过了：他们消灭了世界上大部分的巨型动物！

4

动物
都去哪儿啦？

约 5000 万年前——巴基鲸

约 4800 万年前——走鲸

约 3300 万年前——矛齿鲸

约 2700 万年前——怀塔基古须鲸

走向**未知**

起初，人类并没有遍布世界各地，而只是生活在某些地区。我们的智人祖先生活在非洲，尼安德特人生活在欧洲和中东，丹尼索瓦人生活在亚洲，弗洛勒斯岛的小矮人仅生活在弗洛勒斯岛。

那时，世界上的其他地方还没有人类。在现在的美洲、澳大利亚，或是像现在的日本、新西兰、马达加斯加和美国夏威夷所在的岛屿上，那时是没有人类的。这是因为人类不擅长游泳。他们有时可以到达离陆地很近的岛屿，比如弗洛勒斯岛，但他们无法穿越开阔的海洋到达现在澳大利亚或夏威夷所在的这些地方。

大约7万年前，我们的智人祖先开始离开非洲，走向四面八方。他们步行到欧洲，遇到了尼安德特人；他们步行到亚洲，遇到了丹尼索瓦人；接着他们一直往东步行到了亚洲的尽头，遇到了海，就无法再往前走了。但这并没有阻止他们的脚步，因为他们想到了一个好办法。他们知道木头能浮在水面上，于是把木头绑在一起做成木筏，把树干挖空做成独木舟，然后他们就乘木筏或者独木舟出海了。

这是一项了不起的成就。世界上还有一些动物最初生活在陆地上，经过演化变成了生活在海里的物种。比如鲸的远古祖先就是陆地动物，比一只大型犬还要小。在大约5000万年前，某些与狗类似的动物开始试着进入河流和湖泊，他们捕捞水里的鱼类和其他小动物。科学家在巴基斯坦发现了其中一种动物的化石，并称他们为"巴基鲸"。

巴基鲸的后代逐渐适应了在水里生活，他们更乐意待在水里，

极少在陆地上冒险。他们不再需要走路，他们的脚变得越来越小，最终变成了鳍状肢；他们的尾巴变得越来越大、越来越宽，更便于游泳了。最终，这些动物游向了大海，完全抛弃了陆地，在海洋深处度过了他们的一生。他们的身体适应了环境，然后变得越来越庞大，最终变成了鲸。

但这个演化过程其实花费了数百万年。没有任何动物能在其短短的一生中感受到这种变化。没有哪种出生在陆地上的小型动物能在长大后变成海洋里巨大的鲸。没有动物会认为他们是四分之一或是一半的鲸。演化过程中的每一步，他们都只是自己本来的样子，这个样子对他们来说已经足够好了。如果长得像狗的鲸祖先遇到了现在的鲸，他永远不会猜到这个巨大的海怪是他的后代。而现在的鲸也可能并没有到达演化过程的最后一步，他们可能会继续演化，谁知道 5000 万年后他们会是什么样子的呢！

与鲸不同的是，智人在穿越海洋时，不必等待身体演化，而是直接发明协助穿越海洋的工具。他们没有花费数千万年将四肢发育成鳍状肢，而是只花了几代人的时间建造船只。

当智人学会造船后，起初只是把船划到从岸边就可以看到的岛屿上。接着，他们就能从这个岛屿划到下一个岛屿，直到到达最远的那个岛屿。他们看不到更远处还有别的岛屿了，于是就想："难道这就是世界的尽头吗？"

不过，智人没有就此止步。也许有一些勇敢的、富有冒险精神的人坚持认为，在地平线之外可能隐藏着更多的岛屿。"你怎么知道还有更多的岛屿？"他们谨慎的朋友问道，"你还没有见

过它们呢。"

"那么你又怎么知道没有呢？"他们反问道，"你也并没有到过地平线那儿呀。"

无论如何，一定有那么一群人决定去冒险，准备航行到未知的地方去亲眼看看。他们在木筏和独木舟上装满食物和水，然后就出发了。他们不停地划啊划，直到看不到出发时的那座岛屿……但他们也没有发现任何新的岛屿。此刻他们的食物和水都快耗尽了，如果继续往前走，他们可能就没有足够的食物和水返航了。如果你在其中的一艘船上，你会怎么做？

某些参与这场冒险的人可能认为这太危险了，于是就掉头回去了；但其他人仍决定继续向前。或许其中的某个人看到一只鸟在前面飞，就想："那只鸟一定是要飞到什么地方去的，所以前面一定有陆地！"他们继续航行，没有停下来。

最终他们到达了澳大利亚。这是大约 5 万年前的事情了。

第一批到达澳大利亚的人，他们的壮举是历史上最重要的事件之一。这甚至比哥伦布发现新大陆，或是阿姆斯特朗和朋友们的登月之行更重要。当人类第一次踏上澳大利亚的时候，我们人类就成了世界上最危险的动物——地球的掌控者。在此之前，人类对环境的影响相对较小，但从那一刻起，他们将开始彻底改变世界。

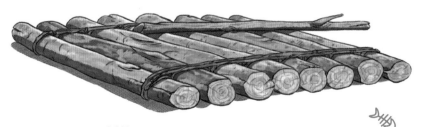

澳大利亚的巨型动物

当人类第一次在海滩登陆时，他们对澳大利亚一无所知。你可曾搬家到一个新城镇或是转学到新学校？是不是觉得很难适应新环境？你还不知道谁是好孩子，谁会欺负人。如果你在走廊里看到一位老师朝你走来，你不知道是该说早安还是该赶紧走开。你不知道最好的饮水机在哪儿，也不知道最酷的孩子最常去哪儿。

对于第一批到达澳大利亚的人类来说，一定也是如此。以前从没有人类去过那里，所以他们对这个地方一无所知。他们不知道当地的哪些蘑菇和浆果能吃，哪些有毒；如果袋鼠朝他们走来，他们无法确定袋鼠是危险的还是无害的；他们不知道在哪里可以找到水源和燧石。一切都是陌生的。

巨型短面袋鼠

大角鹿

恐鸟　　　沃那比蛇　　　　　古巨蜥

世界各地已灭绝的一些巨型动物

当人类开始探索澳大利亚这个新家园时，会发现各种各样的巨大且奇怪的动物。那时，澳大利亚不只有我们今天所知道的袋鼠，还有一些高达 2 米、重达 200 千克的巨型袋鼠。这些袋鼠都是袋狮的猎物。袋狮也被叫作有袋的狮子，可以说是袋鼠和狮子的"结合体"。他们既像狮子一样高大凶猛，又有与袋鼠一样的育儿方式——把刚出生的幼崽放在自己腹部的袋子里抚养长大。还有一种体形巨大并且不会飞的鸟类——牛顿巨鸟也生活在那里。他们喜欢在平原上奔跑，个头儿比人类还大，能产下巨大的蛋——你可以用这个蛋去摊一个超级大的蛋饼！

人类还会在那时的澳大利亚看到：巨型的树袋熊在森林里游荡，像龙一样的蜥蜴在阳光下取暖，5 米长的蛇在草地上爬行。这些蛇一次能吃掉 3 个孩子，并且他们的胃里还能有多余的空间！那里体形最大的动物叫双门齿兽，重约 3 吨，个头儿和一辆 SUV（运动型多功能汽车）差不多大。

双门齿兽　　　　　　　雕齿兽　　　　　　　地懒

大地懒

灭绝

在智人抵达澳大利亚之后不久，这些巨型动物就灭绝了，还有许多小型动物也走向了灭绝。灭绝意味着他们全部、完全、彻底消失了。当一种动物灭绝，意味着属于这种动物的所有个体都死亡。一旦他们都死亡，就不会再有新的幼崽出生，于是这种动物就永远地消失了。这就是发生在巨型袋鼠、袋狮、5 米长的蛇、双门齿兽以及其他一些动物身上的事情。但是，为什么会发生这种事情呢？

当有一些坏事发生，而你明知自己和这件事情脱不了干系时，你是不是有时会先想着怎么推脱责任，将其归咎于其他人或物？假如你在客厅玩儿球，不小心打碎了妈妈最喜欢的花瓶，你可能会立刻喊道，这是猫干的！同样，在面对澳大利亚的灭绝事件时，有人便将其归咎于气候变化：由于当时天气越来越冷，雨水也越来越少，这些巨型动物无法获得足够的食物，因此他们死掉了。

现在，这个理由很难让人信服。大约 5 万年前，澳大利亚的气候确实发生了一些变化，但并不是一次巨大的气候变化。无论如何，这些巨型动物已经在澳大利亚生活了数百万年，历经了许多次气候变化，而且都幸存了下来。但为什么当第一批人类抵达后，他们就突然消失了呢？老实说，最合理的解释就是智人导致了他们的灭绝。

那么远古时期的智人怎么会造成这样的灾难呢？他们没有枪和炸弹，不开汽车和卡车，也不建造城市和工厂，有的只是

128

石器时代的工
具。但别
忘了，他
们确实有三
大优势：合作意识、
出其不意及控制火的能力。

学会害怕

  具体来说，他们的第一大优势就是可以通过讲虚构的故事让很多人团结到一起合作办事。当地像袋狮这样的大型食肉动物通常单独或以很小的群体进行狩猎。但当智人打猎时，他们可以让一大群人进行合作。一只巨大的双门齿兽可以抵挡一只袋狮的攻击，但却无法抵挡 20 个狡猾的智人。更重要的是，智人懂得分享信息，而袋狮办不到。如果一群人里有人找到一种猎杀双门齿兽的新技巧，他们可以很快地将这个技巧传授给其他游群。如果有人发现了牛顿巨鸟产蛋的巢穴，周围的人也会很快知道这个消息。

  智人在非洲和亚洲生活时，就已经学会了群体狩猎和分享信息。当他们来到澳大利亚时，他们获得了另一个重要优势：出其不意的能力。人类在非洲和亚洲生活了 200 万年，他们的狩猎策略是逐步改进的。起初，非洲和亚洲的动物并不太担心人类，但随着时间的推移，他们学会了害怕人类。当智人发展出他们独特的大规模合作能力时，非洲和亚洲的动物已经知道要远离人类。

他们知道，双手拿着棍子的"两足猿"意味着麻烦：你最好赶紧逃跑！然而，澳大利亚的动物没有时间去适应人类。

人类有一个特点，就是看上去不太危险。我们不像老虎那样有肌肉发达的身体，不像短吻鳄那样有长而尖的牙齿，不像犀牛那样有巨大的角，也不像猎豹那样跑得飞快。因此，当一只巨大的澳大利亚双门齿兽第一次看到这些来自非洲的"两足猿"时，双门齿兽只不过瞥了他们一眼，耸了耸肩，然后继续咀嚼树叶。对双门齿兽来说，这些奇怪的新生物似乎威胁不到他们，也根本伤害不了他们。

事实上，此时人类已经是地球上最致命的动物，远比狮子或5米长的蛇危险得多。当然，一个人并没有一头狮子或一条蛇危险。但100名智人齐心协力，就可以做到狮子和蛇做不到的事情。猎杀双门齿兽和澳大利亚的其他巨型动物甚至比猎杀非洲和亚洲的大象和犀牛还要容易，因为澳大利亚的动物在看到人类时不会试图逃跑，这正是澳大利亚所有的双门齿兽都消失了而一些大象和

犀牛却在非洲幸存下来的原因。可怜的双门齿兽在学会害怕人类之前就已经灭绝了。

　　这可能听起来很奇怪，但学会害怕是需要时间的。我们通常认为害怕是我们无意识的感受，对吧？可以想想那些让你觉得可怕的事情。一只毛茸茸的大蜘蛛和一辆汽车，哪个更可怕？如果你和大多数人一样，那么当你看到一只毛茸茸的大蜘蛛向你爬过来时，会立即转身逃跑，可能还会尖叫道："啊！蜘蛛！"但是，你不会每次看到汽车就逃跑。为什么不跑？全世界每年会有超过100万人因汽车事故丧生，而蜘蛛几乎不会杀死任何人。

　　蜘蛛早在石器时代就已经存在了，而汽车是在一个多世纪前才被发明的。可以说，人类有足够的时间学会害怕蜘蛛，但是还没有时间学会害怕汽车。这和可怜的双门齿兽的遭遇完全一样。也许双门齿兽也害怕大蜘蛛，但是他们并不害怕身边最危险的东西——人类。

　　除了有合作意识和出其不意的能力，人类还有第三大优势：有控制火的能力。当智人到达澳大利亚时，他们已经知道如何随时、随地生火了。当他们来到一片充满奇怪动物的茂密森林时，就不必一只一只地猎杀这些动物，也不必冒着被愤怒的双门齿兽踩扁的风险，只需要用火烧毁他们赖以生存的整片森林。

　　人类可以在森林外等待受惊的动物径直跑进陷阱，或者可以等待森林和里面的动物一起燃烧，火焰熄灭后，他们就可以吃到很多烤双门齿兽和烤袋鼠了。

　　这就是智人杀死澳大利亚所有巨型动物的方式。这些动物无一幸存。人类彻底地改变了澳大利亚，这也是他们第一次做到这件事——第一次，他们彻底改变了世界的一部分。

发现美洲

坏习惯是很难改掉的。无论你去哪里，坏习惯总是伴随着你。很不幸，我们的祖先也不例外。让这么多澳大利亚的动物灭绝是他们做的第一件大坏事，而造成美洲的一些动物灭绝是他们做的第二件大坏事。

到达美洲比到达澳大利亚更加困难。美洲与非洲和欧洲之间隔着巨大的大西洋，与亚洲隔着更大的太平洋。只有美洲北部的阿拉斯加与亚洲北部的西伯利亚稍近一些。事实上，直到大约1万年前，海平面都还很低，你可以从西伯利亚步行到阿拉斯加，这样你就不需要穿越任何水域。

然而，北极地区的气候极其寒冷，西伯利亚北部冬天的温度可能会达到零下50摄氏度，而且有很多天根本见不着太阳。即使是能够适应冰雪气候的尼安德特人和丹尼索瓦人，也无法在西伯利亚北部生存，所以这两种人类不可能会穿过西伯利亚到达美洲。

后来，我们的智人祖先来了。他们来自阳光充足的非洲，所以他们的身体肯定也无法适应北极的温度。但随着他们向北迁徙至西伯利亚，他们发明了各种各样的东西来帮助自己生存下去。我们知道尼安德特人有时会把自己裹在动物皮毛里，但智人更胜一筹，他们发明了缝衣针，学会了如何将几层动物的皮毛缝合在一起，以制作保暖、防风雨的衣服。我们通常不会花太多时间去研究缝衣针，但它是历史上最重要的发明之一。如果远古时期的智人没有发明缝衣针，他们可能就没法儿到达美洲了。

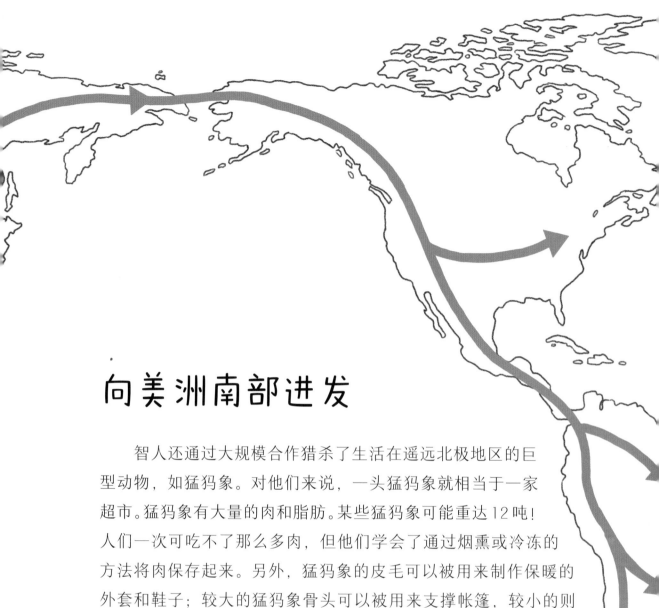

向美洲南部进发

　　智人还通过大规模合作猎杀了生活在遥远北极地区的巨型动物，如猛犸象。对他们来说，一头猛犸象就相当于一家超市。猛犸象有大量的肉和脂肪。某些猛犸象可能重达12吨！人们一次可吃不了那么多肉，但他们学会了通过烟熏或冷冻的方法将肉保存起来。另外，猛犸象的皮毛可以被用来制作保暖的外套和鞋子；较大的猛犸象骨头可以被用来支撑帐篷，较小的则被用来做工具；猛犸象的象牙可以被用来制作装饰品和艺术品，比如狮人雕像以及在松希尔发现的手镯和串珠。

　　随着冬天的临近，也许整个智人部落都聚集在一起猎杀猛犸象。然后，他们将肉、皮毛和象牙分给各个游群。每个游群也会采集其他种类的食物，并尽可能多地收集木材。当冬天来临时，各个游群会分散开来进入洞穴避寒。在极夜，暴风雪席卷大地时，人们就会待在洞穴里，围着燃烧的炙热火焰取暖。

　　为了打发时间，他们可能会讲述关于猛犸象、鬼魂以及半人

半狮这种奇怪生物的故事，也许还讲笑话和唱歌。同时，他们用猛犸象的皮毛缝制外套和鞋子，用猛犸象的象牙做串珠和其他装饰品。

当他们饿了，就从"冰箱"，也就是洞穴里最冷的地方，拿上一块猛犸象肋排，然后放在火上烤。显然，他们没有真正的电冰箱，但当温度降到零下 50 摄氏度时，每个洞穴都是一个天然的冰箱。

在松希尔发现的华丽帽子和腰带表明，这群猛犸象猎人做到的不仅仅是生存，还蓬勃发展。他们繁育后代并扩散到遥远的北方，捕猎猛犸象、披毛犀和驯鹿，还沿着海岸捕鱼。当某个地方没有猛犸象和鱼了，他们就继续前进，寻找更多的资源。直到有一天，他们从西伯利亚穿越到阿拉斯加，发现了美洲。当然，他们并不知道他们发现的是美洲。猛犸象、鱼和人都认为阿拉斯加只是西伯利亚的延伸。

从阿拉斯加出发，他们又向南穿越了整个美洲。最初，他们在遥远的北方是依靠捕鱼和狩猎巨型动物为生的，但智人可以很快地改变他们的生活方式。他们每到达一个新的地方，就会立刻了解当地的动植物，然后发明新的技术，开发新的工具，并适应新的环境，这就是他们在美洲所做的。

西伯利亚猛犸象猎人的曾孙最终可能生活在密西西比河三角洲的沼泽地。他们不再穿猛犸象皮毛制成的长外套，而是几乎赤身裸体地走来走去；他们不再在冰冻的苔原上追踪猛犸象群，而是在河里撒网捕鱼；他们忘记了猛犸象肋排的味道，开始喜欢蟹肉；他们也许也不再信奉狮灵，而是开始讲述生活在沼泽深处的鳄鱼人灵魂的故事。

与此同时，他们的一些亲戚适应了在墨西哥索诺拉沙漠的生活，那里有许多郊狼，但没有短吻鳄。其他人则在中美洲的丛林、亚马孙河沿岸、安第斯山脉的高处或是阿根廷开阔的潘帕斯草原上安家，甚至有一些人到达了南美洲最南端的火地岛。他们只用了几千年的时间就在这些不同的地方定居。这次穿越美洲的旅程，证明了我们的祖先有着惊人的能力，而其他动物没有能力如此迅速地适应这么多不同的地方。

　　几乎每到一个地方，人类都会猎杀巨型动物。当他们到达美洲时，人类的狩猎能力甚至比他们在澳大利亚的时候还要强。人类总结出了一种新的狩猎方法，就是分散成几个不同的小队，从不同的方向接近动物，这样就能将动物完全包围起来。这意味着这些动物即使比智人行动迅速，也无法逃脱。

　　还有一种狩猎方法是只从一侧接近动物，将他们逼向悬崖或无法跨越的深河。第三种方法是把动物逼到狭窄的峡谷或者河流的渡口。这些动物会认为他们只有一条逃生路线，全都挤进这条狭窄的通道。而另一群智人会在周围埋伏，等待动物自投罗网。当动物紧紧地挤在一起的时候，猎人就开始向他们射箭、投掷长矛，或者扔石头。

　　如果这些动物生活在没有悬崖、河流或峡谷的开阔平原上，智人就会合作建造一个人工陷阱。他们用木头或石头搭起障碍物，或挖一个深坑，并用树枝和树叶遮住。然后，他们会走到动物后面发出很大的声音并挥动手臂，把他们逼向障碍物或陷阱。有时可能需要几队人马、花费数周的时间才能搭起障碍物或挖好深坑。如果顺利的话，他们可以在一个上午就能猎杀一大群动物。在墨西哥一个叫作图尔特佩克的地方，考古学家发现了两个大坑，里

面有 14 头猛犸象的骨头。考古学家猜测，可能是人类挖了这些深坑，然后驱赶猛犸象，让他们掉了进去。

当人类第一次来到美洲时，这里不仅到处都是猛犸象，还有另一种类似大象的巨型动物——乳齿象。美洲也有像篮球运动员那么高大的海狸，有成群的马和骆驼，还有剑齿虎以及比今天的非洲狮还要大的狮子。其他远古美洲动物长得和今天的动物并不一样，例如有重达 4 吨、高达 6 米的大地懒，他们的身高几乎是大象的 2 倍！在人类到达后不久，这些巨型动物几乎全部灭绝了。

猛犸象

乳齿象

大麻烦

你想知道巨型动物为什么会灭绝吗？猛犸象、大地懒和巨型海狸为什么消失了，而小型海狸和兔子却能幸存？我们可以列举几个原因。

第一，当智人组织集体狩猎时，关注的是巨型动物而不是小型动物——他们不可能召集几十个猎人只追逐几只兔子！如果把10只兔子分给50个人，大伙儿都吃不饱；但是如果能猎杀一头猛犸象，每个人都能吃得很好，这样的努力是值得的。

第二，兔子保护自己的方法是迅速地躲开，可以跳到洞里，也可以静静地卧在灌木丛里，你看不见他跑到哪里去了。相比之下，猛犸象就很难藏起来。当然，巨型动物通常不依靠躲藏来避免被捕食，他们的体形就足以保护自己。猛犸象太大了，不需要躲避狼或老鹰，他们不会被狼或老鹰攻击。可是，巨型动物的体形并不能帮助他们抵御智人群体。对猎人来说，体形最大的动物是最有吸引力的猎物。这就是为什么巨型动物陷入了大麻烦。

第三，巨型动物之所以会更快地灭绝，是因为他们数量相对较少，繁殖速度也相对较慢。假设一块土地上有1000头猛犸象，每年有12头猛犸象宝宝出生，有10头猛犸象因年老或伤病而死亡，那么这群猛犸象的数量将每年增加2头。后来智人来了，开始猎杀猛犸象。即使一年只杀死3头猛犸象，也足以打破平衡，猛犸象的数量将每年减少1头。你可以算算：一开始有1000头猛犸象，每年减少1头，这些猛犸象多长时间会灭绝呢？最后一头孤独的猛犸象该有多悲伤啊。

　　对于兔子来说，事情就完全不同了。一块差不多大的土地上可能有 10 万只兔子，兔子繁殖得非常快，每年都有数万只小兔子出生。即使人类设法捕获了大量的兔子，兔子的数量也几乎没有减少。最终世界上仍会有很多人类和很多兔子，但是却没有猛犸象了。

　　为什么我们的祖先如此残忍呢？为什么他们要让猛犸象灭绝呢？他们可能并不是故意的。他们只是饿了，他们的孩子也饿了，他们每年都猎杀几头猛犸象，只因为他们需要吃东西。他们不知道自己的行为会在多年后产生怎样的影响。我们经常会做一些非常重要的事情，却不会清楚自己在做什么。

猛犸象猎人肯定没有想到，每年猎杀 3 头猛犸象，最终会导致猛犸象的灭绝。那时候人类的寿命不会超过七八十岁，而猛犸象是经过好几个世纪才灭绝的，所以没有人注意到发生了什么。或许会有一位怀旧的祖父发牢骚说："哎呀，现在的年轻人啊，他们不知道过去是什么样子的。当我还是个孩子的时候，周围有好多猛犸象呢！现在都看不见他们的踪影了。"即使他这样说了，可能也没有人相信他。你呢？你总是相信父母和祖父母对他们童年的描述吗？比如，那时既没有智能手机，也没有互联网。

这是遵循自然法则——没人注意到的小变化，会随着时间的推移累积成大变化——的另一个例子。在某个特定的时间，我们注意不到那些刚出现的微小变化，于是我们会认为一切如故。我们即使仔细地观察了一整天或一整个星期，仍然看不出变化。但随着时间的推移，这种微小的变化会累积起来，变成非常大的变化。你长大成人的过程是这样，前面说到的小型陆地动物演化成巨大的鲸的过程是这样，每年猎杀几头猛犸象会最终导致他们灭绝的过程也是这样。

事实上，就连猛犸象自己可能也没有察觉到他们正在消失。毕竟，就像人类一样，猛犸象的寿命也只有几十年，没有猛犸象能活 1000 年。显然，一头猛犸象可能会知道她最好的朋友死了，但她没办法知道世界上所有的猛犸象很快都会全部消失。

灭绝快车

　　我们的祖先导致了世界上很多地方的动物灭绝，不仅仅是在澳大利亚和美洲。我们刚刚只看到了猛犸象从美洲消失，但其实他们在欧洲和亚洲也灭绝了，虽然他们也曾在那里生活了数百万年。截至1万年前，除了北极地区几个寒冷的小岛，世界上其他地方都见不到猛犸象了。

　　其中有座岛叫弗兰格尔岛，位于西伯利亚海岸以北约150千米的北冰洋，这是一个非常寒冷的地方。智人虽然到达了西伯利亚，但是仍然无法到达弗兰格尔岛。因此美洲、欧洲和亚洲的猛犸象彻底消失后，弗兰格尔岛上的猛犸象仍能继续平静地生活数千年。在大约4000年前，一些智人终于设法来到了弗兰格尔岛……很快，世界上就再也没有猛犸象了。

猛犸象的灭绝对许多其他动物和植物产生了影响。这遵循另一条重要的自然法则：动物和植物相互依存，如果一种生物发生变化，通常会影响许多其他种生物。这条自然法则同样适用于你，你也影响着你周围的许多动物和植物。可能你在去公共汽车站的路上踩到了杂草；也可能你在去公共汽车站的路上还吃了饼干，掉下的饼干渣被蚂蚁和麻雀吃掉了；可能你会清理房间天花板上的蜘蛛网。如果你搬到另一个城镇，杂草和蜘蛛可能会感到高兴，但蚂蚁和麻雀却会非常失落。

从更大的范围看，同样的情况会发生在所有动物身上。以蜜蜂来举例：他们从一朵花上飞到另一朵花上，帮助植物授粉、产生种子；如果一场灾难杀死了所有的蜜蜂，植物将无法授粉并产生种子；如果没有种子，就无法长出新的植物；如果没有植物，那么所有以植物为生的动物（比如兔子）就会死亡；如果没有兔子，那么所有吃兔子的动物（比如狐狸）也都会死亡。这就解释了为什么一种动物的灭绝能影响许多其他种动物。如果你杀了所有的蜜蜂，那么狐狸也会灭绝。

　　猛犸象就曾对许多动物和植物非常重要。当猛犸象还存在的

时候，遥远的北极地区天气比现在更加寒冷，但那里的动物和植物种类比现在多得多。为什么呢？这就是猛犸象的功劳。在冬天，当一切都被冰雪覆盖时，猛犸象就像扫雪机一样，他们依靠巨大的力量和巨大的象牙扫开积雪，让被雪埋住的草能露出来。猛犸象吃掉了一部分草，剩下的草仍足以让北极兔这样的小动物吃饱，生存下来。这样的话，此地也就有足够的北极兔供北极狐捕食了。当春天来临时，大部分被冰雪冻过的草都被吃掉了，只剩下光秃秃的土地。这可是件大好事，当天气再次变暖，万物复苏时，新长出来的植物又可以变成动物的食物了。

在猛犸象灭绝之后，没有哪种动物强壮到足以在冬天扫开积雪，使草露出来，其他动物也就没什么食物；由于没有生物吃掉那些冻草，当春天来临时，新的植物被困在前一年的枯草下，很难生长出来；这样一来，动物的食物就更少了。这就是为什么猛犸象消失后，北极兔和北极狐也受到了影响。

智人对此一无所知。智人的问题不是他们有多么邪恶，而是他们太擅长狩猎了。自从他们开始猎杀猛犸象，他们的捕猎技能越来越强，以至于没有猛犸象能幸存下来。接着，智人猎杀大角鹿，而这也是他们所擅长的，大角鹿没多久也消失了。

当考古学家对地下进行发掘时，他们在世界各地都发现了同样的情况：在最下面的地层中，他们发现了许多不同种类动物存在过的证据，但没有发现智人的痕迹；往上一层，他们发现了第一批智人的踪迹，可能有人的骨头、牙齿，或是石矛的矛头；在更往上的一层，就发现了很多人类骸骨，但却找不到曾在此生活过的动物的踪迹了。所以，在考古遗址的地层中，我们经常能发现三个阶段。第一阶段：很多动物，没有智人；第二阶段：智人出现；第三阶段：很多智人，没有动物。

这样的事情发生在澳大利亚、美洲、亚洲和欧洲，也几乎发生在人类发现的每座岛上，比如马达加斯加岛。

数百万年来，马达加斯加岛与世隔绝，演化出了许多种独特的动物，其中包括一种可能比大猩猩还大的巨型狐猴，还有一种看起来有点儿像巨型鸵鸟的象鸟。象鸟不会飞，身高可达 3 米，体重近 0.5 吨，他们是世界上最大的鸟，可不像你在院子里看到的那些可爱的小鸟。马达加斯加的象鸟、巨型狐猴，以及许多其他巨型动物，在大约 1500 年前突然消失了——这恰好是第一批人

类踏上这座岛的时间。

从太平洋到地中海，数千座岛屿上几乎都发生了类似的灾难。即使在最小的岛屿上，考古学家也发现了这样的痕迹：那里的鸟类、昆虫和蜗牛平静地生活了数万年，在第一批人类到达之后，就突然全部消失了。

现在，只有几个极为偏远的岛上没有人类居住，这些岛上仍生活着一些非常有趣的动物。其中最著名的例子是科隆群岛，那里是巨型龟的家园。就像澳大利亚的双门齿兽一样，这些巨型动物并不害怕人类。

如果我们当时清楚自己导致了多少种动物的灭绝，或许就会采取更多措施来保护那些还存在的动物。如果我们现在再不注意自己的行为，就可能会导致狮子、大象、海豚和鲸灭绝，就像我们的祖先让猛犸象和双门齿兽灭绝了一样。到那时，世界上仅存的大型生物就只有人类，以及我们的宠物和家畜，不会再有任何大型的野生动物了！

发挥你的超能力!

　　我们的祖先造成猛犸象和双门齿兽灭绝时,他们不知道自己在做什么。但是今天,我们不能再用这个借口了。我们知道我们正在对狮子、大象、海豚和鲸做什么,我们要对他们的未来负责。即使你非常年轻,也能做点儿什么。记住,即使是个小孩儿,你也比任何狮子或鲸都强大!虽然鲸的个头儿比你大得多,但你有讲虚构的故事以及与人合作的超能力。

　　蓝鲸是现存最大的动物,甚至比最大的恐龙还要重!蓝鲸的体长可以达到 30 米、体重能超过 150 吨。一头鲸的体重相当于 5000 个八九岁孩子的体重加在一起。然而,鲸无法保护自己免受人类的伤害,因为人类已经会讲述非常奇怪的故事,并以复杂方式进行合作,这些都是鲸无法理解的。

　　1000 年前,捕鲸的只是一小群渔民,他们乘着脆弱的木船,拿着木制的长矛。鲸有时能逃离这些船只,甚至能将船只撞沉。在

现代，人类学会了以一种新的方式合作，他们开始创建公司。

你还记得我们讲过的那些公司吗？比如麦当劳，它专门销售汉堡包和薯条，但有些公司专门从事捕鲸。捕鲸公司购买了大型铁船，并为其配备了可以探测海洋中物体的声呐和远距离发射的炮。现在，鲸无法躲避、逃离或者撞沉这些船只了。即使有一艘船被鲸撞沉，船上的人都淹死了，这些公司仍会购置新船并雇用新的水手。鲸无法撞沉公司，因为他们甚至不知道公司的存在。你怎么能保护自己免受看不见、听不见也闻不到的东西的伤害呢？况且这种东西只存在于另一种动物的想象之中。

这些公司捕杀的鲸越来越多，赚的钱也越来越多。50 年前，蓝鲸几乎就要消失了，就像猛犸象那样。幸运的是，有些人注意到了正在发生的事情，决定拯救这些鲸。这些人知道钱是什么，知道公司是如何运作的，所以他们知道采取什么策略有效。他们给报纸写信，向政界人士递交共同签名的请愿书，还组织示威游行，来告诉人们不要购买捕鲸公司的产品，并要求政府禁止捕鲸。而参与了这些活动的很多只是孩子。

　　有一个 11 岁的孩子也这样做了。他就是美国男孩肯尼思·戈姆利。1968 年的一天，他看到几艘渔船围着一群鲸。渔民用上了铁丝网、派出了潜水员，甚至动用了水上飞机来捕鲸。这群鲸里有一头母鲸和她的孩子。母鲸在铁丝网上打了个洞逃脱了，但被铁丝网割伤并流血了。小鲸无法跟着她出去，一直被困在网里。

肯尼思听到母鲸和小鲸互相呼唤着对方，看到渔民用网捉住小鲸并拖上了船。小鲸哭喊着找妈妈，而他的妈妈紧追着船，却无法救出她的孩子。

　　肯尼思对他的所见、所闻感到非常气愤。回家后，他就把整个故事写了下来，寄给了当地的报纸，报纸刊登了他写的故事，这个故事后来还在一次公开集会上被读了出来。许多成年人在听到肯尼思所写的故事后，突然意识到鲸正在遭受着多么可怕的痛苦。

　　后来，人们又花费更多的时间，写了更多的文章、信件。最后，这些压力起到了作用，世界各国政府终于通过了法律，签署了禁止捕鲸的协议。至少在一段时间内，蓝鲸得救了。现在，蓝鲸和其他许多动物仍然处于危险之中，他们无法保护自己，他们不能给报纸写文章、给人们写信或给政府施压，但你可以。如果你了解公司是如何运作的，知道如何在社交媒体上写一个好故事，或者知道如何发起倡议，那么你就可以帮助保护鲸和其他动物了。从鲸的角度来看，你可以做很多惊人的事情，让你看起来就像一个超级英雄。

151

世界上最危险的动物

　　这就是人类成为地球统治者的过程，这就是我们掌控其他动物命运的过程。在人类建造第一座城市、发明轮子和文字之前，我们已经遍布世界各地，杀死了大约一半的大型陆地动物。人类是地球历史上第一种几乎到达所有不同大陆和岛屿的动物，并且独自改变了整个世界。

　　我们的祖先之所以能做到这一切，是因为他们有着独特的能力，也就是讲虚构的故事以及进行大规模合作的能力。这就是智人比尼安德特人、狮子和大象都强大得多的原因。这样的能力使我们成为世界上最危险的动物。

　　现在，你知道了我们远古祖先的故事；你知道了为什么有时半夜醒来，你会害怕床下有怪物；你知道了为什么坐在火堆旁看火焰翩翩起舞的时候，你会感到十分美妙；你知道了为什么你会想吃掉一整块巧克力蛋糕，尽管它对你的健康没有什么好处。

　　你知道了一根指骨是如何帮助我们鉴定出一种消失已久的人类；

你知道了有些岛上曾经只有小矮人居住过；你知道了在石器时代，大多数工具并不是由石头制成的，大多数人也并没有一直住在洞穴里；你知道了青少年有时可以做出重要的科学贡献；你知道了如果想征服世界，就得虚构出令人信服的好故事。

你也知道了还有很多事情我们并不清楚。我们不清楚尼安德特人用他们巨大的脑袋做了什么，我们不清楚智人和尼安德特人是否曾坠入爱河，我们不清楚石器时代的家庭是什么样的，我们也不清楚当时的人们有着怎样的信仰。

除此之外，还有其他未解的谜团。这本书解释了我们的祖先如何成为世界上最强大的动物，解释了他们如何遍布地球，从而导致尼安德特人、丹尼索瓦人和其他几种人类，以及世界上的一些动物灭绝。然而，即使我们的祖先做了所有这些事情，他们仍然无法制造汽车、飞机和宇宙飞船，仍然不知道怎么写字，仍然没有建起农场和城市，他们甚至不会种植小麦或者制作面包。那么人类后来是如何学会做这些事情的呢？

那就完全是另一个故事了。

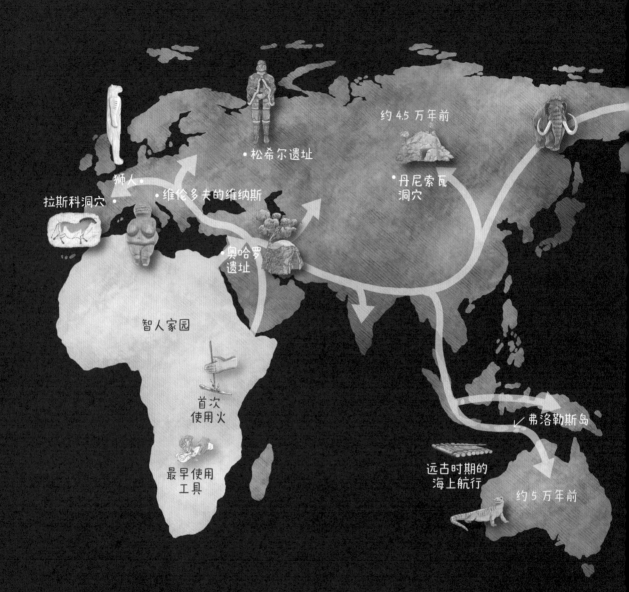

约 4.5 万年前

松希尔遗址

狮人

拉斯科洞穴

维伦多夫的维纳斯

丹尼索瓦
洞穴

奥哈罗
遗址

智人家园

首次
使用火

最早使用
工具

远古时期的
海上航行

弗洛勒斯岛

约 5 万年前

智人
迁徙路线图

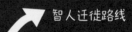 智人迁徙路线

约 1.5 万年前

·手洞

致谢

抚养一个孩子需要一个部落。创作一本书也需要一个部落。

当你看到一本书的封面时，你通常只看见用大字写着的作者名字。你可能会认为这本书是一个人写出来的。也许他或她在自己的房间里待了一年，把所有的内容都写了下来——然后一本新书就这样出版了！

事实不是这样的。来自很多地方的很多人都在这本书上下了很大的功夫，这些人做了很多作者做不到，甚至不知道该怎么去做的事情。没有他们的贡献，就没有这本书。

在电脑上输入一个句子通常只需要几秒钟。但实际上，写这本书中的一些句子要花费好几个星期。人们必须确认所写的东西是正确无误的。这个月他们可能忙于阅读关于尼安德特人的科学论文，然后下个月，阅读的内容就是关于鲸的。

而其他一些人则需要仔细思考每句话的确切含义：这真的是我们希望读者了解的历史吗？它有没有可能被错误地解读？它有没有可能伤害到某些人的感情？然后，还有些人努力地调整文章的风格，反复确认：这句话说清楚了吗？这句话还能说得更清楚一些吗？

插图也是如此。对于一些插图，插画师需要不断返工，有的插图甚至修改了十多次：打好草稿，然后又把它扔进垃圾桶；画完初稿，然后一遍又一遍地重画。"这幅画里应该是一个男孩。""不，画成女孩吧。""也许得把她画得年轻点儿？""不，那样太年轻了。"……

因此，写一句话或者画一幅插图可能需要大量的电子邮件、电话和

156

会议来沟通。必须有人来协调所有这些电子邮件、电话和会议。然后还要有人负责签合同、付薪水，别忘了还要提供食物——不吃饱，哪儿有人干活儿，对吧？

因此，我要感谢所有帮助创作这本书的人。没有他们，我永远做不到这些。

里卡德·萨普拉纳·鲁伊斯为这本书绘制了精彩的插图，让人类的历史栩栩如生。

乔纳森·贝克热情地支持了该项目，并使其最终顺利完成。

苏珊·斯塔克教我如何从年轻人的角度看待世界，如何把句子写得更简单、更清晰、更深刻。

塞巴斯蒂安·乌尔里克一丝不苟地反复阅读每一个字，确保我们在把故事写得引人入胜、通俗易懂的同时，也能兼具科学性和准确性。

然后感谢来自智慧之船团队的优秀成员：娜玛·沃滕伯格、贾森·帕里、丹尼尔·泰勒、迈克尔·祖尔、尼娜·齐维、谢伊·阿贝尔、陈光宇、汉娜·摩根、葛丽特·戈特赫尔夫、纳达夫·诺伊曼、汉娜·亚哈夫和埃提·萨巴格。另外，感谢才华横溢的文字编辑阿德里亚娜·亨特、版面设计师汉娜·夏皮罗和人类多样性顾问斯拉瓦·格林伯格的支持。所有这一切是由我们敬业而睿智的首席执行官娜玛·阿维塔领导的。团队的每位成员都为这个项目做出了贡献。没有他们的专业精神、勤奋和创造力，就不会有这本书。

　　我还要感谢我的母亲普妮娜、我的姐姐埃纳特和利亚特，以及我的外甥女和外甥托梅尔、诺加、马坦、罗米和乌里，感谢他们给予的爱和支持。

　　我的外祖母范妮在我们完成这本书的时候去世了，享年100岁。我将永远对她的无限仁慈和她带来的欢乐心怀感恩。

　　最后，我要感谢我的配偶伊茨克。多年来，伊茨克一直梦想着创作这本书，并创立了智慧之船，使这本书和其他项目得以实现。20多年来，伊茨克一直是我的灵感来源和挚爱的伴侣。

——尤瓦尔·赫拉利

　　感谢我所有的智人同行能与我分享他们的知识和友谊。

　　感谢埃达·索莱尔和罗萨·桑佩尔，感谢他们对我的信任。

　　感谢智慧之船的专业团队，感谢他们在本书创作过程中提供帮助和指导。

　　当然，还要感谢尤瓦尔·赫拉利，感谢他对我的信任，让我的插图能有幸与他的文字一起游遍半个世界。

——里卡德·萨普拉纳·鲁伊斯

后记

关于这本书

　　科学的伟大之处在于它总在不断地发现新的事物。每年，科学家都会有新的发现从而改变我们对世界的认识。我们试图依靠最新的科学知识写这本书，但是对于某些事情，即使是科学家也存在分歧。无论如何，人类历史的某些部分可能永远是谜，但是并不意味着所有事情都有争议。我们可以肯定地说，这个星球上曾经有许多不同种的人类。我们确信，仅存的人类——智人——学会了如何驾驭动植物，建立了城市和帝国，发明了宇宙飞船、原子弹和计算机。这些革命造就了你现在生活的世界。也许有一天你会发现某些东西，它会改变所有人对世界的理解……

《势不可挡的人类》书名背后的逻辑

　　我们人类势不可挡，似乎没有什么能阻止我们。

　　当遇到阻碍时，我们会找到方法去克服它：当遇到狮子时，我们制造了武器；当被浩瀚的海洋阻挡时，我们建造了船只；当地球变得拥挤时，我们发明了宇宙飞船……

　　我们似乎无法让自己停下来。没有什么能使我们长时间地感到满足。无论我们取得了什么成就，我们都还想要更多；无论我们走到哪里，我们都无法让自己的内心平静下来。

　　是什么让我们克服了一个又一个的阻碍？

　　又是什么让我们无法安宁？

译者的话

　　翻译赫拉利先生这本专门写给孩子的新书，感觉是在与这位热门科普作家做一次心灵的交流。以前读他的《人类简史》，震撼于他竟能把生僻、枯燥的考古学成果转化为妙趣横生的通俗读物，这次又贴近感受到他对少年儿童的爱与热望，希冀这样冷门的知识能走进孩子的心田，能在他们心中播下热爱科学、敬畏祖先、善待自然的种子。我愿意承担对这本书的翻译和推介，也出于对孩子的爱和责任。我的孙子米佑和孙女米佐都处在对一切事物都新鲜、对一切知识都渴求的少儿阶段。能有这样一本书呈献给他们，让他们在精美的图画和生动的文字中徜徉、了解人类的历史，让他们在远古场景中展开幻想的翅膀，作为一名出身于考古学界的爷爷，幸莫大焉！孩童们发出的第一个有深度的人生之问往往都是"我是怎么来的？"，至此他或她便开启了寻根问祖的人生之旅。这部《势不可挡的人类　我们如何掌控世界》助推他们占尽人生起跑的先机，在快乐、充实的人生旅途上一路狂奔，势不可挡！

——考古学家、古人类学家，

中国科学院古脊椎动物与古人类研究所研究员　高星